中国当代青年建筑师Ⅶ

上册

CHINESE CONTEMPORARY YOUNG ARCHITECTS Ⅶ

何建国 主编

天津大学出版社
TIANJIN UNIVERSITY PRESS

图书在版编目（CIP）数据

中国当代青年建筑师. Ⅶ. 上册 / 何建国主编. —
天津 ： 天津大学出版社，2019.1
ISBN 978-7-5618-6326-8

Ⅰ. ①中… Ⅱ. ①何… Ⅲ. ①建筑师－生平事迹－中
国－现代②建筑设计－作品集－中国－现代 Ⅳ.
①K826.16②TU206

中国版本图书馆CIP数据核字(2018)第290807号

封底：同济大学建筑设计研究院
（集团）有限公司/作品
——上海嘉定保利大剧院
［详见下册内文P279］

封面：NEXT建筑事务所/作品
——北京月季博物馆
［详见上册内文P188］

中国当代青年建筑师Ⅶ（上册）

ZHONGGUO DANGDAI QINGNIAN JIANZHUSHI Ⅶ

编　　辑　中联建文（北京）文化传媒有限公司
统　　筹　何显军
编辑部主任　王红杰
编　　辑　丁海峰　李天华　宋玲　唐然　汪杰　文黎　徐小雪　赵晶晶
美术设计　何世领
策划编辑　油俊伟　田　园
责任编辑　油俊伟
投稿热线　13920487878

出版发行　天津大学出版社
地　　址　天津市卫津路92号天津大学内（邮编：300072）
电　　话　发行部：022—27403647　邮购部：022—27402742
网　　址　publish.tju.edu.cn
印　　刷　北京盛通印刷股份有限公司
经　　销　全国各地新华书店
开　　本　285mm×280mm
印　　张　27.33
字　　数　497千
版　　次　2019年1月第1版
印　　次　2019年1月第1次
定　　价　349.00元

中国当代青年建筑师VII 战略合作伙伴

CHINESE CONTEMPORARY YOUNG ARCHITECTS VII

中国当代青年建筑师VII
CHINESE CONTEMPORARY YOUNG ARCHITECTS VII

目录（上册）

中国当代青年建筑师VII
CHINESE CONTEMPORARY YOUNG ARCHITECTS VII

目录（上册）

卜骏

职务： 华建集团建筑装饰环境设计研究院有限公司景观所所长、主任工程师
黄浦滨江公共岸线贯通工程南浦大桥至日辉港段总设计师

职称： 国家一级注册建筑师
高级工程师

教育背景

上海交通大学建筑学学士

工作经历

2002年至今　华建集团建筑装饰环境设计研究院有限公司

主要设计作品

上海黄浦滨江公共岸线贯通工程
上海董家渡金融城景观设计
中国浦东干部学院景观设计
上海复兴金融中心景观设计
上海世博会地区A片区绿谷项目
上海天文馆（上海科技馆分馆）景观设计
上海图书馆东馆景观设计
上证所金桥技术中心基地景观设计
南京国际会展中心景观设计
南京生态科技岛青奥森林公园一期景观设计
南京河西生态公园景观设计
合肥翡翠湖迎宾馆景观设计
三亚中港万丽度假村景观设计
广安市西溪河两岸城市设计
中国驻多哥大使馆景观设计
中国驻利比里亚大使馆景观设计

个人荣誉

2017年　荣获上海市重点工程实事立功竞赛优秀团队
学术研究成果　EPC模式下滨水区工业遗产景观改造发表于《城市住宅》
滨河城市设计的实践与探索——以广安西溪河沿岸城区为例发表于《城市建设理论研究》
论建筑企业设计的管理问题发表于《管理观察》

地址： 上海市石门二路268号
电话： 021-62464088
传真： 021-62464011
网址： www.arcplus.com.cn
电子邮箱： jun_bu@arcplus.com.cn

华建集团建筑装饰环境设计研究院有限公司（以下简称建筑装饰环境设计研究院）隶属于华东建筑集团股份有限公司，成立于1999年，是上海首家以“环境设计”命名的从事室内外环境设计的专业化企业。下设现代建筑室内设计院、现代园林景观设计院、机电照明工程设计事业部、既有建筑设计事业部和现代工程建设管理中心五大板块，以专业化、专项化、一体化的发展战略模式，实现了室内外环境设计及产业链上下游业务的全覆盖，并凭借强大的综合实力和专项优势不断提升在市场上的行业地位，成为华东乃至全国公共空间和园林景观设计行业的龙头企业。

华建集团建筑装饰环境设计研究院坚持“以设计为先导，创意为竞争力，设计成就和谐”为经营战略，按照“诚信服务，团结进取，锐意创新，追求卓越”的16字方针统领企业运营全过程，围绕“全过程、全国化”这一核心服务理念，时刻以社会与市场需求为己任，走原创设计以及设计施工一体化道路。通过聚集人才、强化服务、树立品牌，实现业务广角度、深层次的拓展，为广大客户提供原创、新颖、优质的高品位设计，以及整体式、集成化、高附加值的服务。成立至今，建筑装饰环境设计研究院完成了国内外各类大型、高端、具有重大影响力的公共建筑项目1 000余项，标志性的设计作品遍布国内十多个省市，获得全国及上海市的各类设计奖300多项（次）。

创意成就梦想，设计成就和谐！建筑装饰环境设计研究院将牢牢把握历史所赋予的每一次机遇和挑战，以专业的设计、开阔的视野、昂扬的精神，不断推进及完善发展战略，服务全国的经济及社会发展，全力打造具有先进水平的行业龙头企业。

SHANGHAI DONGJIADU FINANCIAL CITY LANDSCAPE DESIGN

上海董家渡金融城景观设计

项目业主：中民外滩房地产开发有限公司　建设地点：上海
项目功能：商业景观　用地面积：157 535平方米
设计时间：2016年至今
项目状态：建设中
设计单位：华建集团建筑装饰环境设计研究院有限公司、Design Land Collaborative (DLC)
主创设计：卜骏、程怡冰、朱冰颖
设计团队：晏华、章典、周展晨

整体景观结构根据功能和位置被分为南北绿轴、东西绿轴、总部办公园、空中连廊四个板块。

南北绿轴指基地中间的三块公共绿地及南侧商船会馆所在的地块，该绿轴贯穿基地南北，是主要的绿色廊道。

东西绿轴指草莓演艺之地公园及黄浦滨江公园在内的连接基地东西的绿色连续走廊，与南北轴交会于董家渡教堂。

总部办公园主要集中在A、B、C三个地块。

空中连廊是联系各个地块及屋顶花园的空中连廊，贯穿基地北部。

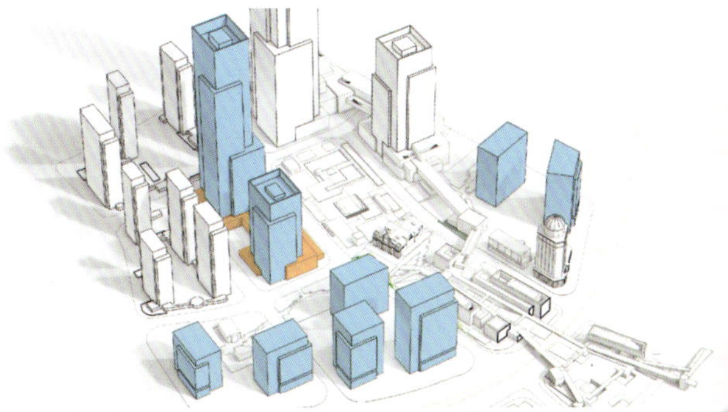

HUANGPU DISTRICT RIVERSIDE PUBLIC SHORE LINE CONNECTION PROJECT

黄浦区滨江公共岸线贯通工程

项目业主：上海市黄浦区市政工程管理所
项目功能：滨水景观、城市公共空间
设计时间：2016年—2018年
设计单位：华建集团建筑装饰环境设计研究院有限公司
主创设计：卜骏
设计团队：程怡冰、朱冰颖、马婧、周展晨、刘明昊

建设地点：上海
用地面积：270 000平方米
项目状态：建成

由华建集团负责EPC总承包的黄浦区滨江公共岸线贯通工程（世博段），依循设计团队“还江于民”的初衷，出色打造出市民慢生活空间，保障黄浦江两岸公共岸线的顺利贯通，推动上海进一步实现转型升级和全新发展。

设计团队以公共性、公益性和安全性为主要原则，打通自南浦大桥至日晖港断点，慢行道和跑步道至少宽3米，骑行道至少宽4米，保证三道始终保持双向通行，慢行道和江边的主题公园、亲水平台、休闲广场相融合，率先提出的“3、3、4”设计准则成为浦江岸线全线贯通的导则标准。

追溯已消逝的“里滩”时代，沿黄浦江畔形成三条绿道，因地制宜设计七个景观园林，形成“一带、三道、七园”的景观格局。

FUXING FINANCIAL CENTER LANDSCAPE DESIGN

复兴金融中心景观设计

项目业主：广州市南沙区基本建设办公室
建设地点：上海
项目功能：商业景观
用地面积：34 000平方米
设计时间：2014年—2017年
项目状态：建成
设计单位：华建集团建筑装饰环境设计研究院有限公司
主创设计：卜骏
设计团队：程怡冰、周展晨、盛一飞

复兴金融中心位于南外滩董家渡地区，这里曾经是十六铺的一部分，是过去上海的重要经贸中心。这里也承载着上海居民的历史记忆：老城厢的建筑语言依然健在，各色码头与街道上的喧嚣也仿佛昨天。

随着上海作为国际金融中心的角色定位日渐清晰，复兴金融中心将成为外滩金融聚集带南段的重要组成部分。在这艘金融航母准备扬帆启航的同时，也尝试将城市记忆中富有人情味的街巷故事融入到景观环境中，努力留住城市历史文脉。

场地内有9条街连接沿江码头与老城厢。这9条街形同“鱼骨”状，已存在百年之久，是上海经贸发展过程中所形成的码头商贸特色，也是南外滩码头具有历史性的城市空间特色。历史上十六铺的众多码头为城市运输不同的物资，其命名也多与运输的货物有关，与码头相对应的街道即以码头的名字来命名，从而形成了名字各异的鱼骨状街巷——码头历史布局。

场地中央历史长轴，叙述着复兴地块近代以来的历史进程。6个花园贯穿金融中心，包括竹花园、木花园、盐花园、陶花园、丝花园、鱼花园。

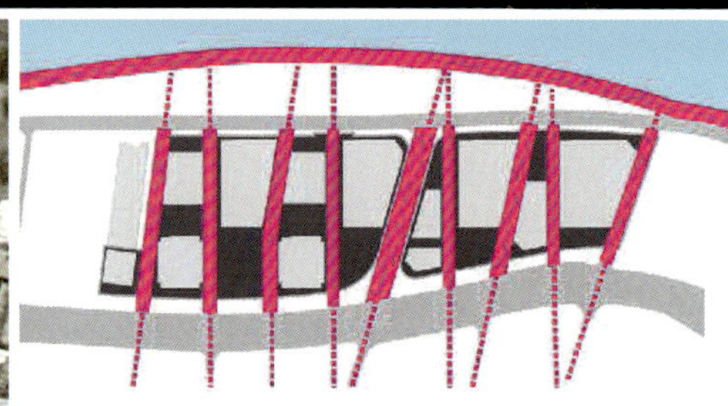

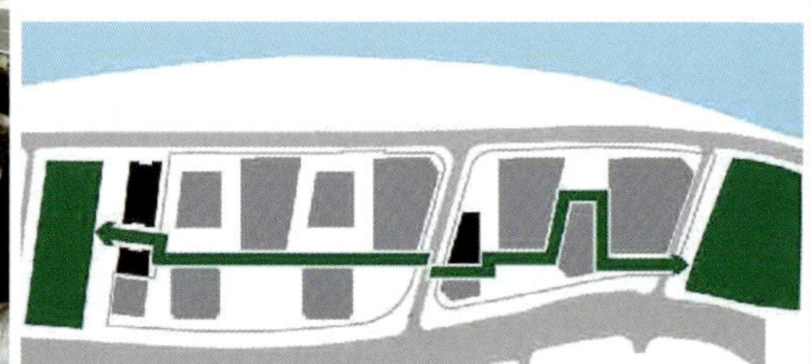

YANCHENG RAILWAY INTEGRATED TRANSPORTATION HUB PROJECT LANDSCAPE DESIGN

盐城市铁路综合客运枢纽工程景观设计

项目业主：上海浦东发展银行股份有限公司、上海世博发展（集团）有限公司
建设地点：江苏 盐城
项目功能：交通枢纽
用地面积：505 000平方米
设计时间：2017年至今
项目状态：方案
设计单位：华建集团建筑装饰环境设计研究院有限公司
主创设计：卜骏、刘明昊、马婧
设计团队：朱双成、盛一飞、晏华、于莹、吴云超、朱兆一、倪若琦

项目是依托铁路客站，集公路客运、城乡客运、城市公交、城市轨道、出租车和社会车辆等多种交通方式于一体的铁路综合客运枢纽，不仅是城市对外客运交通的重要窗口，同时通过交通集聚效应，围绕站区形成城市新的商贸中心，成为城市空间聚合、功能提升的新引擎。

LANDSCAPE DESIGN OF EAST LIBRARY OF SHANGHAI LIBRARY

上海图书馆东馆景观设计

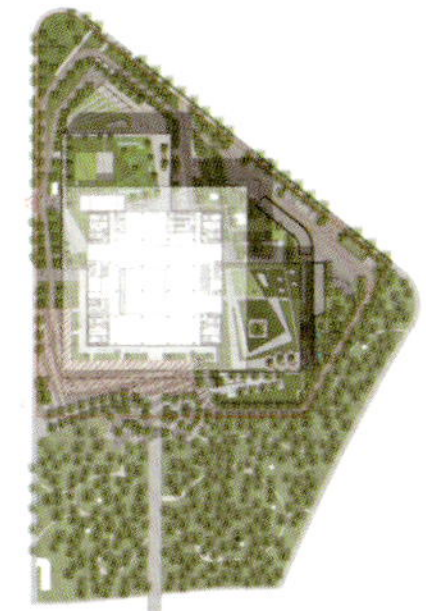

项目业主：上海图书馆　建设地点：上海
建筑功能：综合景观　用地面积：24 557平方米
设计时间：2017年至今　项目状态：建设中
设计单位：华建集团建筑装饰环境设计研究院有限公司、ASPECT Studios 澳派景观设计工作室
主创设计：卜骏
设计团队：毕晓峰、章典、周展晨

设计对现有林地采取了特殊的处理手法，运用软接触方式尽可能少地影响林地本来面貌，尊重林地本身的价值与特征的同时，又创造出多条不同方向穿越林地通往图书馆的路线，每一段进入林地的旅程都成为多样化的体验。

主入口广场由林荫道往前，一路特色种植、加之地面的镶嵌铺装形成走廊，将参观人员引至末端的雕塑。广场内还设置了雨水花园、林地过渡区，整个广场都笼罩在一片绿色葱茏之中。北入口的智慧广场相对比较紧凑，简洁利落也不失雅静。

下沉式庭院是此次景观设计的亮点之一，餐饮区被打造得别具一格，让用餐时光变得悠闲又充满情调，独特的石材，跌级花池以及异型树箱营造静谧的氛围。

藏书阁用于员工休闲放松，图书馆内工作人员可以在此处休憩办公或阅读聊天。这里的生态植物以紫色为主，由浅至深的过渡，渲染出高贵而神秘的氛围。

SHANGHAI PLANETARIUM LANDSCAPE DESIGN

上海天文馆（上海科技馆分馆）景观设计

整个室外景观区域可分为三大主题空间：“广场区”通过“时间艺术”的表达展现轨道的运动和引力以及时间星云的变化；“室外展示区”则由无尽的花海对应“璀璨星空”，让目光与星光交汇；“附属建筑区”隶属“探索纬度”，引发人们在自然的空间中探索宇宙的神奇。

项目业主：上海科技馆
建设地点：上海
建筑功能：综合景观
用地面积：43 262平方米
设计时间：2015年至今
项目状态：建设中
设计单位：华建集团建筑装饰环境设计研究院有限公司、美国Ennead建筑事务所
主创设计：卜骏
设计团队：毕晓峰、周展晨

就建筑而言，上海天文馆从星空、轨道等天体物理中开拓灵感和思路，结合功能和布局形成了高技派的后现代主义风格，整个建筑形态看起来不再刚性，而是柔软的、适应的、流动的，处处体现出科技感与未来感。为了与建筑风格相呼应，又考虑结合临港新城的地理位置以及上海天文馆的特殊属性，“新城星语”成为此次景观设计理念的关键词。设计通过现代景观学、生态学等手法，建立起一种富有特质的生态空间，致力于让天文馆的景观场地成为天文学爱好者的聚集地。参观者可通过室外的景观场所、特定的景观元素来体验和感知星空的魅力，探索宇宙的神奇，时而又仿佛身处密林或是疏林草地间，获得宁静与祥和。整个场地的景观与建筑风格形成呼应，在层次之美的基础上，体现出现代景观的简约、大气、理性与智慧。

GREEN VALLEY PROJECT IN AREA A OF SHANGHAI WORLD EXPO

上海世博会地区A片区绿谷项目

项目业主：上海浦东发展银行股份有限公司、上海世博发展（集团）有限公司
建设地点：上海
项目功能：综合景观
用地面积：43 763平方米
设计时间：2016年至今
项目状态：建设中
设计单位：华建集团建筑装饰环境设计研究院有限公司
主创设计：卜骏、毕晓峰
设计团队：章典

世博A片区位于会展商务区内一轴四馆东侧。该区域定义为“世界级工作社区”，规划布局结构形成以绿为核、三带环绕的功能布局结构。“一核”即为绿谷，“三带”由内而外分别为绿谷综合商务带、总部商务聚集带和生态功能带。整个A片区将被打造成为具有世界影响力的中央商务区，同时也使世博会场址得到有效合理的利用，并成为21世纪初上海城市又一具有标志性的中心区域。项目的整体规划注重绿谷中人的行为连续性。设计中通过对出入口的布置减少交通车辆对人流的干扰，并可在节假日期间实现地块间绿谷空间步行系统的连贯性。绿谷作为整个世博A片区的中央景观带，为方便地服务周边商务人群，设计沿其两侧布置特色的商业门店，提升了绿谷空间的活力。

XIANG'AN NEW TOWN GANGCHA BASIN MUNICIPAL SUPPORTING PROJECTS

翔安新城港汊流域市政配套工程

项目业主：厦门市市政建设开发有限公司
建设地点：福建 厦门
建筑功能：综合景观
用地面积：1 800 000平方米
设计时间：2016年至今
项目状态：施工图
设计单位：华建集团建筑装饰环境设计研究院有限公司
主创设计：卜骏、周展晨、刘明昊
设计团队：于莹、程怡冰、朱冰颖、晏华、吴云超

沿翔安新城港汊流域城市中轴线，以新城中轴为城市门户，港汊公园为城市客厅，东山公园为城市后花园。

新城中轴既是翔安新城的活力中轴，也是中央绿廊、生态廊道，是集城市形象展示、城市魅力感知、活力开放、休闲娱乐等功能为一体的城市中轴门户型的新城带状公园。

港汊公园由北向南分悦心湖、翡翠湖、濯缨湖、美灵湖、五彩溪五段水系，以建设翔安新城海绵体，打造厦门市东部滨水生态公园。

东山公园围绕“还山体以新生，给市民以空间”的主题，整合复杂的山地地形，重新规划设计成为集山地森林体验、市民健身休闲、爱国主义教育等功能于一体的综合性山地公园，以山顶观景区为中心，生态保育为核心片区，结合入口台地、游客服务、林间栈道等多功能区的设立，提升生态系统丰富性与稳定性，并增添市民及游客的生活体验。

UAD 浙江大学建筑设计研究院有限公司
Architectural Design & Research Institute of Zhejiang University Co., Ltd.

陈瑜

职务： 浙江大学建筑设计研究院有限公司
第六建筑设计研究院院长、设计总监
职称： 高级建筑师
国家一级注册建筑师

教育背景
1988年—1996年 浙江大学建筑系建筑学硕士

工作经历
1996年至今 浙江大学建筑设计研究院有限公司

个人荣誉
2014年第十届中国建筑学会青年建筑师奖

主要设计作品
中国大连高级经理学院
义乌文化广场
平湖行政中心
宁波港商务大厦
长兴行政中心
杭州万通中心
长兴行政服务中心
青州企业总部大厦
威海公共服务区一期
温州银行瓯海大楼
山东大学学生综合服务楼
浙江大学紫金港校区学生食堂

鲁丹

职务： 浙江大学建筑设计研究院有限公司
第八建筑设计研究院院长、设计总监
职称： 教授级高级工程师
国家一级注册建筑师

教育背景
1988年—1992年 东南大学建筑系建筑学学士

工作经历
2001年至今 浙江大学建筑设计研究院有限公司

个人荣誉
2006年第六届中国建筑学会青年建筑师奖
2009年中国当代优秀青年建筑师奖

主要设计作品
杭科院综合楼及陶行知研究馆
杭州大华西溪澄品
杭州乔司中学
杭州西溪永乐城
杭州大华华领国际
中国电科电子科技园
中国电科第三十八研究所科技展示馆
芜湖市行政中心及会议中心
湖州大剧院
芜湖大剧院
温州大学图书馆
华山喜来登酒店

吴震陵

职务： 浙江大学建筑设计研究院有限公司
第三建筑设计研究院院长、副总建筑师
职称： 教授级高级工程师
国家一级注册建筑师

教育背景
1993年—2012年 浙江大学建筑系建筑学硕士

工作经历
2003年至今 浙江大学建筑设计研究院有限公司

个人荣誉
2017年入选杭州市“131”中青年人才第一层次培养人才

主要设计作品
联合国地信大会永久会址
联合国地信展览馆
浙江理工大学科艺学院新校区迁建
大连理工大学管理与经济学部
北大附属嘉兴实验学校
宁海技工学校
杭州师范大学仓前校区活动中心
顺昌博物馆
德清行政中心
宁海行政中心

叶长青

职务： 浙江大学建筑设计研究院有限公司
建筑三所所长、副总建筑师
职称： 高级工程师
国家一级注册建筑师

教育背景
1991年—1999年 浙江大学建筑系建筑学硕士

工作经历
1999年至今 浙江大学建筑设计研究院有限公司

个人荣誉
2004年第五届中国建筑学会青年建筑师奖
2014年入选杭州市“131”中青年人才培养重点资助人选名单

主要设计作品
缙云博物馆暨李震坚艺术馆
绍兴文理学院新区
浙江老年大学
丽水电力生产调度中心
浙江大学医药学院组团
温州喜来登大酒店
丽水市文化艺术中心
三清山博物馆
常州典雅花园
中海雅戈尔篁外项目
杭州九堡东站地铁上盖物业综合体
浙西南抗战纪念馆
宁波雅戈尔联心项目
宁波雅戈尔庆丰项目

地址： 浙江省杭州市天目山路148号
浙江大学西溪校区内
电话： 0571-85891018
传真： 0571-85891080
网址： www.zuadr.com

浙江大学建筑设计研究院始建于1953年，是国家重点高校中最早成立的甲级设计研究院之一，至今已有65年的历史。

设计院现有员工近900名，其中中国工程设计大师1名、享受国务院政府特殊津贴专家1人、中国当代百名建筑师2名、浙江省工程勘察设计大师4名、中国杰出工程师4名、中国建筑学会青年建筑师奖获得者10名。多年来，设计院始终坚持走创作路线和精品路线，在各个领域均有大量优秀作品问世，历年来共获得700余项国家、部、省级优秀设计奖，优质工程奖及科技成果奖。

设计院先后获得当代中国建筑设计百家名院、中国勘察设计行业创新型优秀企业、杭州市十佳勘察设计企业、杭州市首批十大产业企业技术创新团队等称号；被认定为浙江省高新技术企业、浙江省EPC试点企业、杭州市十大产业重点企业及杭州市文化和科技融合示范企业（试点）；拥有一个市级院士专家工作站，是第一批国家级工程实践教育中心建设单位；取得了较好的社会声誉和经济效益，得到社会各界和建设单位的肯定和好评。

CHINA BUSINESS EXECUTIVES ACADEMY, DALIAN

中国大连高级经理学院

项目业主：中国大连高级经理学院
建筑功能：教育建筑
建筑面积：48 949平方米
项目状态：建成
设计团队：董丹申、陈瑜、邱文晓、颜晓强
获奖情况：2013年全国优秀工程勘察设计行业奖建筑工程一等奖
2013年教育部优秀建筑设计一等奖

建设地点：辽宁 大连
用地面积：73 700平方米
设计时间：2008年—2010年
设计单位：浙江大学建筑设计研究院有限公司

中国大连高级经理学院是国家级干部培训基地，主要承担面向国有骨干企业及金融机构高级经营管理者的教育培训任务。设计师遵循“朴素、庄重、典雅”的风格定位及“平衡、和谐”的设计理念，通过对项目功能特征的深入发掘以及对空间、材料、比例、尺度等最基本设计要素的理性分析，在古典与现代之间寻求平衡，力求实现建筑特有气质的自然流露。

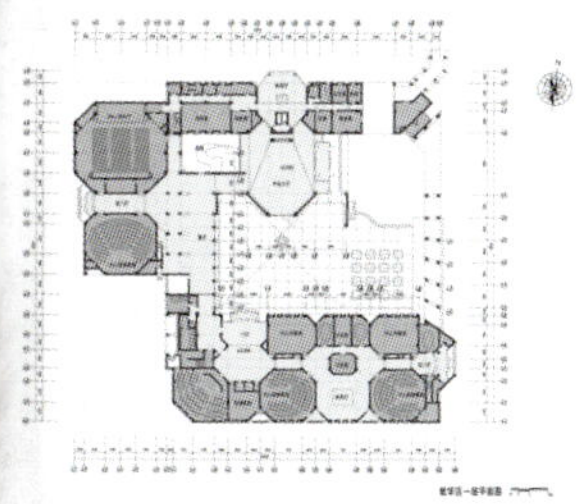

一层平面图

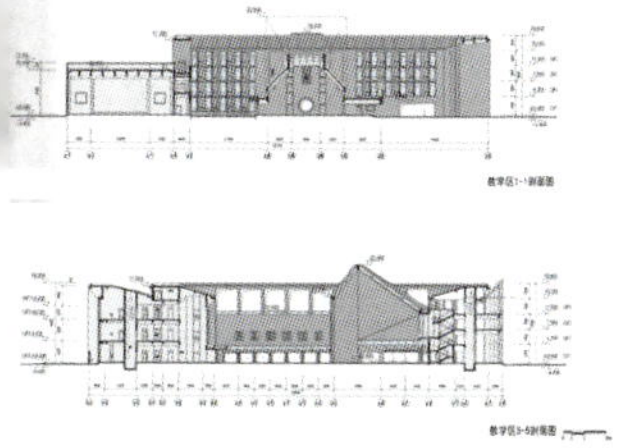

剖面图

总平面图

底层平面图

YIWU CULTURAL SQUARE

义乌文化广场

项目业主：浙江省义乌经济开发区管理委员会
建设地点：浙江 义乌
建筑功能：文化建筑
用地面积：29 363平方米
建筑面积：82 360平方米
设计时间：2010年—2013年
项目状态：建成
设计单位：浙江大学建筑设计研究院有限公司
设计团队：董丹申、陈瑜、邱文晓、郑茂恩、章嘉琛

义乌文化广场是集文化馆、青少年活动中心、全民健身中心等于一体的多功能大型文化综合体。设计以一个120米 × 120米的“方盒子”将上述功能清晰地加以限定和组织，贯穿其间的是一条由下沉广场通过坡道、大台阶蜿蜒至平台花园的立体流线，空间组织起承转合，步移景异。设计为义乌市民创造并提供了一处全方位参与、全天候使用、体验感极强的城市公共设施和空间。

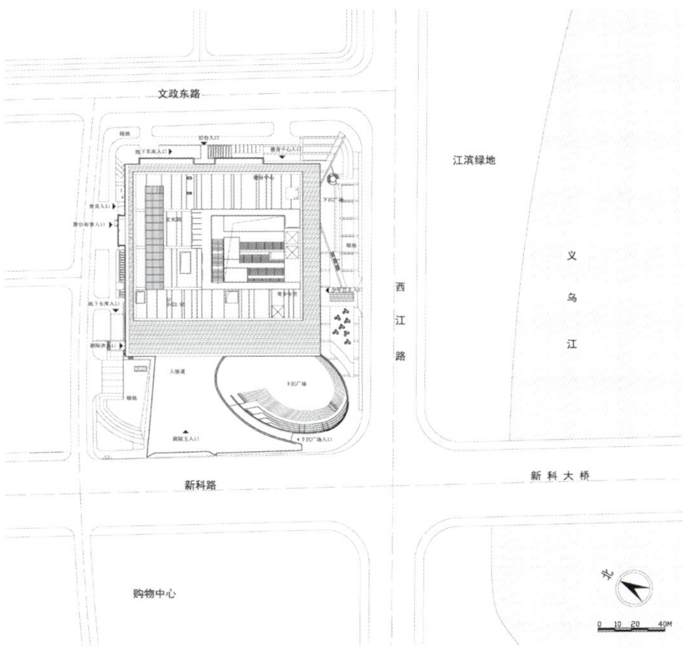

总平面图

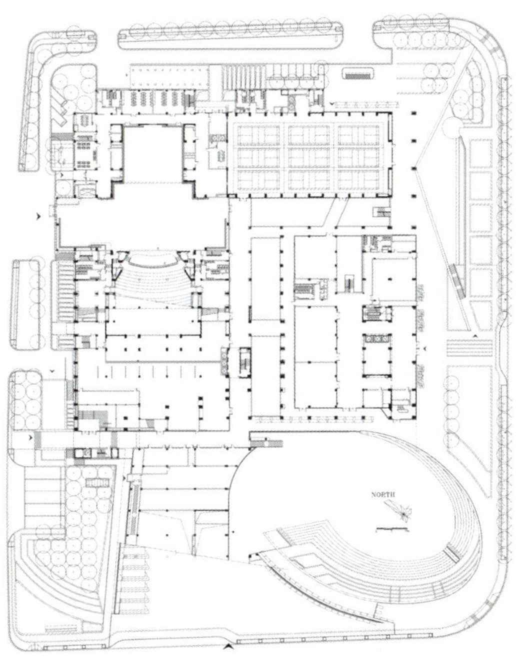

一层平面图

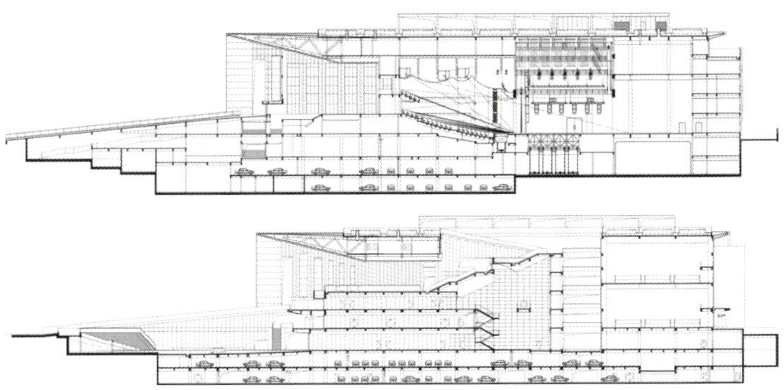

剖面图

二层平面图

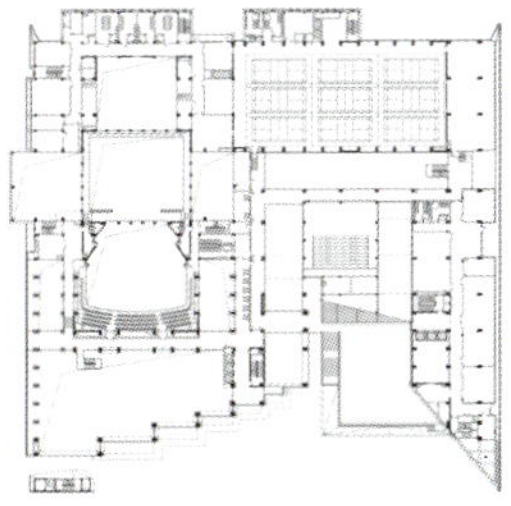

三层平面图

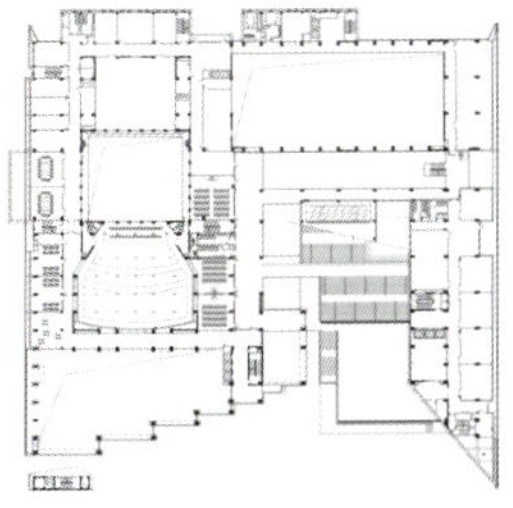

四层平面图

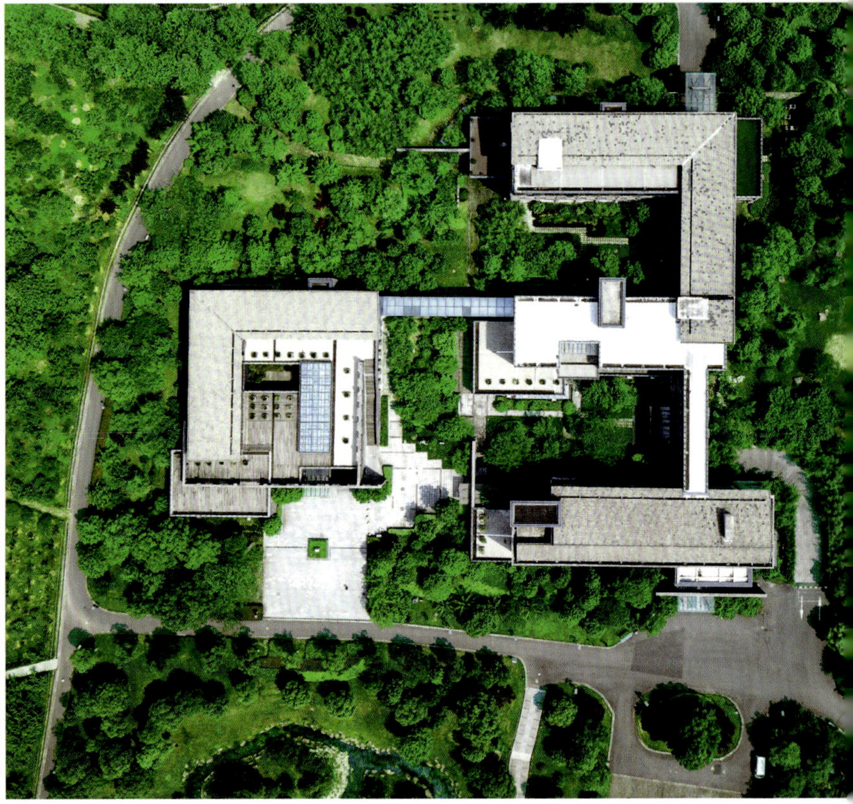

COMPLEX BUILDING AND TAO XINGZHI RESEARCH MUSEUM IN HANGZHOU POLYTECHNIC

杭州科技职业技术学院综合楼及陶行知研究馆

项目业主：杭州科技职业技术学院
建设地点：浙江 杭州
建筑功能：教育建筑
用地面积：27 200 平方米
建筑面积：13 030平方米
设计时间：2008年
项目状态：建成
设计单位：浙江大学建筑设计研究院有限公司
设计团队：鲁丹、张燕、袁洁梅
获奖情况：2013年全国优秀工程勘察设计行业奖建筑工程一等奖

“园”——希望创作一种超越现实而接近理想的山地校园办公及研究环境，以鲜明的中式庭园和虚实对比表达一种谦和、内敛的人文精神。

“院”——半围合的建筑内部建立具有不同尺度、层级的庭院，建筑空间与庭院空间相互交融，为学院办公、研究及人员参观提供了空间参照和情景启发。

“筑”——建筑造型借鉴陶行知家乡徽州的传统建筑风格，采用坡顶及错落有致的体量变化，形成山地景观意象。

设计追求能拥抱山水的合院，追求自然淳朴的意境，追求建筑、环境、人之间更多的共享空间。因为在这美丽的地方，共享是件幸福的事。

JOE HIGH SCHOOL NEW PROJECT, HANGZHOU

杭州乔司中学新建工程

项目业主：杭州乔司中学　　　建设地点：浙江 杭州
建筑功能：教育建筑　　　　　用地面积：77 273 平方米
建筑面积：64 322平方米　　　设计时间：2015年
项目状态：建成
设计单位：浙江大学建筑设计研究院有限公司
设计团队：鲁丹、王玉平、王启宇、杨鹏、楚冉
获奖情况：2017年全国优秀工程勘察设计行业奖建筑工程一等奖

传统书院的规划格局：书院空间采用三级院落层级，即校园总体院落、建筑组团院落、建筑内部庭院，各级院落由“闹”向“静”逐层过渡，有序关联的院落引起师生情感上的共鸣，呈现“书院”文化品质。

江南地域文脉建构：乔司地处江南古镇，水乡文化为传统中式情境的构建确定了气质基因。造型设计色彩上采用灰、白对比，即白墙、单坡青瓦屋顶大挑檐；细部构造元素上采用檐、廊、窗、墙的江南传统建筑特征的现代演绎手法。

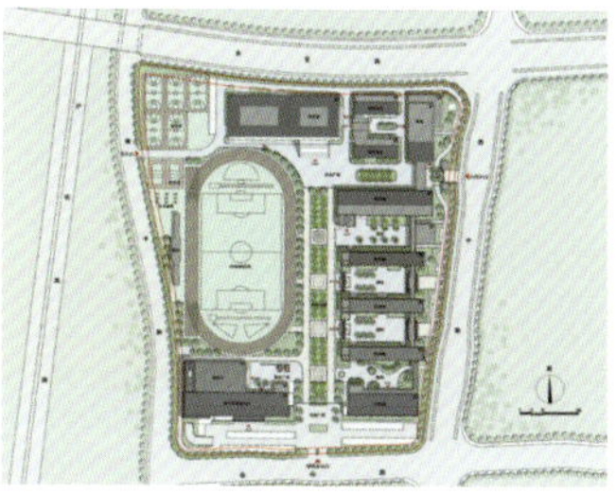

总平面图

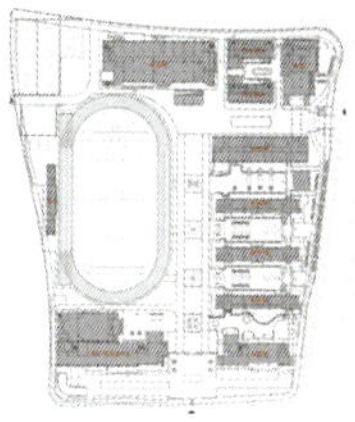

一层平面图

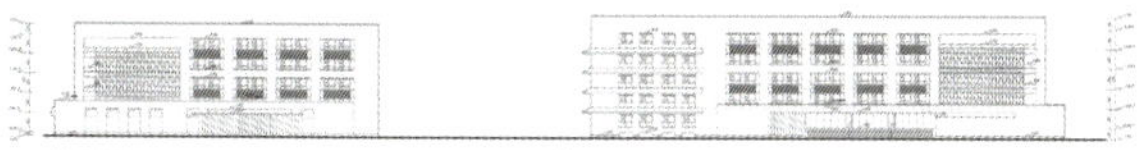

南立面图

北立面图

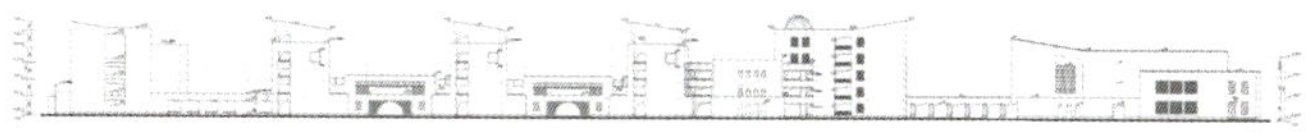

东立面图

FACULTY OF MANAGEMENT AND ECONOMICS OF DALIAN UNIVERSITY OF TECHNOLOGY

大连理工大学管理与经济学部

项目业主：大连理工大学
建筑功能：教育建筑
建筑面积：35 998平方米
项目状态：建成
设计单位：浙江大学建筑设计研究院有限公司
主创设计：吴震陵
参与设计：施明化、张元升、陈瑜、张扬
建设地点：辽宁 大连
用地面积：25 451平方米
设计时间：2008年—2012年

每个大工人都有一个灰砖梦，每个经管学子心中都有一座八角楼……

项目设计充分考虑地块区位条件，利用自然和人文资源，合理布局，处理好学部内几大功能区块的相互关系，并尊重基地周围的现有环境，在建筑设计中尽量保持谦逊、不张扬的姿态。

灰砖、石头、拱窗和入口弧形门廊……通过精心延续校园环境文脉，追求细节体现建筑的文化底蕴与空间的人本位，把校园建筑上升到精神的层面。穿行在阳光和灯光交替照耀之下的大台阶，徜徉于不同层面的室外交流露台，体会着不断追寻新的知识高地的内在力量。

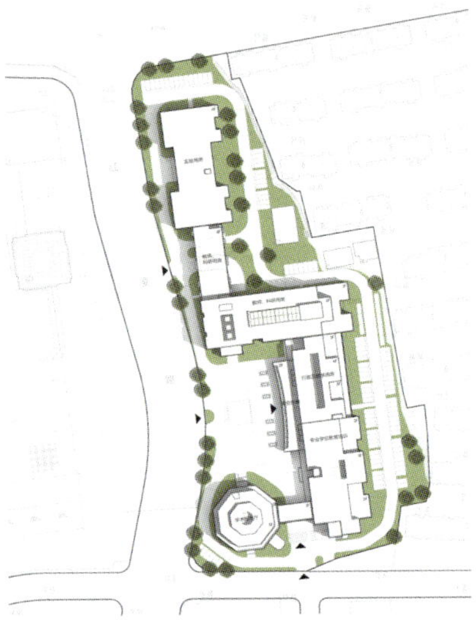

总平面图

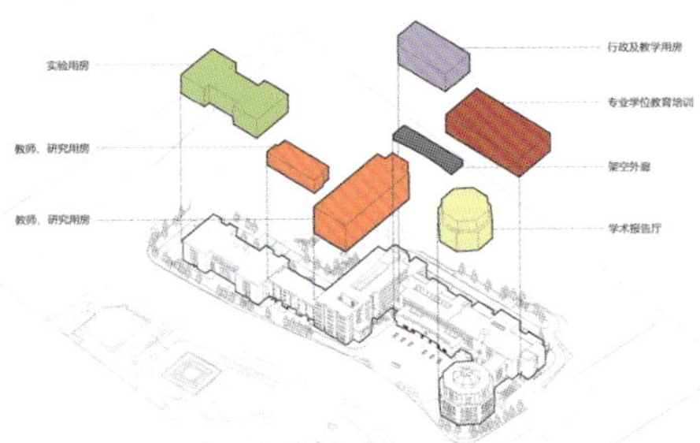

功能分析图

立面图

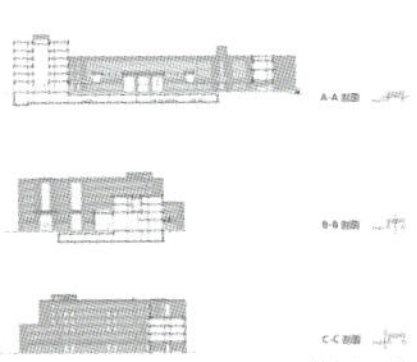

剖面图

PEKING UNIVERSITY AFFILIATED EXPERIMENTAL SCHOOL(JIAXING)

北大附属嘉兴实验学校

项目业主：嘉兴经济技术开发区投资发展集团有限责任公司
建设地点：浙江 嘉兴
建筑功能：教育建筑
用地面积：98 421平方米
建筑面积：123 289平方米
设计时间：2014年—2015年
项目状态：建成
设计单位：浙江大学建筑设计研究院有限公司
主创设计：黎冰、吴震陵
参与设计：施明化、王英妮、杨鹏、章嘉琛、徐苏、陈冰、柯凌琦

作为一贯制的实验类学校，设计打破传统的布局模式，以综合体模式组织校园布局与建筑形态，并巧妙呼应北大的求学精神，将北大校园总体规划传承中国传统建筑神韵的布局形式予以发扬，将北大西门、未名湖、博雅塔等标志物场景物化至本基地中，并采用经典的“北大红”元素贯穿整个校园。

学校坐落于江南水乡，设计还将粉墙黛瓦和清新淡雅的江南元素融入其中，使文脉和肌理充满着水乡气息。整个校园设计力求融合南北元素，重构一所“江南燕园”。

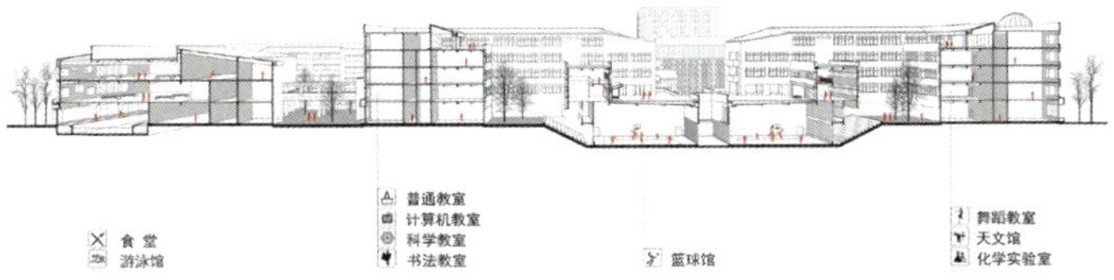

透视图

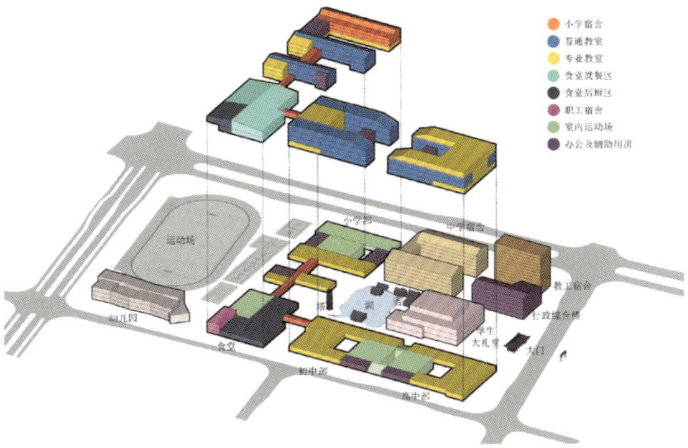

功能分析图

LISHUI INFORMATION INDUSTRY PARK

丽水信息产业园

项目业主：丽水市经济和信息化委员会
建设地点：浙江 丽水
建筑功能：办公建筑
用地面积：78 000平方米
建筑面积：250 000平方米
设计时间：2012年
项目状态：建成
设计单位：浙江大学建筑设计研究院有限公司
主创设计：董丹申、叶长青
参与设计：朱君、黄瑶、高海防、罗杰殷

项目位于丽水市西北教育园区内，北望白云山，南邻丽水学院，东、西面均为城市开发用地。设计师在创作中提出了“信息CBD、有机发展、产业建筑、城市园林”四项基本理念，通过现代、理性、富有变化的语言对现代产业园区的规划设计做出了新的探索和诠释。

TEACHING NORTH DISTRICT OF INTERNATIONAL CAMPUS, ZHEJIANG UNIVERSITY

浙江大学国际联合学院（海宁国际校区）教学北区

项目业主：海宁市社会发展建设投资集团有限公司
建筑功能：教育建筑
建筑面积：399 300平方米
项目状态：建成
主创设计：董丹申、叶长青

建设地点：浙江 嘉兴
用地面积：666 666平方米
设计时间：2014年
设计单位：浙江大学建筑设计研究院有限公司
参与设计：史国雷、王欣、胡卿、李丽

浙江大学海宁国际校区拟建设成世界一流的高水平校区。作为教学区核心建筑群，本组团借鉴国内外相关案例，提出了“圆厅讲堂、开放院街”的总体布局思路，着力塑造富有包容性、开放性、共享性、整体性的校园空间。

单体建筑则以西方古典主义为起点，并适当结合浙大之江校区及玉泉校区重要建筑的语言要素，以实体红砖、米色石材、深色金属系统共同打造。设计师认为，功能和空间的并重、中西传统与当代风格的融会，正是对海宁国际校区建设的针对性解答。

陈挺

职务：武汉华中科大建筑规划设计研究院有限公司设计二所所长
职称：高级工程师
国家一级注册建筑师
美国LEED认证的AP BD+C绿色建筑师

教育背景

1994年　华中理工大学建筑学学士
2004年　华中科技大学建筑与城规学院建筑学硕士

工作经历

1994年至今　武汉华中科大建筑规划设计研究院有限公司

主要设计作品

华中科技大学东十教学科研楼（一期）	荣获2013年湖北省建筑工程优秀设计三等奖
华中科技大学先进制造工程大楼	荣获2010年教育部建筑工程优秀设计三等奖
华中科技大学光谷体育馆	荣获2007年湖北省建筑工程优秀设计一等奖
武汉职业技术学院纺织服装教学楼	荣获2007年湖北省建筑工程优秀设计三等奖
华中科技大学同济医学院基础教学实验楼（二期）	荣获2005年湖北省建筑工程优秀设计三等奖
武汉科技学院图书馆	荣获2002年湖北省建筑工程优秀设计三等奖 2002年武汉市优秀建筑设计二等奖
湖北省黄石市邮电局团城山邮件处理中心	荣获2001年湖北省优秀工程设计三等奖
武汉市第三医院门诊综合楼改扩建工程	
华中科技大学转化医学研究院大楼	
湖北汉川检察院办案技术专业用房	
华中科技大学科技园现代服务业示范基地2-6#楼	
湖北荆州国际大酒店	

地址：湖北省武汉市洪山区珞瑜路1037号
电话：027-87542256
传真：027-87547033、87792048、87542256
网址：www.adri-hust.com
电子邮箱：dhust@mail.hust.edu.cn

武汉华中科大建筑规划设计研究院有限公司地处湖北省武汉市，坐落在东湖之滨的华中科技大学校园内，其前身为1953年中南行政委员会三校建院规划设计处，距今已有60多年的历史。2001年全国高校合并时，将华中理工大学建筑设计研究院与武汉城市建设学院建筑设计研究院、城市规划设计研究院三个甲级院合并组建成武汉华中科大建筑规划设计研究院有限公司，是教育部直属高校最早成立的设计单位之一。

公司持有住建部颁发的建筑工程设计甲级、城市规划设计甲级、风景园林工程专项设计甲级、市政工程设计乙级和发改委颁发的工程咨询甲级资质。经北京中设质量体系认证中心认证，该院的质量管理体系达到了ISO9001:2008质量管理体系标准的要求。

公司设有建筑设计研究院、规划设计研究院两个分院，人才荟萃、专业齐全、设备精良、技术先进。现有专业技术人员286人，教授级高级工程师15人，高级工程师63人，工程师56人，其中中英互认注册工程师1人，国家一级注册建筑师、一级注册结构师、注册设备工程师、注册电气工程师、注册造价师、注册规划师、注册咨询工程师60余人，专业范围涵盖建筑工程设计、城市规划、市政工程设计、智能设计、室内设计、工程咨询等众多领域。

几十年来，公司依托学校的学科综合优势，加强与各院系的合作，充分结合实践，高质量完成各类工程设计和咨询项目，取得了良好的信誉和社会效益。

EAST 10TH TEACHING AND RESEARCH BUILDING (PHASE I), HUAZHONG UNIVERSITY OF SCIENCE AND TECHNOLOGY

华中科技大学东十教学科研楼（一期）

项目业主：华中科技大学基建处
建设地点：湖北 武汉
建筑功能：教育建筑
用地面积：12 715平方米
建筑面积：24 995平方米
设计时间：2008年
项目状态：建成
设计单位：武汉华中科大建筑规划设计研究院有限公司
主创设计：陈挺
获奖情况：2013年湖北省建筑工程优秀设计三等奖

项目建成后，将为学校在人才培养、科技研发、技术交流等方面进行创新探索提供一个良好的硬件平台，满足多学科交叉研究和创新人才培养的需要，提高学校教学科研水平。项目投资来源为定向捐款，建筑层数、面积有明确要求，从方案设计至施工选材注重完成度及造价的均衡性，迄今为止依然是学校同类型建筑中单方造价最低的。

总体布局平行于用地北侧道路布置。双塔楼分别设置在东、西两侧，中部由两侧高裙房连接。整体布局紧凑合理，建筑朝向有利于建筑内部争取最大限度的自然采光与通风。

建筑外形简洁大方，通过与结构布置体系结合形成富有韵律感的建筑外观效果。建筑虚实对比，细部处理统一明快，很好地表现出校园科研建筑的形象特点。

主入口门厅两侧局部设置两层高交流空间，顶部为玻璃采光顶，将阳光引入建筑内部，通过此处的玻璃幕墙与室外直接交流，塑造了富有特点的内部空间，对建筑起到了画龙点睛的作用。

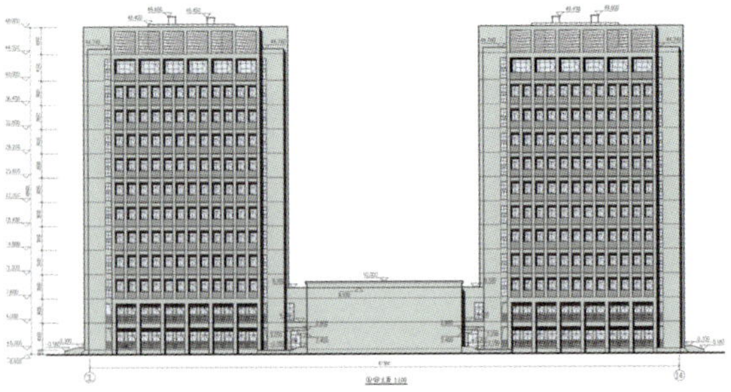

南立面图

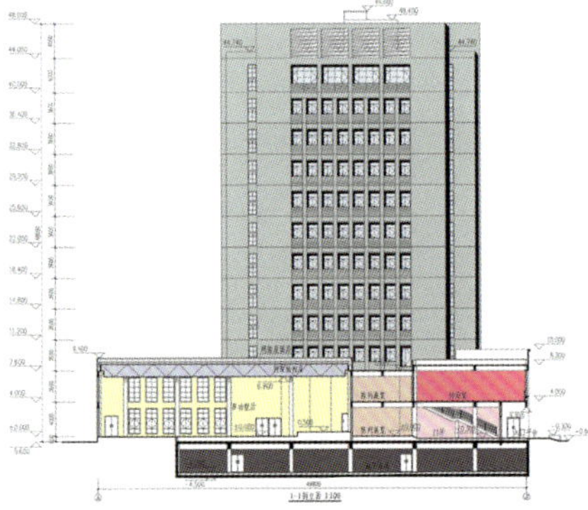

1-1剖面图

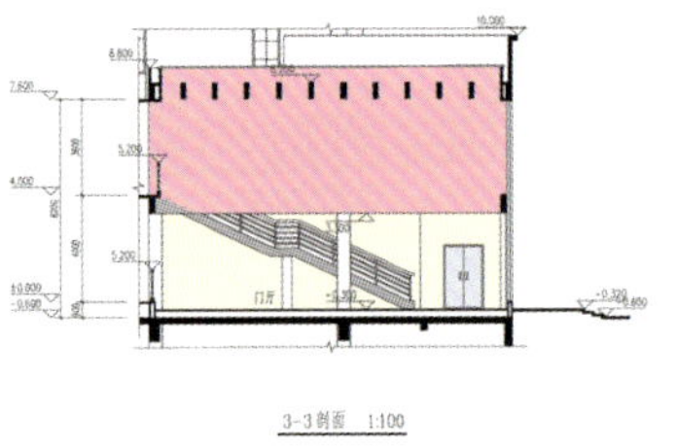

3-3剖面图

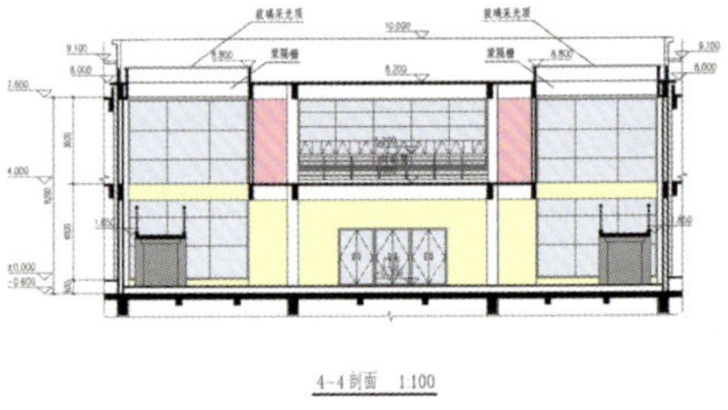

4-4剖面图

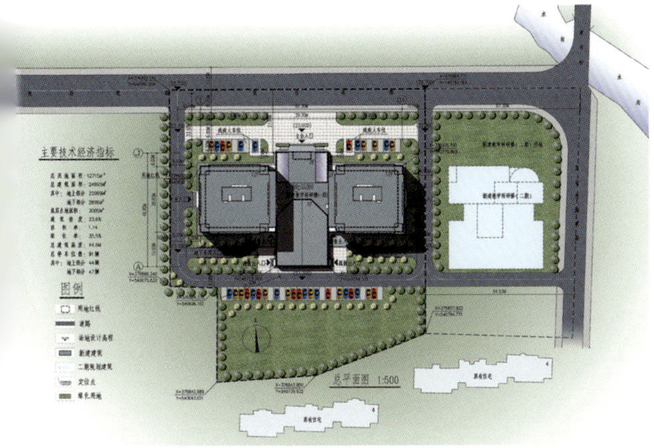

总平面图

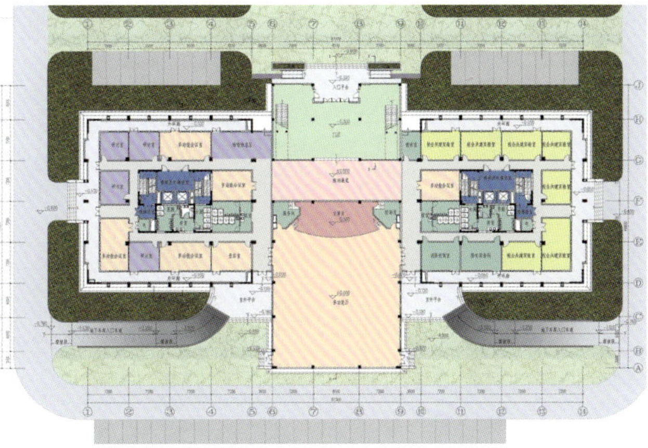

一层平面图

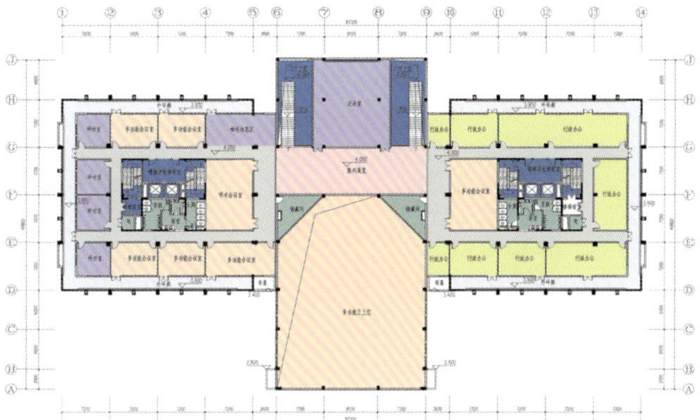

二层平面图

ADVANCED MANUFACTURING ENGINEERING BUILDING, HUAZHONG UNIVERSITY OF SCIENCE AND TECHNOLOGY

华中科技大学先进制造工程大楼

项目业主：华中科技大学基建处
建设地点：湖北 武汉
建筑功能：实验、办公、科研建筑
用地面积：33 251平方米
建筑面积：49 393平方米
设计时间：2009年
项目状态：建成
设计单位：武汉华中科大建筑规划设计研究院有限公司
设计团队：刘剀、陈挺、周范文、孔祥龙

项目原有基地为校园露天电影放映场，为了加强校园传统的延续，以此作为整个设计的出发点，保留并改造了露天电影放映场的标志性建筑和独特的坡地地形，以此形成了基地的历史延续性。

在改造中，坡地处设置停车场以充分利用空间，保证室外的安静和景观。坡地也进行了富有创意的改造，具有赏心悦目的景观特色，具有强烈的公共性和开放性。设计的巧妙处理使得该场地依然可以完成电影的放映，延续校园的文化习惯。

设计保留了传统的对基地使用的独特行为路径，形成使用者对这块基地记忆中非常深刻的部分。利用中轴线控制全局，使得东楼和西楼之间产生明确的秩序，加强了建筑群的整体感。中轴线的设置与校园传统建筑的手法取得呼应，建筑也获得了有序、大气的视觉形象。

总平面图

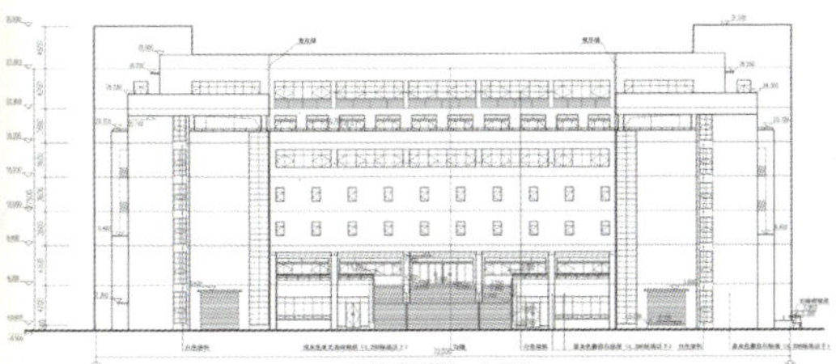

Ⓐ-Ⓤ立面图 1:150

Ⓤ-Ⓐ立面图 1:150

立面图

INSTITUTE OF TRANSLATIONAL MEDICINE, HUAZHONG UNIVERSITY OF SCIENCE AND TECHNOLOGY

华中科技大学转化医学研究院大楼

项目业主：华中科技大学基建处
建设地点：湖北 武汉
建筑功能：教育建筑
用地面积：4 684平方米
建筑面积：33 252平方米
设计时间：2015年—2016年
项目状态：在建
设计单位：武汉华中科大建筑规划设计研究院有限公司
设计团队：李保峰、陈挺、殷国婷

总平面规划上采用了契合地形的布局模式。平面形体是场地轮廓线的直接平移所致，因此新建筑不仅能和周边的建筑保持和谐一致的空间对话逻辑，而且使得标准层平面规整、利用率高、灵活性强。主楼16层，有效整合了基地内建筑和外部空间，使得新建筑与基地周围的原有建筑和谐共生。

在建筑体量的组合上，注重与现有的校园风格相互协调和延续，体现理工学科理性、厚重、深邃、内敛的文化特征。但同时，也采用现代的设计手法，在尺度、建筑细部肌理、色彩上呈现局部穿插与变换，建筑部件也采用点、线、面相互交融以达到统一中求变化、秩序中显轻松的形象，体现时代的印迹和国际化的视野。建筑整体采用与华中科技大学同济校区灰色调统一的芝麻白荔枝面石材干挂，并局部点缀灰色的拉丝石板以和相邻学术交流中心建立联系。

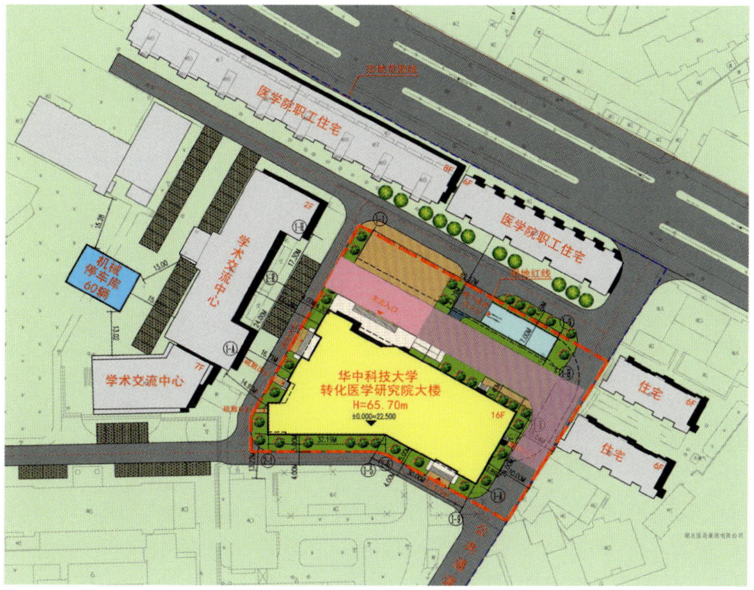

总平面图

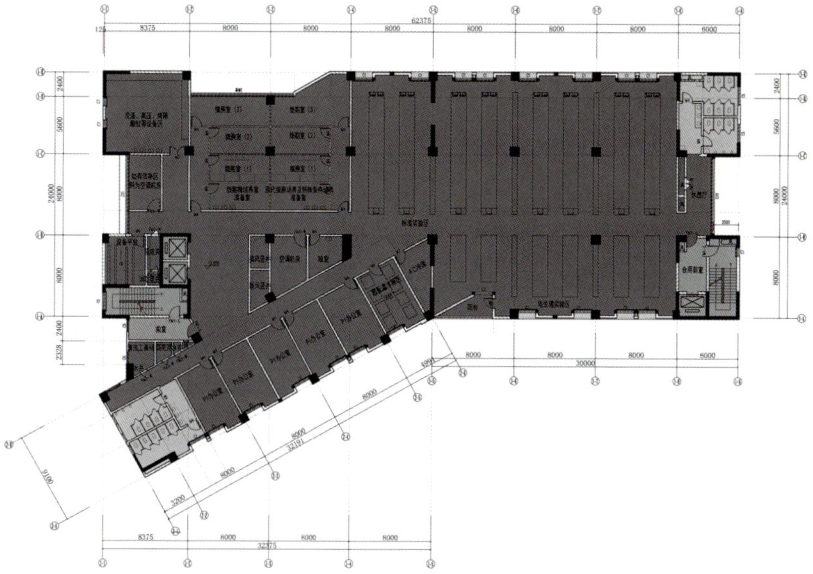

标准层平面图

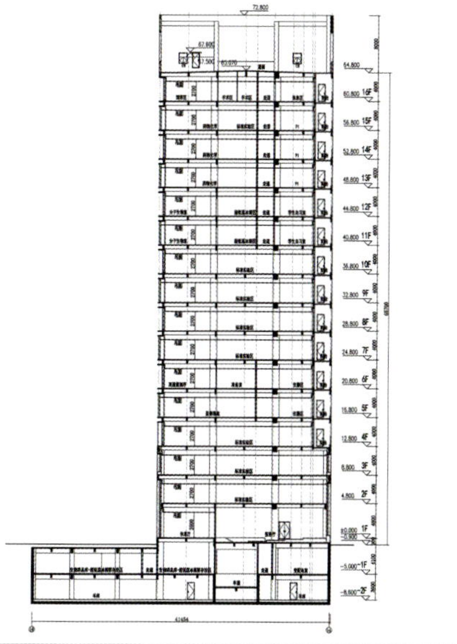

剖面图

WUHAN METRO MUSEUM CULTURAL COMPLEX

武汉地铁博物馆文化综合体

项目业主：武汉地铁集团
建设地点：湖北 武汉
建筑功能：博物馆、文化综合建筑
用地面积：7 411平方米
建筑面积：改建12 506平方米；扩建1 531平方米
设计时间：2017年
项目状态：投标方案
设计单位：武汉华中科大建筑规划设计研究院有限公司
设计团队：周卫、陈挺、姜梅

项目为“武汉地铁博物馆文化综合体”国际设计咨询投标方案，最终在专家评审中列第二名。

项目基地位于武汉市汉口原德国租界区，场地为矩形地块，周边为城市道路。地块南侧为在建武汉地铁设计院总部大楼，北侧西边为高层商住楼，北侧中、东部为保留的原租界老建筑，一直作为工业厂房及仓库使用。原德国租界内的老建筑沉淀了各个历史时期的历史痕迹，如今已经逐渐被替换成高层建筑。业主能在此刻意保留这个租界工业建筑历史遗存，并改扩建为地铁博物馆文化综合体，为建筑师提供了一个富有挑战的设计课题。设计理念如下：

- 工业遗产建筑的保护及再利用；
- 新、老建筑的相互关联；
- 封闭的单体建筑与开放的城市空间。

立面图（一）

立面图（二）

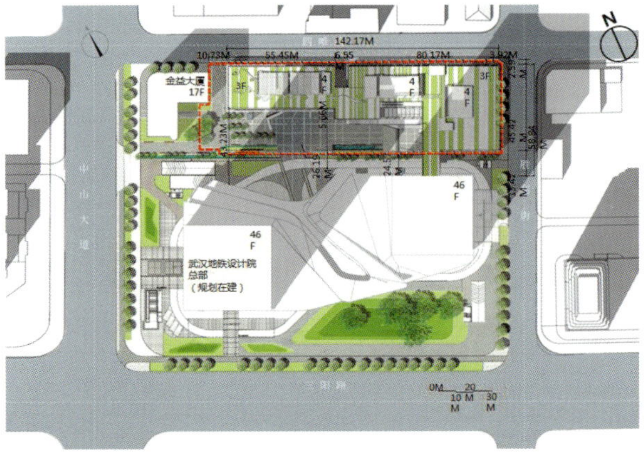

总平面图

模型图（一）

模型图（二）

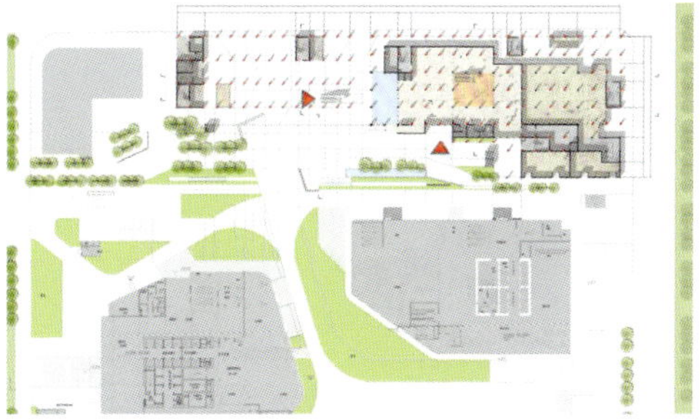

一层平面图

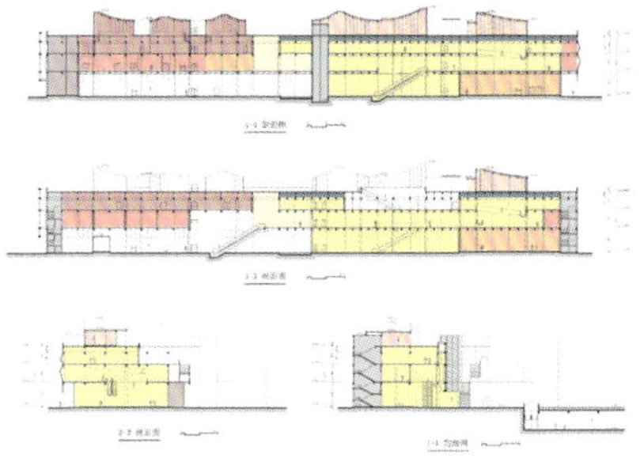

剖面图

ARCHITECTS

陈德雄

职务： 雅克设计有限公司董事、总建筑师
雅克设计有限公司热带建筑设计工作室主持人
海南省土木建筑学会常务理事
职称： 正高级建筑师
高级规划师
国家一级注册建筑师

教育背景
1990年—1995年　浙江大学建筑学学士

工作经历
1995年—2001年　海口城市设计事务所、海口城市设计有限公司
2001年—2008年　海南雅克建筑设计有限公司
2008年至今　雅克设计有限公司

个人荣誉

浙江省湖州太湖旅游度假区梅东片景观设计（规划）	荣获2001年海南省优秀城市规划设计二等奖
琼海市红色娘子军纪念馆	荣获中央宣传部拨专款重点扶助项目
海口市世纪大桥监控管理中心	荣获《中国勘察设计》当代中国青年建筑师优秀作品大赛二等奖
琼海市嘉积中学李强学苑	荣获2003年海南省优秀建筑设计三等奖
琼海市嘉积中学红楼翻建工程	荣获2007年海南省建筑工程 “绿岛杯”奖
琼海官塘世家一期工程	荣获2011年海南省优秀工程勘察设计三等奖
小小家	荣获2011年中国首届保障性住房设计竞赛鼓励奖

主要设计作品
琼海中学附属小学
三亚城市职业学院新校区规划设计方案
三亚丽景海湾酒店重建工程
东方秀兰金月湾·阳光海国际养生文化城
中共文昌市委党校新校区建设工程

雅|克|设|计
APCE DESIGN

地址：海南省海口市龙华区玉沙路19号
城中城A座二楼
电话：0898-68546185
传真：0898-68546186
网址：www.apcedesign.com
电子邮箱：apce@apcedesign.com

雅克设计有限公司创立于1992年。公司现拥有城乡规划编制甲级、建筑行业（建筑工程）甲级、风景园林工程设计、市政行业（给排水、道路)工程设计、人防工程设计、工程咨询资质，具有区域用海规划编制和施工图设计文件审查（房屋建筑工程一类）资格，是国家高新技术企业、全国勘察设计行业优秀民营设计企业、中国城市规划综合实力50强企业、中国建筑学会当代中国建筑设计百家名院、海南省土木建筑学会理事长单位、《规划师》杂志理事长单位。公司以城乡规划、建筑设计、风景园林和市政工程为业务重点，并向海岛工程、绿色建筑、医养建筑、EPC工程总承包、全过程工程咨询服务、施工图设计文件审查、项目策划和工程管理、城市发展研究等业务领域延伸，是城乡规划、建设与开发领域的专业服务集成者和系统解决方案提供者。公司秉承“设计创造价值”的企业理念，实现委托人与设计师的光荣和梦想。

QIONGHAI JIAJI MIDDLE SCHOOL PUBLIC BUILDING GROURS

琼海市嘉积中学公共建筑群

项目业主：琼海市嘉积中学
建设地点：海南 琼海
建筑功能：教育建筑
用地面积：35 000平方米（核心区域）
建筑面积：27 986平方米
设计时间：2001年—2017年
项目状态：建成
设计单位：雅克设计有限公司
主创设计：陈德雄
设计团队：纪道足、刘君、林敏江
获奖情况：李强学苑荣获2003年海南省优秀建筑设计三等奖
红楼翻建工程荣获2007年海南省建筑工程 “绿岛杯” 奖

嘉积中学历史悠久，人才辈出，是“中国百强中学”之一。该学校的公共建筑群是一栋接一栋地更新设计的（历时长达16年），主要的公共建筑包括红楼（行政楼）、李强学苑（教学楼）、青少年活动中心（体艺馆）、科学馆等。其中，红楼翻建工程是2006年海南省中小学校危房改造计划中的重点项目。红楼的南走廊、东走廊和西走廊的宽度均达3米以上，是适应湿热气候的典型“遮阳文化”建筑，在视觉上表现为深深的遮阳和美丽的阴影，具有真正意义上的热带建筑美学。整个校园的空间特征是南北主轴线加上东西次轴线，串联着若干系列节点空间。

李强学苑和青少年活动中心位于红楼的两侧，均以谦让的姿态陪衬出红楼的巍巍气势，以其默契的空间进一步诠释了红楼的生机和灵气。科学馆是红楼轴线上的最高建筑，与红楼建筑相协调。

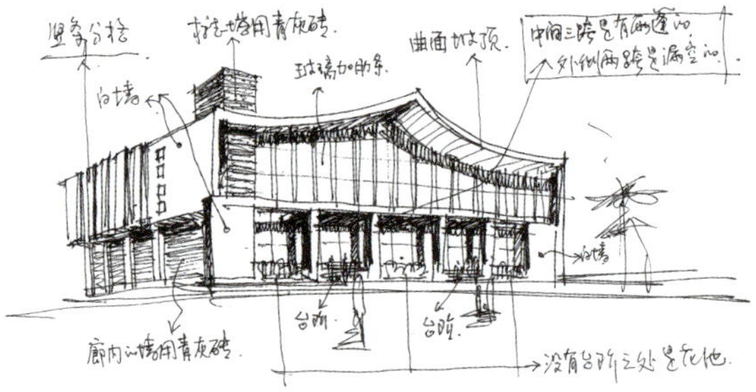

QIONGHAI MIDDLE SCHOOL AFFILIATED PRIMARY SCHOOL

琼海中学附属小学

项目业主：琼海市教育局
建筑功能：教育建筑
建筑面积：37 945平方米
项目状态：在建
设计单位：雅克设计有限公司
获奖情况：设计投标第一名

建设地点：海南 琼海
用地面积：66 697平方米
设计时间：2018年
主创设计：陈德雄
设计团队：林敏江、纪道足、陈英华、张娟、刘君

项目位于海南省琼海市嘉积镇城南片区，毗邻蜿蜒的双沟溪和环境优美的滨水生态公园。设计方案围绕“看得见水”和“记得住乡愁”的主题，以近乎南北朝向的板楼布局，加上适应热带气候的风雨连廊，形成一连串的系列“三合院”空间。院落开口朝公园方向，不管是在教室里还是院落里都能够欣赏到溪流美景。建筑外观设计上充分结合了海南本土的琼北民居文化，同时融合了中国的“成语典故”和现代教育理念。

在教学楼群面向溪流方向的山墙上，采用小学生最容易识别的“圆形”“方形”“三角形”的观景口设计。北校门面对的综合楼地标和东校门面对的体艺馆地标，均采用“山形起伏”的屋顶轮廓，给滨水建筑带来“山”的印象。总体来看，这简直就是一幅具有山水田园风光的“诗画”。

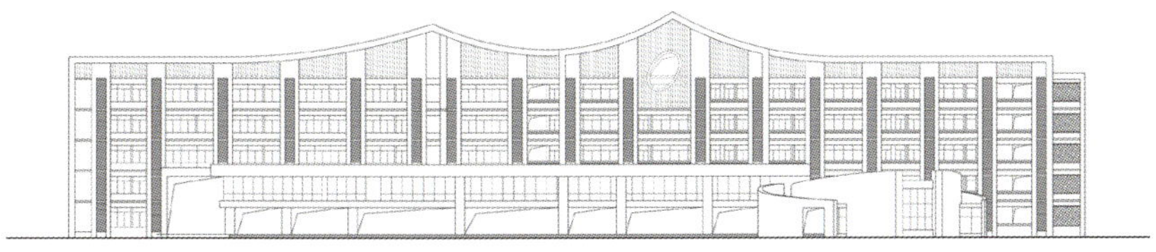

综合教学行政楼立面图

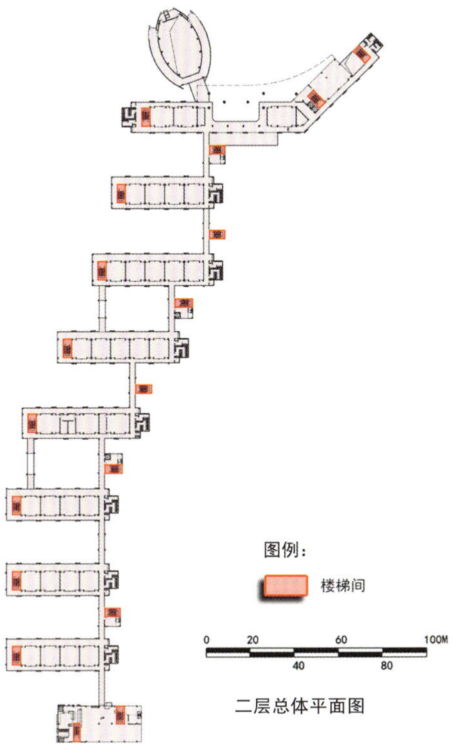

二层总体平面图

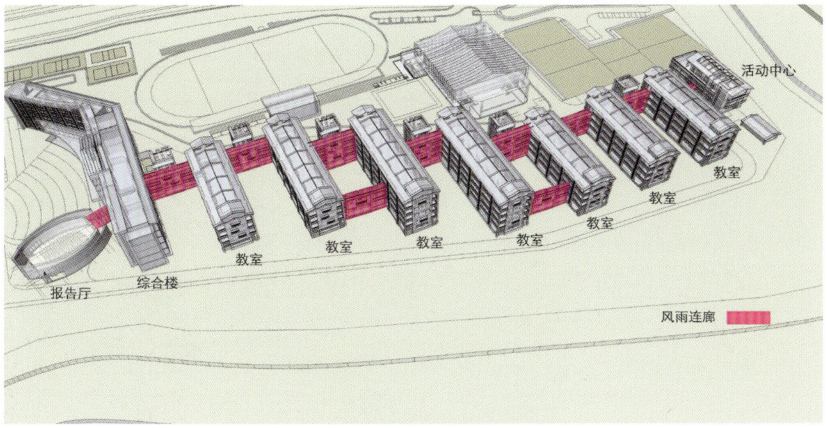

无间断风雨连廊示意图

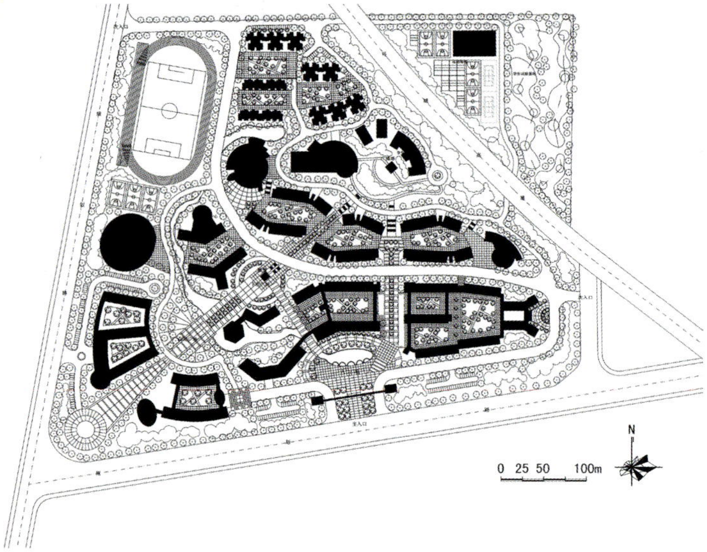

PLANNING AND DESIGN PLAN FOR NEW CAMPUS OF SANYA CITY VOCATIONAL COLLEGE

三亚城市职业学院新校区规划设计方案

项目业主：三亚城市职业学院
建设地点：海南 三亚
建筑功能：教育建筑
建筑面积：212 979平方米
设计时间：2008年
项目状态：方案
设计单位：雅克设计有限公司
主创设计：陈德雄
设计团队：陈仰金、符少强、刘君

项目位于三亚市荔枝沟抱坡岭东侧，用地大部分比较平整，中间有部分丘陵。总体规划方案结合地形现状及水塘的肌理，因地制宜，突出山水格局的特色，旨在营造一个可自由交往、具有人文情怀和山水情调的大学校园。

整个校园在空间形态上形成线形复合型功能分区，教学区位于环境最好的地段，生活区位于山坡上，体育活动区位于丘陵的西北侧（靠近隔壁地块的工业厂房），各功能区之间联系较便捷。教学区建筑群采用组团化整体式布局，以适应学生交流的需求及热带气候的特点。建筑造型围绕着“自然”和“通透”的主题进行创作，重点突出热带风情和文化底蕴。校园入口区的“笔塔”设计，象征一支传统文化中的笔，其含义不言而喻，在自由轻松的环境中不失学校的学术性和文化性。

QIONGHAI GUANTANG FAMILY

琼海官塘世家

项目业主：琼海永和房地产开发有限公司
建设地点：海南 琼海
建筑功能：居住建筑
用地面积：96 270平方米
建筑面积：106 402平方米
设计时间：2010年
项目状态：建成
设计单位：雅克设计有限公司
主创设计：陈德雄
设计团队：鲁琪昌、朱如晖、纪道足、吴杨、李祥江、刘君
获奖情况：一期工程获2011年海南省优秀工程勘察设计三等奖

项目是一个依托当地温泉和生态环境为特色的休闲小区，位于海南省琼海市的官塘组团。项目基地往西，美丽的万泉河近在咫尺。该项目的规划设计具有两大特点：第一，以最具有热带风情的别墅型商业楼及商务别墅作为特有的沿街空间和形态，与官塘组团的公共性景观形成对话——最大程度满足了公共空间的需求；第二，以集中的大面积中央花园，结合多处温泉池，营造一个充满休闲、温馨、浪漫、愉悦的度假花园——最大程度满足了住户休闲度假的需求。整个小区以最受青睐的休闲型建筑风格来体现其整体形象，如高低错落的小坡顶、通透别致的空中花架等均成为建筑风格的组成元素。无论是住宅还是公建，都在塑造小区形象的共赏性，从而形成官塘大道上一道亮丽的风景线。

SANYA LIKING RESORT RECONSTRUCTION PROJECT

三亚丽景海湾酒店重建工程

项目业主：三亚丽景海湾酒店有限责任公司
建设地点：海南 三亚
建筑功能：酒店建筑
用地面积：18 465平方米
建筑面积：62 452平方米
设计时间：2017年
项目状态：方案（报建）
设计单位：雅克设计有限公司
主创设计：陈德雄
设计团队：纪道足、丁子峰、刘君、陈英华

项目位于美丽的三亚，处于依山傍水的大东海黄金地段。基地内部原有1栋4层的酒店，因其建筑空间、装修环境及设备设施等硬件均不能满足新时代的休闲度假需求，拟全部拆除而按本次设计方案进行重建。山海之间，山的等高线与海的波纹线具有惊人的相似之处。本项目正处于山海之间，设计构思把裙房的转角处设计成弯曲的平面，和塔楼标准层的端部山墙两翼设计成竖向的波浪形状，正是来自等高线和波纹线的启发。在朝向山的一面，塔楼以一个大凹口的空间与顶部客房花园的虚空间共同组成颇有气势的热带建筑造型；在朝向大海的一面，塔楼以"V"字形排列的客房满足百分之百的客房观海需求，顶部采用退台式空间来打造屋顶花园和丰富的天际线。本项目以单塔的地标形象在椰风中顶天立地，既饱览海景又能成为别人的景观亮点，体现"山海之特色、热带之通透、现代之素雅"。

ORIENTAL XIULAN MOON BAY・SUNSHINE COAST INTERNATIONAL HEALTH CULTURAL CITY

东方秀兰金月湾・阳光海国际养生文化城

项目业主：海南秀兰投资开发有限公司
建筑功能：酒店、康养建筑
建筑面积：189 802平方米
项目状态：在建
主创设计：陈德雄、纪道足
设计团队：林敏江、吴杨、黎良辉、宋元元、刘君、丁子峰
建设地点：海南 东方
用地面积：179 408平方米
设计时间：2017年
设计单位：雅克设计有限公司

项目总体规划设计方案充分考虑了东方市的地域特色及文化特点，以“夕阳西霞，海景，花梨，黎家”为主题进行方案创作；东方市位于海南的西部，在欣赏夕霞方面具有得天独厚之处，方案中度假酒店的霞光房及退台式的观景平台均是为了突出这一亮点。

东方市的江边乡白查村现存较原始的船形屋，素有“船形屋活化石”之称，由此引发的关于“船形屋印象”建筑风貌的灵感在滨海建筑的端部及顶部造型方面得到体现；东方市物华天宝，沉香、花梨等是东方的又一特色，花梨药用价值与医疗康养呼应，花梨木的“印象线条”也成了外立面局部构图的点睛之笔。

整个项目的建筑群高低错落，组团布置，既有南方的通透，又有现代的简洁，更有滨海的流动，是“诗和远方”的国际养生文化城。

陈奥彦
职务： 二所副所长
职称： 高级建筑师
国家一级注册建筑师

祝雪可
职务： 二所副总建筑师
职称： 高级建筑师
国家一级注册建筑师

李宝华
职务： 二所副总建筑师
职称： 高级建筑师
国家一级注册建筑师

卢筱艺
职务： 二所总建筑师助理
职称： 高级建筑师
国家一级注册建筑师

刘伟斌
职务： 二所所长助理、副主任
职称： 建筑师

孙海音
职务： 副主任
职称： 建筑师

肖晓苗
职务： 创作室方案主创
职称： 建筑师

广东省建筑设计研究院
Architectural Design and Research Institute of Guangdong Province

广东省建筑设计研究院（GDAD）创建于1952年，是中华人民共和国第一批大型综合勘察设计单位之一，改革开放后最早推行工程总承包业务的现代科技服务型企业，全球低碳城市和建筑发展倡议单位、全国科技先进集体、全国优秀勘察设计企业、当代中国建筑设计百家名院、全国企业文化建设示范单位、广东省高新技术企业、广东省守合同重信用企业、广东省抗震救灾先进集体、广东省重点项目建设先进集体、现代工程建设设计运营服务商。

GDAD现有专业技术人员2 700余名，其中工程院院士1 名、全国工程勘察设计大师2名、享受国务院政府特殊津贴专家15名、教授级高工54名、高工498名、工程师635名、各类执业注册人员542名，形成素质优良、结构合理、专业齐备、效能显著的人才梯队。

GDAD现有建筑工程设计、市政行业设计、工程勘察、工程咨询、城乡规划编制、建筑智能化系统工程设计、风景园林工程设计、建筑装饰设计、工程建设监理、招标代理、工程承包、施工图审查等甲级资质以及轨道交通设计资质，形成以设计为主业，以规划、勘察、咨询、总承包、审图、监理、技术研发等为重要补充的产业格局，立足广东、面向国内外开展现代科技服务。

GDAD将继续秉承“守正鼎新，营造臻品”的核心价值观，发扬“绘雅方寸，筑梦千里”的企业精神，充分利用人才、技术、科研、创新和品牌的综合优势，为广大客户提供高效优质的服务，共同设计未来，成就梦想。

广东省建筑设计研究院第二建筑设计研究所，现有设计师57人（其中教授级3人、高级11人、中级17人），国家一级注册建筑师、工程师13人，设计阵容齐整。团队专注于体育、交通、会展、大跨度建筑及星级酒店设计，赢得了2008年北京奥运会自行车馆、广州亚运会自行车馆、昆明南站、湛江机场等具有国际影响的重大项目，曾获全国优秀设计金奖、部级优秀勘察设计一等奖、中国建设工程鲁班奖、詹天佑土木工程大奖、广东省优秀工程设计一等奖、广东省优秀建筑结构设计一等奖、百年百项杰出土木工程奖、全国十大建设科技成就奖等。

地址： 广州市流花路117号交易大厦
电话： 020-86681575
传真： 020-86677463
网址： www.gdadri.com
电子邮箱： gdadri@gdadri.com

KUNMING SOUTH RAILWAY STATION

昆明南站

项目业主：中国铁路昆明局集团有限公司
建设地点：云南 昆明
建筑功能：交通建筑
用地面积：200 551平方米
建筑面积：334 736平方米
建筑高度：41.5米
设计时间：2009年
项目状态：建成
设计单位：广东省建筑设计研究院第二建筑设计研究所
合作设计：中铁第四勘察设计院集团有限公司

新建昆明南站是国家“一带一路”战略规划中辐射东南亚的重要基础设施，是“兰昆通道”“沪昆通道”“南部沿海及西南通道”和“泛亚铁路”四大枢纽通道的会合点。

昆明南站旅客最高聚集人数为12 000人。高峰时每小时运送旅客12 054人，属特大型铁路旅客站。站场总规模按照16座站台，即30站台面30线布置；设有沪昆客专场，昆玉、渝昆场，环滇列车场，云桂、成昆车场共4个车场。

站房造型以“雀舞春城，美丽绽放”为主题，车站外部造型结合昆明独有的地域文化特点，创造出别具一格的建筑形象；主入口为具有云南少数民族特色的坡顶仿木构雨棚，蕴含云南地方民居特色的现代诠释，起翘的屋檐如同振翅欲飞的孔雀之首，演绎出雀舞春城的生动情节。

用“孔雀开屏、鲜花绽放”的形象寓意春城昆明的开放进取和热情好客。建筑立面整体由八束盛开的孔雀羽毛扇形构成，宛如盛放的孔雀之灵在跳动美妙的七彩云南之舞，展现昆明“春融万物，和谐发展，敢为人先，追求卓越”的城市精神！

BAOSTEEL BUILDING (GUANGDONG)

宝钢大厦（广东）

项目业主：广东宝钢置业有限公司
建设地点：广东 广州
建筑功能：办公建筑
用地面积：27 770平方米
建筑面积：146 645平方米
建筑高度：149.5米
设计时间：2012年
项目状态：建成
设计单位：广东省建筑设计研究院第二建筑设计研究所
合作设计：Pelli Clarke Pelli Architects，宝钢工程技术集团有限公司
获奖情况：中国绿色建筑二星级和美国LEED金奖双绿色建筑认证

项目位于广州市琶洲总部经济区内，北面隔着珠江啤酒厂，用地便在珠江边，地上29层，地下3层。按城市设计规划，周边建筑均比本项目高，故本项目塔楼的形象必须要有独特的可识别性。

项目定位为广州前五的超甲级写字楼，裙楼位于塔楼的西面与南面，使用性质为商业。塔楼造型以方格形分隔为主要特征，裙楼造型以五个串联起来的光滑玻璃方盒为主要特征。夜晚时刻，灯光由室内柔和射出，五个玻璃方盒犹如在珠江上漂流的许愿灯群。裙楼首层西面设置有岭南特色的骑楼。

不锈钢幕墙全部采用国产不锈钢材料代替进口材料。通过上海宝钢集团多次研发优化316L等级不锈钢生产过程，于国内自行生产316L麻布纹不锈钢建筑幕墙，形成了涵盖生产、表面处理、制作安装等全过程的成套核心应用技术，有效降低了造价，为国内相关材料及技术的应用提供了重要参考。在国内以国产不锈钢作为外立面幕墙主要材料的建筑中，本案是不锈钢板使用率最高的项目之一。这些沉重的不锈钢板挂立于建筑之上，犹如轻薄、平整的灯笼面纱，形成广州珠江边琶洲总部商务区独具特色的建筑形象。

JIEYANG GUESTHOUSE

揭阳迎宾馆

项目业主：揭阳市黄岐山森林公园管理处
建设地点：广东 揭阳
建筑功能：科研楼及配套会议、接待、专家公寓建筑
用地面积：46 587平方米
建筑面积：41 417平方米
设计时间：2012年
项目状态：建成
设计单位：广东省建筑设计研究院第二建筑设计研究所

基地紧临黄岐山风景区，自然生态环境优美，在整体布局中采用了传统岭南园林式布局，形成既有自然之趣，又有规整之美的园林景观，让自然充分融入建筑之中是本方案的一大特点。本方案在现代建筑风格的基础上，融合了潮汕地域特色元素，如山墙、漏窗花墙、厅堂隔扇等，形成理性、简洁，同时蕴含传统建筑韵味的建筑造型。

基地生态环境良好，非常适宜采用传统特色的中式园林布局。本规划方案使建筑群靠山面水，布局平易开朗，对话自然山水。内庭院以清新旷达取胜，格调轻盈舒朗。在设计中还特别注意保留了基地中原有古树，追求和谐生态的设计风格。

会员大会暨成立四周年庆典
请往一楼会议中心
黄府婚宴
请往二楼宴会厅
联系电话：18680135123

TAISHAN CONFERENCE AND EXHIBITION CENTER

泰山会展中心

项目业主：泰安市城建投融资管理中心
建设地点：山东 泰安
建筑功能：会展建筑
用地面积：100 295平方米
建筑面积：83 317平方米
设计时间：2010年
项目状态：建成
设计单位：广东省建筑设计研究院第二建筑设计研究所
获奖情况：2015年广东省优秀工程勘察设计奖二等奖
2015年全国优秀工程勘察设计行业奖建筑工程二等奖
2015年全国优秀工程勘察设计奖智能化建筑三等奖
2013年中国钢结构金奖（国家优质工程）
2014年—2015年国家优质工程奖

泰山会展中心是一座以会议、展览为主的现代化会展建筑。其中，展览部分包括1个9 000平方米特殊展厅、1个9 000平方米综合展厅及2个4 500平方米综合展厅，会议中心部分则由1个1 250座剧场式会议厅、1个300座报告厅、1个多功能宴会厅、8个100座小型会议厅组成。另外配套了可停放477辆汽车的地下停车库。

泰山是历代帝王祭天的名山，而鼎正是中华民族祭天最重要的礼器，所以建筑整体外观设计以祭天金鼎为主题，分别用4座鼎作为4个功能区的体量外观，以“盛世金鼎”的整体造型突出泰安市历史文化名城的鲜明形象。

泰山会展中心作为展览建筑同时也是文化载体，已经成为历史文化名城泰安市的地标性建筑。每年泰安两会都在这里召开，并经常举办各类展览活动，得到社会各界的一致好评，为泰安市的城市发展带来了良好的社会效益和经济效益。

HUARUN RUIFU

华润瑞府

项目业主：华润置地（深圳）发展有限公司
建设地点：广东 深圳
用地面积：3 788平方米
建筑面积：135 624平方米
建筑层数：59层
建筑高度：249.8米
设计时间：2016年
设计单位：广东省建筑设计研究院第二建筑设计研究所
合作单位：美国GP建筑设计有限公司

项目位于深圳南山后海中心区的中心位置，北邻深圳湾体育中心，南接内陆湖，西靠南科苑路。

项目为六星级豪华酒店及酒店式公寓，是一栋59层超高层塔楼，包括4层地下室。塔楼5~21层为酒店，22~59层为公寓；3层的裙房为酒店配套用房；地下一层为会议室及配套用房，二层为酒店后勤配套用房，三、四层为车库（部分区域设置人防设施）。本项目塔楼结构，标高为249.8米，地下室埋深24.5米，耐火等级为一级，结构形式为混凝土框架核心筒。

本项目塔楼的设计灵感来自于附近深圳湾的动感特征，同时与毗邻的400米高华润总部大楼和谐相融。塔楼的正方形外形与华润总部大楼的圆形以及万家大楼的三角形形成多样化建筑风格。外立面主要选用高性能玻璃及金属材料，建筑通过内外多种遮阳形式来防止过度日照辐射并保持私密性。外立面设计简洁、明晰，并以其在塔楼顶部的特殊设计来强调酒店的特色。

SHUNDE RURAL COMMERCIAL BANK BUILDING

顺德农商银行大厦

项目业主：广东顺德农村商业银行股份有限公司
建设地点：广东 顺德
建筑功能：办公建筑
用地面积：27 000平方米
建筑面积：209 900平方米
建筑高度：230米
设计时间：2017年
项目状态：在建
设计单位：广东省建筑设计研究院第二建筑设计研究所
合作单位：TEN DESIGN GROUP LIMITED

项目设计意图展现银行总部大楼的魄力及顺德农商银行作为稳健金融机构的恒久性。总部大楼设计以固若磐石的整体形象营造出稳健的建筑风格，立面上的金色脉络以隐喻的手法贯穿裙楼至塔楼顶，好似从务实稳健的“基石”向上延伸的流动脉络。这一流动着的创新脉络，既是对顺德农商银行光辉发展历程的起承转合，也表达了顺德农商银行立足于顺德、与顺德经济一起走向世界的希冀。

大楼的设计富有创新性和先进性，主体塔楼顶部灵动的月门造型，像出海巨轮的风帆。双层的中空LOW-E玻璃幕墙立面，造型独特、结构新颖，可有效降低建筑能耗。在银行总部大楼南部的大堂主入口处设置了金水河景观，在调节室外微气候的同时，寓意了海纳百川的美好愿望。

作为唯一一家将总部扎根顺德的商业银行，设计团队希望助力其顺应新时代下的新形势，积极主动转型升级，在满足全面防控风险前提下推动产品创新、服务创新、机制创新，并以总部大楼的建设为契机，筑巢引凤，在不断提升自身核心竞争力的同时，进一步助推顺德经济和社会的高质量发展。

ARCHITECTS

陈鹏

职务： GLA建筑设计主创、高级设计经理
职称： 高级工程师

教育背景
2005年　浙江大学建筑学学士

主要设计作品
杭州滨江区明月江南
绍兴百合花园法式合院区
黄石青港湖玉兰花园一期
东营理想之城D地块
德清英溪桃源六期
青岛理想之城七期
宁波东钱湖地铁上盖
桐庐大奇山云山九里
北大资源杭州颐和江南
贵阳美的花溪院子
德清莫干山影视文化旅游小镇
武义飞神谷慢城

邢明泉

职务： GLA建筑设计主创、高级设计经理
职称： 国家一级注册建筑师

教育背景
2006年　浙江大学建筑学学士
2008年　浙江大学建筑学硕士

主要设计作品
亳州玫瑰园
成都诚园
文成县森林氧吧小镇城市客厅
潍坊泰华绿城桃李春风
西安长岛桂雨江南
亳州桐华郡

叶俊

职务： GLA建筑设计主创、高级设计经理

教育背景
2008年　浙江大学建筑学学士
2017年　浙江大学建筑学博士

主要设计作品
武汉国际博览中心片区E4地块
西安高新区云轨示范线鱼化寨车辆段上盖开发项目
华润杭州·城北万象城超高层住宅
中国港口博物馆
稠州银行总部大楼
杭州西湖区文体中心（浙商文化中心）

GLA

ZHEJIANG GREENTOWN
LIUHE ARCHITECTURE DESIGN CO., LTD.
浙江绿城六和建筑设计有限公司

地址：浙江省杭州市西湖区西溪路527号
钱江浙商创投中心A座4F
电话：0571-87955799
传真：0571-87955788
网址：www.gla-design.com
电子邮箱：gla_design@163.com
微信公众号：GLA六和设计

GLA建筑设计是一家具有甲级资质的专业建筑设计公司。公司自2010年成立至今，已完成150余个项目，项目类型涵盖公寓、别墅、养老、酒店、办公、学校、商业等，业务范围辐射浙江、上海、江苏、山东、湖北、河北、广东、新疆等地。

GLA传承绿城设计机构十几年的设计经验，结合市场需求进行创新、研发，不断提升设计品质，在设计的道路上扎实前进。

GLA与国内外多家专业顾问团队保持战略合作，通过整合产业链上各类优质资源，以业主设计师的姿态为业主提供多方位的咨询服务、优质的设计与服务，让合作过的业主成为长期战略合作伙伴。

GLA着重于对项目的全过程参与及把控，以高品质、高完成的设计作品为准绳，严控每一个设计细节，对产品定位至营造各方面进行精细把控，充分发现和挖掘项目核心价值，为业主奉献满意的设计精品。

GLA以“对建筑品质极致追求”作为企业的核心文化理念，吸引了众多优秀的志同道合的设计师，通过不断的创造、汲取，成为一支富有激情、锐意进取的设计团队，对设计品质的严苛追求已成为每一位设计师的工作习惯和要求。

DEQING YINGXI TAOYUAN PHASE VI

德清英溪桃源六期

建设地点：浙江 德清　　建筑功能：居住建筑
用地面积：92 012平方米　　建筑面积：175 502平方米
设计时间：2014年　　项目状态：建成
设计单位：GLA建筑设计

项目位于德清县，规划尊重原有的地形地貌和自然环境，尽可能地拓展住区内部的景观空间，把住宅融于自然环境之中，使之和谐共生，体现环境对于居住生活的意义。同时，规划尤其强调从街道到街景的营造，并以此串联绿地、广场、公建，直至组团内部的花园景观，形成以街道为脉络的层次分明的景观体系，从而在整体上营造出一个花园式的城市社区。

NINGBO DONGQIAN LAKE SUBWAY COVER

宁波东钱湖地铁上盖

建设地点：浙江 宁波
建筑功能：商业建筑
用地面积：306 727平方米
建筑面积：312 136平方米
设计时间：2016至今
项目状态：待建
设计单位：GLA建筑设计

项目位于宁波市在建的轨道交通4号线最南端车站——东钱湖站车辆段，南侧即为宁波风景名胜区——东钱湖，具有极佳的景观资源与交通优势。地块整体落在轨道盖上，基于对车辆段盖体的综合一体化考虑，设计时，注重结构与下部地铁柱网的协调，强调合理性、经济性、可实施性。地块最大程度地利用轨道盖上的基础条件和自然人文条件，结合项目内部景观设计，营造多层次、多角度的景观视线；建筑布局在满足轨道原有基础条件的基础上，综合考虑一体化开发，尽可能地争取独一无二的景观角度和面宽，既保证了城市的视觉要求，也保持了地块内部景观的完整度。

TONGLU DAQISHAN YUNSHAN JIULI

桐庐大奇山云山九里

建设地点：浙江 桐庐
建筑功能：居住建筑
用地面积：20 886平方米
建筑面积：17 199平方米
设计时间：2016至今
项目状态：在建
设计单位：GLA建筑设计

项目规划设计在于塑造具有山水景观特色的园区，营造高品质生活氛围及完备配套设施的社区。单体建筑为精致、典雅的中式建筑风格，细致推敲使户型最优化，并将各户型的均好性作为设计的一个重点。小区公共花园使用中式园林手法创造空间，继承中式组织格局的精神，通过建筑单体的错落、穿插，形成不同的组团变化，相互对比、延续、渗透，通过人的参与，产生不同的空间感受。

BOZHOU ROSE GARDEN

亳州玫瑰园

建设地点：安徽 亳州
建筑功能：居住建筑
用地面积：154 983平方米
建筑面积：488 453平方米
设计时间：2017年
项目状态：在建
设计单位：GLA建筑设计

项目是集办公、商业、幼儿园等多种辅助功能为一体的大型城市居住社区，其中住宅类型涵盖了低层合院、多层洋房和高层公寓。

地块大致呈“T”形，一条内部市政道路贯穿场地南北，各个居住组团在此开设次要出入口，住宅底商、中式商业街和幼儿园都在道路两侧依次铺陈开来，形成良好的居住和社区氛围。高层和多层住宅布局延续了绿城“中轴对称”“点板结合”的经典布局方式，中式合院则营造了坊巷式的空间结构。临市政公园的场地东侧是地块最具景观视野的区域，布置了一栋高层办公楼，既为建筑营造了一个优美的商务办公环境，挺拔的建筑形象也为城市打造了一处新地标。

CHENGDU CHENGYUAN

成都诚园

建设地点：四川　成都
建筑功能：居住建筑
用地面积：135 528平方米
建筑面积：458 370平方米
设计时间：2017年
项目状态：在建
设计单位：GLA建筑设计

项目位于成都市高新区和天府新区的过渡地带，由3个住宅地块和1个社区配套地块组成。

住宅布局采用中轴对称的方式，每个组团均设置入口大堂，两侧建筑布局严谨，营造五星级酒店的入户体验和尊贵大气的空间感受，点板结合的手法也为中正严谨的空间营造出灵动优美的节奏变化。每个居住组团均围合成一个中心花园，外部完整，对内开阔，大尺寸的中心花园让每个住户均可享受到极佳的景观视野。建筑采用绿城经典的二代高层立面，强调横向线条，整体展现了简洁现代的公建化建筑形象，细部设计则体现了精致、完美的品质要求。

WENCHENG COUNTY FOREST OXYGEN BAR TOWN URBAN LIVING ROOM

文成县森林氧吧小镇城市客厅

建设地点：浙江 文成
建筑功能：综合建筑
用地面积：9 000平方米
建筑面积：10 800平方米
设计时间：2016年
项目状态：在建
设计单位：GLA建筑设计

项目地上部分为规划展示、旅游集散、商务接待及会议中心四部分；地下为社会停车场、游客公厕及设备用房。文成县森林氧吧小镇城市客厅是展现小镇形象和导览概况的窗口。

文成地区多山，传统民居也大多依山就势，取势架屋，屋檐层叠绵延，本案对传统民居聚落的意向进行抽象表达，生成连续折叠的屋顶形式，与当地的村落民居和谐共生。建筑大量采用了石墙、青瓦与木构等当地建材，配以大跨网架、彩釉玻璃等现代时髦的材料，希望营造一种传统与当代、粗糙与精致的强烈对比。

WUHAN INTERNATIONAL EXPO CENTER AREA BLOCK E4

武汉国际博览中心片区E4地块

项目业主：绿城武汉分公司
建设地点：湖北 武汉
建筑功能：居住建筑
用地面积：43 971平方米
建筑面积：239 585平方米
设计时间：2018年
项目状态：在建
设计单位：GLA建筑设计
合作单位：GOA大象设计

项目位于汉阳，属于城市副中心——四新生态新城板块，毗邻中部最大的国际博览中心，一线临江，项目共包含 E4、E5两个地块。

总图布局在满足城市规划对地块要求的前提下，力求江景户数最大化、楼栋均好性与住区景观完整性，一线沿江210米楼栋通过对称式布局获得沿江标志性，塑造良好的城市形象。

秉承绿城打造美好生活的理念，设计打造了一整套完整的园区生活服务体系，包括车行内院、风雨连廊、全龄化架空层配套、避难层空中花园等。

建筑形象简洁大气，通过整体划分形成大的立面构图，在第二个层次以横向线条作为主要肌理，并通过细节推敲将精致的设计贯穿始终。

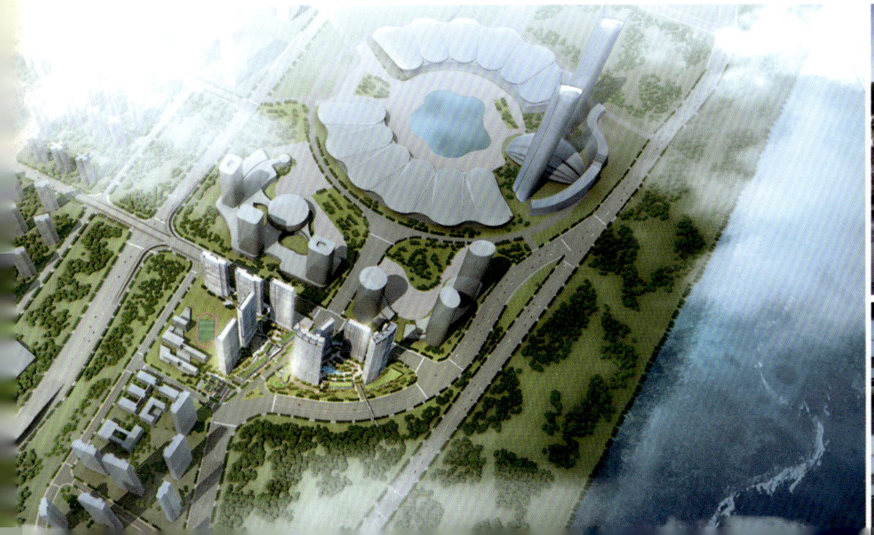

XI'AN HIGH-TECH ZONE CLOUD TRACK DEMONSTRATION LINE YUHUAZHAI VEHICLE SECTION COVER DEVELOPMENT PROJECT

西安高新区云轨示范线鱼化寨车辆段上盖开发项目

项目业主：西安高新区管委会与绿城西安分公司
建设地点：陕西 西安
建筑功能：商业、办公、居住建筑
用地面积：170 000平方米
建筑面积：425 000平方米
设计时间：2018年
项目状态：在建
设计单位：GLA建筑设计

设计的起点是对上位规划的详细解读。地块南面是城市主干道，位于项目用地西侧，向南经过直径300米规划中的城市绿地，适合布局公建产品。地块东面为城市绿带，同时作为轨道进出线交会点，不适合布置建筑，因此延续城市绿带顺理成章。

设计呼应区域总体规划，西侧布置商业、酒店式公寓等大型公建，东侧设置生态公园，以一条“云”轴连接东西，贯穿整个地块，“云”轴东起云谷，经云端公园、云上客厅、云桥，结束于云朵公园，构成一条集商业、景观、运动、休闲为一体的城市“云”轴。设计化不利为有利，将盖上盖下的联系以退台和景观的手法组织形成丰富的城市立体商业休闲空间，打造高品质云轨上盖物业开发示范项目。同时，设计充分考虑盖下复杂的场站功能，云上客厅大量利用了咽喉区的柱网，将结构转换成本降至最低，部分高层住宅布置避开大跨度库区，减小结构设计和转换难度。

CHINA RESOURCES HANGZHOU · CHENGBEI VIENTIANE CITY SUPER HIGH-RISE RESIDENTIAL

华润杭州·城北万象城超高层住宅

项目业主：华润浙江公司
建设地点：浙江 杭州
建筑功能：居住建筑
用地面积：56 000平方米
建筑面积：315 000平方米
设计时间：2018年
项目状态：在建
设计单位：GLA建筑设计

该地块项目包含办公、商业和住宅。此次设计为住宅部分。通过对场地的分析，将万象城作为住宅的重要景观资源纳入设计的考量，提出了两种总图布局方式，即南北向严谨、规则的对称式与30度偏角景观资源最大化的斜列式。

对称式延续GLA公司一贯的风格，通过精致的细节设计和完善的园区配套提供具有良好居住品质的住宅产品。斜列式则打破常规思维，从营销角度出发，将周边景观资源最大化，让更多的楼栋能够享受到无遮挡的大视野景观面，无论是南侧沿河还是北面观赏公园，打造位于CBD中的城市景观大宅，提升产品的整体价值。

ARCHITECTS

AIM DESIGN GROUP 亞美設計

陈晓宇

职务： AIM亚美设计集团（加拿大）总建筑师、董事长
职称： 加拿大注册建筑师、加拿大皇家建筑师会员

教育背景

1994年—1997年 华南理工大学建筑学硕士

工作经历

2002年至今 AIM亚美设计集团总建筑师、董事长

个人荣誉

2011年 中国年鉴颁发的中国建筑行业卓越贡献人物奖
2012年 中国建筑设计行业卓越贡献人物奖
2013年 《中国建筑设计作品年鉴》特邀编委
2015年 "金钻奖"年度十大最具创意（建筑、景观、商业空间）设计师大奖
2016年 "概念商业广场"国际建筑设计竞赛专业组优秀奖
2016年 全国健康产业工作委员会规划设计发展中心副主任

主要获奖

2008年 联华国际集团最佳战略同盟
2010年 中国最具影响力境外设计机构
2010年 联华国际集团最佳战略同盟伙伴
2010年 中信森林湖兰溪谷二期获东莞市优秀建筑工程设计方案一等奖
2011年 联华·花园城获绿色宜居住宅
2011年 广东扶贫济困日暨广州慈善日活动积极贡献单位
2011年 中国最具创新力建筑设计机构
2011年 广晟·海韵兰庭获创新示范楼盘奖
2011年 星河传说荷塘月色二期获中国低碳建筑设计创新奖
2011年 2010年—2011年中国最具创新力建筑设计机构
2013年 联华国际2013年度最佳战略同盟
2014年 2008年—2014年联华集团最佳战略同盟
2014年 广晟·海韵兰庭获第八届中国人居典范竞赛创新示范楼盘奖
2014年 龙光地产2012年—2014年度优秀合作伙伴
2014年 中国最具影响力境外设计机构
2014年 广州南站及地下空间获金拱奖建筑设计金奖
2015年 京华广场获金拱奖建筑设计金奖
2015年 年度最具品牌价值设计机构奖获金拱奖
2016年 星港城万达广场获最佳商业楼盘
2016年 星港城万达广场获金冠奖中国城市可持续发展推动力年度十大新兴商业标杆项目
2016年 金冠奖中国城市可持续发展推动力年度十大创意设计机构
2017年 星港城万达广场获中国城市可持续发展推动力"金殿奖"年度十大最具人气商业项目
2017年 广东省商业地产投资协会2017年—2021年会员单位
2017年 最具品牌价值设计机构奖
2017年 东方新天地获华南地区购物中心规划设计创新奖
2017年 星港城万达广场获华南地区购物中心规划设计创新奖
2017年 中国城市可持续发展推动力"金殿奖"
2017年 七星岗古海岸遗址获广州市优秀城乡规划设计
2017年 概念商业广场获国际建筑设计竞赛优秀奖 GREEN BELT

地址：广东省广州市天河区华穗路406号
保利克洛维中景A座16楼
电话：020-38819168
传真：020-38812825
网址：www.aimgi.com
电子邮箱：aimgicc@qq.com

AIM亚美设计集团（AIM DESIGN GROUP）诞生于加拿大，广州总部聚集国内外精英设计师200余人，一直致力于提供以建筑设计为核心，从策划、规划、景观、室内、灯光、幕墙设计到商业招商、运营的一体化定制的全程服务产业链。

AIM亚美设计是少数同时具有国际品牌、中国建筑行业综合甲级资质以及与客户长期战略合作三大核心竞争力的设计集团。集团不仅拥有一流的创意，还有一支强大的包括结构、水电、暖通、室内、景观等专业的技术队伍作为项目支撑，以确保方案的可实施性和造价的有效控制。

AIM亚美设计与国内众多知名地产商有着长期的合作（如：万科、恒大、保利、招商、中海、中信、奥园、龙光、万达、天安数码等），无论是设计品质还是服务均受到业主好评。AIM亚美设计先后承接了诸如星港城万达广场、桂林万达旅游城、广州万达文化旅游城酒店、新凯广场、东方新天地、广州漫广场、广州国际皮具中心、巴伐利亚庄园、敏捷华南金谷、金州体育城、保利珑门广场、保利西海岸、保利中环广场、万科幸福城、恒大翡翠华府、天安珑城、广州南站地下空间设计、京华广场、阳江国际金融中心、天颐华府等上百个成功案例。

资深的行业背景、良好的方案水平、优质的设计服务团队, AIM亚美设计还陆续获准进入了各大品牌（万科、保利、招商、恒大、中海、奥园、新城控股、碧桂园希尔顿、香格里拉、洲际、万豪、精选国际酒店、万达等）的供方库。

STAR BAY WANDA PLAZA

星港城万达广场

项目业主：万达集团（广东城际置业有限公司）
建设地点：广东 广州
建筑功能：商业综合体
用地面积：79 383平方米
建筑面积：800 000平方米
设计时间：2013年
项目状态：建成
设计单位：AIM亚美设计集团（加拿大）
主创设计：陈晓宇
获奖情况：2017年中国城市可持续发展推动力“金殿奖”年度十大最具人气商业项目
2017年华南地区购物中心规划设计创新奖
2016年最佳商业楼盘
2016年金冠奖中国城市可持续发展推动力年度十大新兴商业标杆项目

2017年6月，金沙洲星港城万达广场，这艘承载着购物中心、摩天轮乐园、喜来登酒店、公寓等的商业航母已经扬帆。口碑相传的广佛眼，在一片商业红海中脱颖而出，成功吸引了万达集团的投资，成为万达广场全国第一个收购的项目，闪耀广州和佛山两城。

向万达学习，做非标准化万达DNA的升级版产品。在设计规划中“星港城”差异化的定位不仅仅是购物场所，还通过建造屋顶摩天轮寻找城市记忆点，以及与商业结合在一起的楼顶花园、层层退台的儿童活动区域等，营造体验式和情景式消费，为后期运营打下良好的基础。

万达集团发展中心华南区总经理沈景琰曾经评价，收购星港城有一个很重要的因素是星港城的设计团队非常优秀，他们的商业规划设计理念超前，确保了项目的品质，与万达商业发展方向非常吻合，同时项目建设基础扎实，质量也非常过硬。

星港城万达广场也是第 200 座万达广场，它的出现，刷新了整个万达广场在万达集团里面的印象，大大地提升了商业地产的价值。

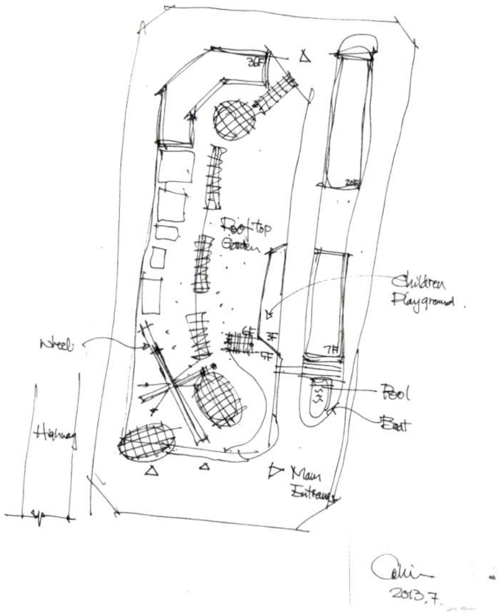
Roof top Garden
Children Playground
Wheel
Pool
Boat
Main Entrance
Highway

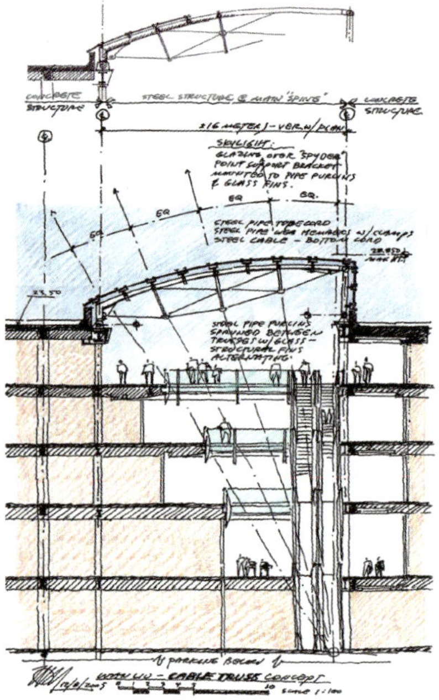

万达广场
H&M
MONENG
CHAYU
写字楼 旺铺 现正热销

万达广场
WANDA PLAZA
营销中心
8112 8888
投资跟着万达走
明火旺铺/写字楼

万达广场
WANDA PLAZA

TIANYI HUAFU

天颐华府

项目业主：慧嘉房地产
建筑功能：居住建筑
建筑面积：80 361平方米
项目状态：建成
主创设计：陈晓宇

建设地点：广东 广州
用地面积：87 812平方米
设计时间：2010年
设计单位：AIM亚美设计集团（加拿大）
获奖情况：2018上半年广州楼市领袖榜——最美楼盘

项目处于广州番禺中心区域，番禺自古以来便是著名的鱼米之乡，经济富庶，文化互通，人们越来越多地追求对生活环境和精神生活的升华。项目主要为联排、双拼和独栋别墅，共154栋，基本保持偏南北的通透朝向，确保每一栋别墅的景观价值。

建筑设计上充分利用自然采光提升人的使用舒适度和空间体验感。项目基本采用现代东方风格，在设计中运用超大面积的玻璃窗户，最大限度地把阳光引入每一户别墅，使住户达到享受阳光、亲近自然的悠然生活感受。

THE MALLS AT ORIENTAL PLAZA

东方新天地

项目业主：东建集团　　建设地点：广东 佛山
建筑功能：商业建筑　　用地面积：15 446平方米
建筑面积：52 800平方米　设计时间：2014年
项目状态：建成
设计单位：AIM亚美设计集团（加拿大）
主创设计：陈晓宇
获奖情况：2017年华南地区购物中心规划设计创新奖

东方新天地位处佛山莲升片区，属于历史建筑核心保护范围，所以在设计上束缚其实很多。设计一方面保留了原有历史文化，另一方面也从设计角度切入重新优化商业及休憩空间布局。项目限高以及街巷肌理的要求限制了它的地上商业空间，设计师就从地下空间入手，既可以增加较为整体的商业空间，又可以与周边成熟的东方广场商圈相连。地上成街巷，地下汇一城，满足了设计限制，同时也创造了充足的现代商业所需的大空间，十分巧妙地将整个东方商圈拓展至近30万平方米。

东方新天地以其骑楼特色商业街为中轴线，打造包括特色手信街——珠玉巷、特色岭南艺术星级酒店公寓和高端地下商业MALL等全新的休闲商业体验。

TIAN'AN CENTER CITY

天安珑城

项目业主：天安数码
建筑功能：住宅、商业建筑
建筑面积：220 000平方米
项目状态：建成
主创设计：陈晓宇

建设地点：广东 惠州
用地面积：177 862平方米
设计时间：2011年
设计单位：AIM亚美设计集团（加拿大）
获奖情况：惠州市双优工程

项目位于惠阳区中心地段，交通十分便捷，滨江河道资源丰富。规划创造全国罕见的超200米的超大楼距，园林与建筑和谐共生，都市生态楼王的豪宅地位不言而喻。

仁者乐山、智者乐水。项目位于淡水河旁，住宅立面设计以水平线条构图来凸显河水碧波荡漾之美意，线性的墙体增加了建筑柔和之美，一江春水倾出倩影，建筑在天地间浑然天成。

整体规划是一个围合式的建筑群，从舒适宜居的角度出发，牺牲更多的建筑面积，营造超大园林空间。天安珑城楼间距达217米，绿地率为35%，车位1 674个，车位比达1:1.8。整体的建筑风格是现代风格，全部楼栋都是采用“工”字形或“品”字形布局，保证户户均南北通透。同时配套有大型商业，以区域购物中心为导向，构建无限延伸的现代生活理念，将吃、喝、玩、乐、购融于一体。

陈海鹏

职务：北京燕华建筑设计有限公司董事、总建筑师
职称：高级工程师
　　　国家一级注册建筑师
　　　北京市建筑评标专家

教育背景
1998年—2003年　中国矿业大学工学学士
2003年—2006年　沈阳建筑大学建筑学硕士

工作经历
2006年—2011年　北京清水爱派建筑设计有限公司
2011年至今　　　北京燕华建筑设计有限公司

个人荣誉
沛县新城区写字楼　荣获2012年—2013年国家优质工程奖
　　　　　　　　　2013年全国工程建设项目优秀设计成果三等奖

学术研究
《谈城市广场的审美形态》
《谈环境雕塑在城市建设中的意义》
《谈纪念性建筑的基本要素特征》
《传统文化在现代建筑设计中的演绎》
参与编写国家标准图集《室内设计细部资料集成——楼梯与栏杆》

主要设计作品
中国无锡嘉业国际城
沛县新城区写字楼中心
邯郸配电网调度中心办公楼
聊城市体育场方案
安阳市体育会展中心
福州“北纬25度”别墅区
福州马尾西提丽府居住区
高碑店“世界城”居住区
包头市智慧城居住区
中南民族大学实习实训及创新创业基地
中南民族大学音乐舞蹈学院
北京市电气工程学校二期工程
北京市第二中学朝阳学校
西北民族大学教师住宅小区
中央民族大学新校区

建筑思想
工作以来主持或参与设计了百余个建筑创作项目，项目涵盖居住建筑、城市综合体、体育会展建筑、办公建筑、教育文化建筑等类型，擅长于教育、文化、办公、居住建筑的设计创作，设计作品注重建筑文化性、地域性、时代性的综合体现，注重规划、建筑的整体性和可持续发展观，强调每个项目由于自身条件所需求的独特性和创新性。

地址：北京市东城区东厂胡同北巷1号
（民盟中央）
电话：010-65246602
传真：010-65246602
网址：www.tendyh.com
电子邮箱：bjyh@bjyh.sina.net

北京燕华建筑设计有限公司前身为北京燕华建筑工程设计与顾问事务所，成立于1988年，是隶属于中国民主同盟中央委员会的企业性质的建筑设计单位。公司技术力量雄厚，具有建筑行业建筑工程甲级设计资质，2005年通过ISO9001质量管理体系认证。

公司自成立以来，在住建部、北京市规划与国土资源管理委员会、北京市勘察设计管理处的关怀和支持下，不断发展壮大。2014年，公司迎来重大发展机遇，由北京燕华文化传播有限公司与北京天大天筑投资管理有限公司作为两个法人股东进行扩大重组，公司规模达到200余人，拥有国家一级注册建筑师、国家一级注册结构工程师、高级建筑师、高级工程师等高级专业人才30余人，经营战略致力于提供建筑行业全过程、全专业的设计服务，涵盖投资管理、城市设计、建筑设计、室内设计、景观设计、工程咨询与项目管理等领域，已成为国内具有重要影响力的建筑设计机构。

北京燕华建筑设计有限公司的设计作品种类繁多、内容广泛，尤其擅长大型公共建筑、高级剧场建筑、商业综合体、居住建筑、教育建筑、养老养生建筑、绿色建筑设计，三十年来，完成了多项大型项目的设计工作，创作了一批具有社会影响力的建筑精品，多次获得住建部和北京市的各类设计奖项和殊荣，赢得广大业主的好评。获奖及精品项目有：中国剧院、东方歌舞团业务用房、北京戏曲学校排演场、国家无线电管理委员会业务楼、朝阳公园“欧陆风韵”和郡王府体育中心、京伦大厦、京朝大厦、长秀大厦、北京望京新区37#地、北京林业大学图书馆、中央民族大学新校区、中南民族大学音乐舞蹈学院、北京市东北师大朝阳附属中学、北京市第二中学朝阳学校等。

北京燕华建筑设计有限公司以“质量至上、服务第一、注重信誉”为宗旨，本着“团结、开拓、务实、高效”的企业精神，以“创新”作为建筑设计的灵魂，高度重视和发挥专业人才的作用，通过成熟的企业文化、齐全的生产设备和完善的质量管理体系来保证设计产品质量，带给用户全面周到的服务。依托雄厚的技术优势和求真务实的精神积极开拓市场，与时俱进，锐意创新，孜孜追求更高的标准、更好的质量，为社会奉献出更多的优秀设计作品。

TEACHING REHEARSAL BUILDING OF SCHOOL OF MUSIC AND DANCE, SOUTH-CENTRAL UNIVERSITY FOR NATIONALITIES

中南民族大学音乐舞蹈学院教学排练楼

项目业主：中南民族大学
建筑功能：教育建筑
建筑面积：25 258平方米
项目状态：建成
主创设计：陈海鹏
参与设计：谢栩、王立、王鹏飞

建设地点：湖北 武汉
用地面积：15 739平方米
设计时间：2014年—2015年
设计单位：北京燕华建筑设计有限公司

项目位于武汉市中南民族大学校内，设计注重建筑时代性、民族特色、音乐舞蹈类建筑特色的融合与表达。建筑呈现出艺术性、现代化、综合性、信息化、智能化、生态化的特征。设计以人为本，从使用者的综合需求出发，在建筑造型、内部空间、外部环境、文化氛围等方面为使用者提供了人性化的舒适空间。

建筑功能包含能容纳880人的音乐厅、舞蹈练功房、报告厅、多功能厅、阶梯教室、专业教室、排练厅、琴房、办公室等。

建筑布局上采用了方正对称的布局，建筑整体呈“U”字形，中间镶嵌半圆形音乐厅，达到了形体和功能的统一，立面以中国古文字、钢琴键等元素对现代建筑语言进行抽象演绎，形成整个建筑幕墙的表皮。建筑主要材料为米色面砖及玻璃幕墙，局部为金属板，突出“民族特色”“中国气派”的同时，体现大学建筑亲切、典雅、自然的风格特点。

SOUTH-CENTRAL UNIVERSITY FOR NATIONALITIES PRACTICE TRAINING AND INNOVATION AND ENTREPRENEURSHIP BASE

中南民族大学实习实训及创新创业基地

项目业主：中南民族大学
建筑功能：教育建筑
建筑面积：111 200平方米
项目状态：在建
主创设计：陈海鹏
参与设计：谢栩、李红、王鹏飞、王立
建设地点：湖北 武汉
用地面积：71 730平方米
设计时间：2015年—2017年
设计单位：北京燕华建筑设计有限公司

项目位于武汉市未来科技城大学科技院内，是一个以综合性、实践性、开放性为特点的工程实践教学科研基地。

建筑总体呈现出自由生长的形态，通过建筑形体和广场的巧妙结合，为园区提供了创造性的建筑空间，建筑的首层绿化屋面使建筑各个部分连为一体，形成了一个立体的景观公园，为使用者提供了大量的研讨、休息、交流空间。室外空间高低错落有致，景观丰富，与室内空间形成良好的交融互动，有助于使用者创新思维的开拓。

高层部分立面以玻璃幕墙为主，局部透空作为空中绿化庭院，既丰富了立面，同时体现生态绿色的设计理念，建筑裙房部分以中国古文字、民族性的文化图样抽象演绎出现代建筑语言，形成整个建筑幕墙的表皮，轻盈而又引人联想，具有文化象征意义的同时又兼具现代建筑的气质。

SOUTH-CENTRAL UNIVERSITY OF NATIONALITIES INTERNATIONAL STUDENT BUILDING

中南民族大学留学生楼

项目业主：中南民族大学
建筑功能：教育建筑
建筑面积：5 000平方米
项目状态：建成
主创设计：陈海鹏
参与设计：关照、刘可、王立
建设地点：湖北 武汉
用地面积：10 597平方米
设计时间：2013年
设计单位：北京燕华建筑设计有限公司

建筑地处武汉市，气候条件优越。中南民族大学校园内建筑具有一定的江南和民族特色，特别是基地北侧为民族博物馆，建筑为仿古风格，古色古香；西面紧临南湖，自然条件优越。设计充分考虑建筑的地域性和周边的建筑及环境，为提升整个校园的民族文化特色，建筑设计为仿古风格，整体为江南园林庭院式布局，注重建筑与景观的充分融合。

建筑作为中南民族大学留学生楼，恰当地表达了中国民族传统建筑文化。设计充分体现人性化、园林化、生态化的总体环境，为使用者创造多层次、舒适、优美的建筑内部及外部空间，强调“人文与生态并重，功能与自然交融”的设计原则。

整体布局概括为“三区四院”。“三区”分别为门厅及学术交流区、专家公寓区和配套餐饮区，各区可通过连廊相连接；“四院”为各建筑和连廊围合的四个江南园林式庭院。

BEIJING NO. 2 MIDDLE SCHOOL CHAOYANG SCHOOL

北京市第二中学朝阳学校

项目业主：北京市朝阳区教委
建筑功能：教育建筑
建筑面积：70 370平方米
项目状态：建成
主创设计：陈海鹏、张淑芬、关照
参与设计：李红、徐敏、谢栩、王立、徐茜、杨佩罡、韩婧、王鹏飞

建设地点：北京
用地面积：34 862平方米
设计时间：2014年—2016年
设计单位：北京燕华建筑设计有限公司

项目位于北京市朝阳区姚家园新村，是一所48班教学规模的完全中学建设项目，建筑功能在满足学校的办学特色需求外，具有一定的前瞻性。

北京市第二中学具有悠久的历史和优秀的文化传统，设计通过半围合的庭院式布局、仿古大屋顶、灰砖墙面、方格窗等设计手法体现学校独特的地域性和文化性，同时作为新时代的中学校园，根据新的教育功能需求，考虑中学生的心理特征，注重创造简洁明快、层次丰富的室内外空间。

设计注重建筑的整体性和可持续发展观，在设计过程中充分体现了节能、环保、生态的设计理念。主要采用了以下几个方面的绿色建筑设计措施：①太阳能热水系统；②太阳能光导纤维；③屋顶绿化；④雨水收集及利用；⑤中水系统；⑥节约用地。

总平面图

北侧庭院人视

NEW CAMPUS LIBRARY OF MINZU UNIVERSITY OF CHINA

中央民族大学新校区图书馆

项目业主：中央民族大学
建设地点：北京
建筑功能：教育建筑
用地面积：21 850平方米
建筑面积：38 000平方米
设计时间：2013年
项目状态：方案
设计单位：北京燕华建筑设计有限公司
主创设计：陈海鹏
参与设计：谢栩、王立、郝红倩、王义

项目位于北京市房山区王佐镇，处于新校区中轴线尽端的核心位置，在设计理念上，以现代演绎的手法体现建筑的时代性和传统文化。

设计充分考虑图书馆在校园总体规划中的核心位置，考虑图书馆、计算机中心、博物馆三者和团结广场的关系，在首层将三组建筑连成一个整体，首层屋顶为绿化广场，作为团结广场的空间延伸为使用者提供了大面积的学习交流空间。

图书馆共5层，建筑高度为23.9米。建筑形态沿中轴线左右对称布置，中间为透明的双坡面玻璃体，两侧为雕塑感较强的石材体块，该体块为方形和坡顶的结合。整个建筑形态浑厚完整，富于文化气息，体现出强烈的“中央”“民族”“大学”“图书馆”气质。立面以中国古文字、中式花窗棂、书架，抽象演绎出现代建筑语言，形成整个建筑幕墙的表皮，尺度宏大规整，具有文化象征意义的同时又兼具现代建筑的气质。

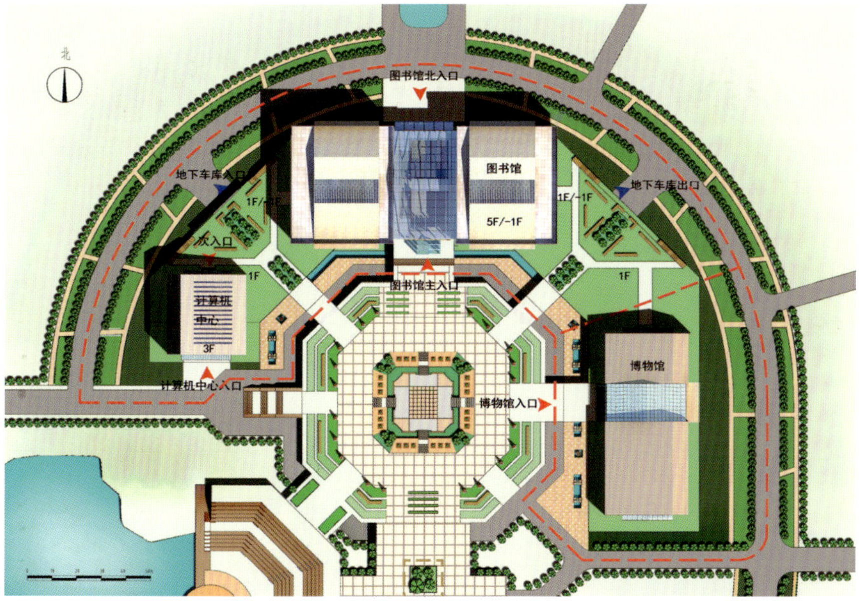
北
图书馆北入口
图书馆
地下车库入口
地下车库出口
1F/-1F
5F/-1F
次入口
1F
图书馆主入口
计算机
中心
3F
计算机中心入口
博物馆
博物馆入口

总平面图

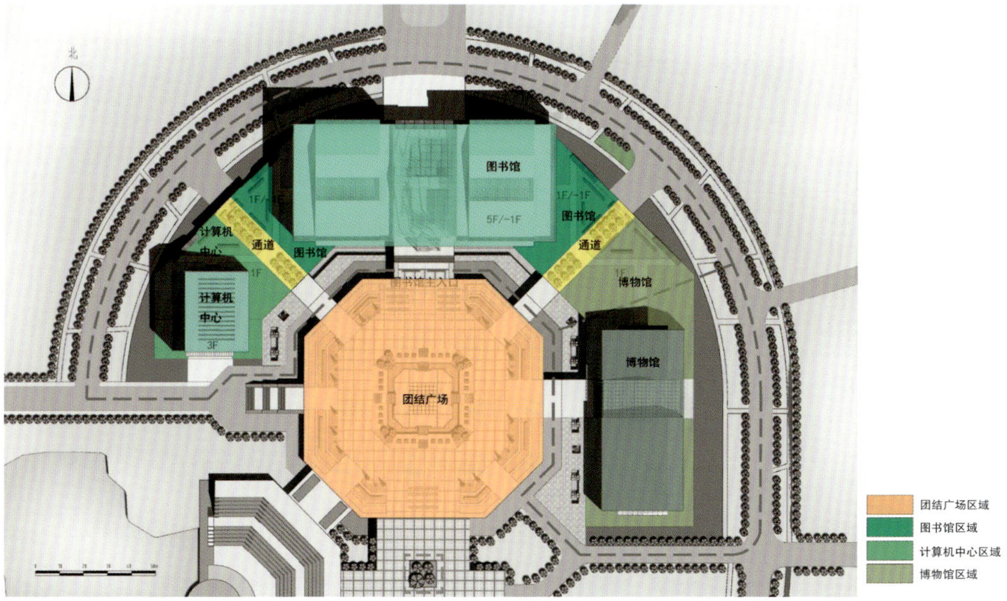
北
图书馆
1F/-1F
5F/-1F
图书馆
通道
计算机
中心
图书馆
通道
1F
博物馆
计算机
中心
3F
博物馆
团结广场
团结广场区域
图书馆区域
计算机中心区域
博物馆区域

功能分析图

ARCHITECTS

蔡晓丰

职务：上海林博建筑规划设计有限公司总经理
职称：高级工程师
国家一级注册建筑师

教育背景
2001年　同济大学建筑学硕士
2006年　同济大学城市规划与设计博士

工作经历
2005年至今　上海林博建筑规划设计有限公司

个人荣誉
美国建筑师协会国际联合会员
上海市政府建设专家库成员
英国利物浦大学访问学者

学术研究
2013年　《城市风貌解析与控制》

主要设计作品
上海明珠湖国际酒店　上海泊欧精品酒店
江苏昆山希尔顿逸林酒店　南浔历史街区改造
陕西汉中西汉三遗址公园　陕西华阳古镇
松潘古城保护与整治　内江张大千主题公园
连云港老城改造　上饶银行南昌分行
上饶火车站综合体　江西灵山风景区综合游客服务区
上饶集中营　鄱阳湖国家湿地公园
江西万年珍珠特色小镇　万年科技文化中心
江西省龙虎山道教文化广场

姚洪文

职务：上海林博建筑规划设计有限公司常务副总经理
职称：高级工程师
国家一级注册建筑师

教育背景
2009年　南昌大学建筑学硕士

工作经历
1996年—2006年　高安市城乡建筑设计院
2009年至今　上海林博建筑规划设计有限公司

学术研究
2018年　《传统商业街保护更新》

主要设计作品
上海青浦郊野公园游客中心
江苏昆山安博教育产业园
南昌格兰云天国际酒店
江西惠恩国际大酒店
三清山银河湾温泉度假酒店
汉中美康源高端医学保健颐养园
贵州万山铜仁悬崖酒店
巴彦淖尔东方铂丽商业广场
兖州香港国际广场
高安天孚光器件科技产业园

王斌

职务：上海林博建筑规划设计有限公司副总经理、设计总监
职称：高级工程师

教育背景
2010年　同济大学建筑设计及其理论硕士
2016年　同济大学建筑学博士

工作经历
2013年至今　上海林博建筑规划设计有限公司

学术研究
2008年　《历史街区旧建筑的时尚复兴》
2012年　《时间与空间——同济大学建筑与城市规划学院建筑空间60年》
2012年　《公立医院为主体的机构养老探索》
2018年　《旅居养老——旅游地产业转型升级新机遇》

主要设计作品
南京外国语学校及全民健身中心
云南省石林花海名胜风景区
云南昆明北部山水新城
云南昆明湖公园商业综合体
云南安宁温泉山谷特色小镇
昆明双龙旅游特色小镇
四川阿坝州金川古城
淄博高新区傅山博物馆
淄博高新区第八小学与傅山幼儿园
临沂龙园生态旅游观光园
汉中市龙岗文化主题酒店

SHANGRAO RAILWAY STATION COMPLEX

上饶火车站综合体

项目业主：上饶市规划局
建设地点：江西 上饶
建筑功能：交通建筑
用地面积：60 000平方米
建筑面积：8 000平方米
设计时间：2010年
项目状态：建成
设计单位：上海林博建筑规划设计有限公司
主创设计：蔡晓丰

上饶火车站位于上饶市信州区。设计风格以体现21世纪城市新形象的火车站为目标，本着超前性和先导性的原则，运用新的设计理念和手法，使火车站的建设达到高起点和高标准。

该火车站进出站旅客东西水平分流，互不交叉，实现功能布局合理先进，交通流线简洁清晰。火车站的外立面造型着重体现简洁大气、轻盈通透的交通建筑特征。火车站使用时间段是全天侯的，无论白天还是夜晚都呈现显著的视觉效果，成为上饶新区的中心标志性建筑。

由上海林博建筑规划设计有限公司设计的上饶火车站投入使用近十年了，期间获得了浙赣铁路第一站等诸多荣誉。2015年，借助全国首个双高铁交会地级市枢纽站的契机，上饶火车站已展开全面升级。

GRAND SKYLIGHT INTERNATIONAL HOTEL, NANCHANG

南昌格兰云天国际酒店

项目业主：中航地产
建设地点：江西 南昌
建筑功能：酒店建筑
用地面积：55 132平方米
建筑面积：167 700平方米
设计时间：2007年
项目状态：建成
设计单位：上海林博建筑规划设计有限公司
主创设计：姚洪文

项目位于南昌市红谷滩新区八一大桥北桥头。东临赣江，北临八一大桥，与南昌著名的“滕王阁”遥相呼应。建筑高度180米，充分利用该地块的临江景观面，将美丽的赣江和滨江的美景尽收眼底，同时配有办公商业空间及休闲娱乐设施。建筑造型采用经典的ArtDeco风格，建筑高层在平面上的四个角设计成逐级收分，形成对称且丰富的建筑摩天塔楼。建筑材料采用较浅的石材幕墙与较深的玻璃幕墙的组合形成色彩明快的特征，结合有韵律的竖向金属线条装饰，使整栋建筑显得尤为高耸挺拔，体现出“精致、典雅、庄重、高贵”的形象特征。格兰云天国际酒店已经成为南昌新的标志性建筑。

PUBLIC BUILDING OF FUSHAN VILLAGE, ZIBO

淄博傅山村公共建筑群

项目业主：傅山村
建设地点：山东 淄博
建筑功能：博物馆、商业、教育建筑
建筑面积：100 000平方米
设计时间：2010年—2016年
项目状态：建成
设计单位：上海林博建筑规划设计有限公司
主创设计：王斌

傅山村位于山东省淄博市张店区卫固镇，是远近闻名的全国文明村和中国十佳小康村。业主希望通过新建的基础设施与产业的逐步转型，加快傅山村城镇化的进程。

首批新建的公共建筑群包括一所幼儿园、一所小学、一座综合博物馆和保税物流大厦。建筑群设计总体采用现代建筑风格，并带有典型的北方建筑特征。基于各建筑功能的差异，项目采用了更具针对性的设计策略以表现每个建筑的个性和艺术性。幼儿园与小学的新建是傅山村“科教兴村”的重要工程，项目通过校园公共空间的营造和活泼的形体设计，提升教育建筑的整体品质，并激发在校学生的活力和创造性思维。傅山博物馆是傅山村丰富村民文化生活和开启乡村文化旅游的重要基地，建筑形态由六块“巨石”组成，与其主要展品——奇石相关联，体现博物馆建筑庄重、含蓄的文化特征。保税物流大厦是傅山村内目前最高的建筑，设计旨在为傅山集团提供新的企业形象，使其成为傅山集团向现代服务业转型的重要标志。

段蓉强

职务：四川省明杰设计顾问有限公司建筑院院长、院总建筑师
职称：高级工程师

教育背景
1999年—2004年　重庆大学建筑学学士
2014年—2018年　天津大学建筑工程硕士

工作经历
2004年—2013年　中国建筑西南设计研究院有限公司
2013年至今　　　四川省明杰设计顾问有限公司

个人荣誉
成都市文化宫新建工程
　荣获2007年—2008年中国建筑优秀勘察设计（建筑工程）一等奖
成都双流某办公楼
　荣获2011年四川省工程勘察设计“四优”三等奖
四川师范大学附属广元万达中学
　荣获2017年四川省优秀工程勘察设计三等奖
中国建筑西南设计研究院有限公司“青年岗位能手”
作品《船》入选2016年全国建筑师诗书画双湖联展
作品《野花》入选2018年“心境”第三届全国建筑师诗书画联展

主要设计作品
成都青羊区行政中心
华西证券总部综合办公大楼
成都怡和新城E区
四川农业大学第一教学实验楼
南充蝶院居住小区
九寨沟南坪古镇商业及酒店
乐山梅花城商业综合体
南充仁和春天商业及住宅
天府新区麓山汽车城
成都临江苑中学
彭山北湖春天
成都新会展消防站
成都市新华人民医院
绿地成都双流站前广场
成都鲁能成华区26号地块
西藏林芝市巴宜区林芝镇特色镇小镇规划
四川城建职业学院
成都川剧艺术中心院改扩建项目
澳门关闸综合交通枢纽
资阳中城锦翠项目

四川省明杰设计顾问有限公司
SICHUAN MINGJIE DESIGN CONSULTANT CO.,LTD

地址：成都市锦江区墨香路87号5栋
电话：028-85925186
传真：028-85925187
网址：www.scmjdc.com
电子邮箱：361118044@qq.com

四川省明杰设计顾问有限公司是经国家住房和城乡建设部批准，具有建筑行业（建筑工程）甲级、城乡规划编制甲级、风景园林乙级、市政行业乙级的设计咨询服务机构。公司秉承“精诚、求是”的企业理念，以市场需求为导向，通过不断的技术革新与精细化、专业化的服务实现企业的可持续发展。

公司人才密集，技术实力雄厚，目前拥有四川省工程设计大师1人，国家注册建筑师、注册结构师、注册设备工程师、注册规划师、注册造价师等20余人。公司多年来已完成数百项大、中型设计项目，在教育建筑、医疗建筑、商业办公建筑以及新乡土建筑等领域具有突出的特色，项目多次获得省、市各类设计奖项，为政府、企业等客户提供全方位、一体化的专业服务，深受各界好评。

公司立足于成都，走向全国，公司已在重庆、宜宾、新疆等地成立分公司及相关机构，业务辐射拓展至重庆、湖南、云南、贵州、福建、新疆、西藏等地。公司充分发挥技术、人才、品牌及文化等综合优势，集群发展、集成创新，竭诚打造思想超前、专业精湛、管理高效的集团化设计领军企业。

A NEW COMMUNITY OF "SMALL, GROUP, MICRO AND RAW", QINGGANGLING, TIANTAISHAN TOWN

天台山镇青岗岭 “小、组、微、生”新型社区

项目业主：邛崃市规划管理局
建设地点：四川 邛崃
建筑功能：居住建筑
用地面积：11 680平方米
建筑面积：3 850平方米
设计时间：2013年
项目状态：建成
设计单位：四川省明杰设计顾问有限公司
主创设计：段蓉强、黄河、陆大明
获奖情况：成都市“小、组、微、生”新型社区示范点
2015年第三届中国城乡规划实施学术研讨会推广案例

邛崃天台山镇青岗岭新型社区为灾后重建项目，设计运用“小规模、组团式、微田园、生态化”的设计方法，营造农村地区新型社区，实现居住型社区功能向复合型社区转变，促进农村产业有序更替。

项目探索新型城镇化下农村新型社区规划设计的新方法以及川西地区新乡土建筑的建构方式，还原乡村环境原真性，望山见水、记住乡愁。

设计尊重原生环境与文脉，保留原有林盘，利用地形精巧布局，因地制宜。采用经济合理建造手段，控制造价的同时考虑住宅未来改造商业客栈、餐饮的多元可能性。

设计善用民间智慧，就地取材，本地材料与废旧材料综合运用，装饰肌理别具一格；项目的场地、建筑及景观施工，均鼓励当地工匠保留传统的手工艺，减少对工业建材的依赖，保留地域文化的独立性与特色性，体现乡愁情怀。

A BUILDING IN SHUANGLIU, CHENGDU

成都双流某办公楼

建设地点：四川 成都
建筑功能：办公建筑
用地面积：13 400平方米
建筑面积：12 400平方米
设计时间：2009年
项目状态：建成
主创设计：段蓉强、毛宇
获奖情况：2011年度四川省工程勘察设计“四优”三等奖
备　　注：项目为建筑师在中国建筑西南设计研究院有限公司工作时创作

设计以“外紧内松”为原则，外部形态建构严谨，内部空间围绕中庭延伸，松动变化。多层次退台的绿色休息区，创造了舒适的中庭环境，功能复杂却分区清晰，交通流线高效、便捷。为实现建筑的宏伟庄重，设计把地下室顶板整体抬高，运用草坡处理入口关系，突出稳重大气的建筑形象。整体造型简洁素雅，建筑元素统一有序，体现秩序感和庄严性。室内设计庄重干净，使建筑形象与空间场所氛围整体统一。项目建成使用后，受到有关部门的高度赞誉，也获得2011年度四川省工程勘察设计“四优”三等奖。

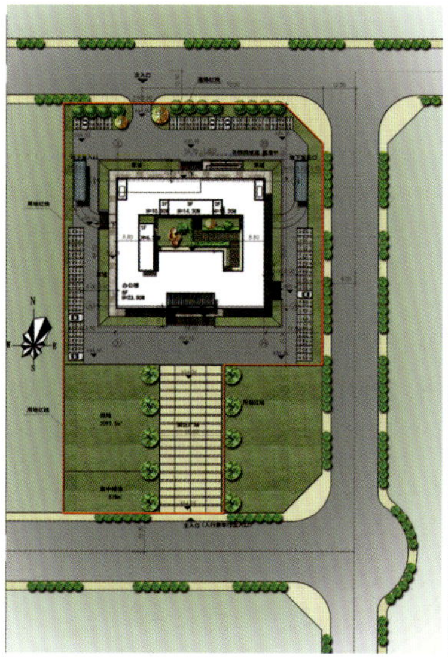

GUANGYUAN WANDA MIDDLE SCHOOL

广元万达中学

项目业主：广元市利州区东城实验学校
建设地点：四川 广元
建筑功能：教育建筑
用地面积：79 100平方米
建筑面积：58 500平方米
设计时间：2015年
项目状态：建成
设计单位：四川省明杰设计顾问有限公司
主要设计：段蓉强、黄河、吴少金
获奖情况：2017年四川省优秀工程勘察设计三等奖

项目属于灾后改扩建项目，包含改造小学与宿舍，新建中学教学楼、食堂、实验楼、办公楼、体育馆等建筑。设计综合利用地形，依山就势，改扩建与新建过程中考虑了与原有建筑的关系，充分尊重原有小学的文脉，对原小学部分进行加固、保护性改造，新建筑群在空间关系、材料运用、色彩处理等方面都与原有建筑实现了和谐共生。

设计中尽量使用当地材料，合理利用高差，采用巧妙的结构形式，实现较好的经济性。同时尽量利用空间布局、底层架空层、墙体开洞等方法来引导气流，制造微气候，节约能耗，降低学校的运营成本，营造绿色生态校园。

设计运用简洁明快的造型处理手法，创造了丰富、独特、活泼、灵动的校园空间，在室内设计中也以较高的完成度实现整体风格的延续和统一。对于灾后重建的广元市，本项目具有重大社会影响力和示范意义。

四川省广元市川师大万达中学
让学生做成长的主人
为学生终身发展奠基

博雅楼

TIANFU NEW DISTRICT LUSHAN AUTOMOBILE CITY

天府新区麓山汽车城

项目业主：成都天府新区投资集团有限公司
建设地点：四川 成都
建筑功能：商业建筑
用地面积：236 227平方米
建筑面积：176 298平方米
设计时间：2015年
项目状态：方案中标
设计单位：四川省明杰设计顾问有限公司
主创设计：段蓉强、冯霖、韩露

科技感、工业感、生态性是方案的设计主题。方案着力打造集汽车销售及维修服务、汽车文化展示、产业区域总部、主题商业及配套金融服务于一体的现代汽车城，体现天府新区“四态合一”的建设目标和前瞻性、复合型、创新性的城市定位。

设计师通过梳理汽车文化和汽车产业的本质，将充满现代感的几何形体组织在整个狭长的地块，利用架空的红色观景走廊和办公区增强动感，生态性的绿化屋面如同汽车的流线型轨迹贯穿场地各组体块。每个单体设计与整体呼应，突出在城市中的统一形象，成为汽车文化的宣传载体，体现了建筑群落的标志性。

A COMPREHENSIVE TRANSPORTATION HUB ON BARRIER GATE ROAD, MACAO

澳门关闸综合交通枢纽

项目业主：澳门政府
建设地点：澳门
建筑功能：交通建筑、商业建筑、海滨体育公园
用地面积：306 462平方米
建筑面积：367 141平方米
设计时间：2018年
项目状态：方案
设计单位：中交城市规划研究院有限公司
四川省明杰设计顾问有限公司
主创设计：段蓉强、冯霖、曹雪微

项目位于澳门关闸地区，主要包含公交枢纽区、发财巴枢纽区、的士和私家车区、旅游巴士区，还具备商业、办公和海滨体育公园等多种功能。

方案通过对交通枢纽中心及海滨体育公园的整体设计，创造功能复合的多层次城市空间，采用多种生态措施，营造城市“绿肺”，打造充满活力、开放共享、绿色生态的交通活力中心，塑造澳门半岛地区城市门户形象地标。

项目融入澳门地域文化元素，提取莲花意向，与澳门地区原生文化协调。为降低台风阻力，建筑呈连续折线布置，迎风面建筑为斜面形态，降低了风力对建筑的影响。同时防洪泄涝也是设计的重要策略，上蓄水、中固堤、下利泄，通过一系列技术措施，改善原有区域的环境，提升澳门关闸综合交通枢纽作为城市区域中心的功能作用。

ARCHITECTS

董君

职务：东北林业大学工程咨询设计研究院有限公司总建筑师、副院长
职称：高级工程师
国家一级注册建筑师

教育背景

1991年—1996年　哈尔滨建筑大学建筑学学士
2001年—2004年　哈尔滨工业大学建筑学硕士
2010年—2016年　哈尔滨工业大学建筑学博士

工作经历

1996年—2001年　哈尔滨建筑大学设计院
2004年—2015年　东北林业大学教师、副教授
2015年至今　东北林业大学工程咨询设计研究院有限公司总建筑师、副院长

个人荣誉

黑龙江省勘察设计一等奖一项
国家教育部优秀勘察设计三等奖两项

主要设计作品

北大荒雁窝岛文化及湿地博览馆
东北林业大学16-17号公寓
东北林业大学科研楼
哈尔滨市铁路街沿线城市设计
哈尔滨哈东新区概念性城市设计
盛景温泉水世界
百强水世界
桦南县综合档案馆
金山国际
宝清客运站
东北抗战全景画馆
河南商丘水韵名城小区

东北林业大学工程咨询设计研究院有限公司(以下简称“公司”)是经教育部批准、由原东北林业大学工程勘察设计院合并东北林业大学工程监理部、并改制设立的具有独立法人资格的校办国有企业，创建于1984年，是东北林业大学教学、科研、开发和生产相结合的重要基地，也是国家实行工程监理制首批试点单位之一。

历经30多年的发展，公司目前拥有：国家发改委核发的公路、林业、建筑工程咨询甲级资质，风景园林丙级资质；住房和城乡建设部核发的房屋建筑工程监理甲级资质，市政公用工程监理甲级资质，公路行业(公路)设计乙级资质，工程勘察（岩土工程）乙级资质；交通运输部核发的公路工程监理甲级资质，特殊独立大桥专项监理资质；黑龙江省住房和城乡建设厅核发的城市规划编制乙级资质；市政行业(道路工程)、农林行业(林业工程)、建筑行业(建筑工程)设计乙级资质，风景园林工程设计专项乙级资质；黑龙江省公路工程质量监督站核发的公路工程试验检测综合乙级资质；黑龙江省质量技术监督局颁发的国家计量认证(CMA)证书。通过ISO9001:2008质量体系、ISO14001:2004安全体系、GB/T 28001-2001环保体系的三体系认证。

公司拥有一个高素质的核心管理层和一支经验丰富的技术团队。现有的436名员工中，高级以上职称专业技术人员占62%，其中：国家注册造价工程师5人、国家注册咨询工程师12人、国家一级注册建筑师4人、国家一级注册结构工程师4人、国家注册岩土工程师4人、国家注册监理工程师27人、国家注册设备师5人（供配电2人，给排水2人，暖通1人）、交通部监理工程师75人、试验检测工程师22人。公司现有一个博士后工作站，同时挂靠东北林业大学3个博士一级学科点和4个一级硕士学科点。公司员工中有教授3人，研究员、研究员级高工5人，博士研究生导师1人，硕士研究生导师5人，培养硕士研究生毕业23人，在读硕士研究生7人、博士研究生7人，在国内外学术期刊公开发表学术论文105篇（EI检索24篇，SCI检索1篇），出版著作、教材12部，取得授权发明专利4项、实用新型专利9项，承担省部级课题6项。获黑龙江省科技进步二等奖1项，“全国发明展览会银奖”1项。

近5年来，公司秉承“严谨、求实、担当、致远”的理念，已完成的240余项监理、设计、咨询项目，质量合格率达100%。曾获中国建设工程鲁班奖3项，国家优质工程银奖2项，中国市政工程金杯示范工程奖5项，黑龙江省建设工程质量“十五”标志性工程奖1项，黑龙江省优质建设工程“龙江杯”奖5项，浙江省优质建设工程“钱江杯”奖1项，海南省优质建设工程“绿岛杯”奖2项，沈阳、长春、哈尔滨三市优质工程奖5项，教育部优秀勘察设计二等奖1项、三等奖4项，黑龙江省优秀工程规划奖4项，黑龙江省优秀工程咨询奖5项。公司及派出机构获省级政府、省（部）及地市行政主管部门授予“先进集体”称号50余项。员工被授予“全国五一劳动奖章”1人，获“中国工程监理大师”称号1人，获“全国交通建设优秀监理工程师”称号2人，获省委、省政府“黑龙江省公路建设三年决战先进个人”表彰1人。

地址：哈尔滨市香坊区哈平六道街六号　**电话：**0451-8219 1477　**网址：**www.nefu.edu.cn　**电子邮箱：**981903038@qq.com

URBAN DESIGN ALONG THE RAILWAY STREET IN HARBIN

哈尔滨市铁路街沿线城市设计

项目业主：哈尔滨市城市建设投资集团有限公司
建设地点：黑龙江 哈尔滨
建筑功能：旧城改造
用地面积：390 000平方米
设计时间：2011年
项目状态：方案
设计单位：东北林业大学工程咨询设计研究院有限公司
主创设计：董君
参与设计：皮佳佳、连旭、齐琳、刘璐、何剑爽、陈昭明
获奖情况：2011年国家教育部优秀规划设计三等奖

项目位于哈尔滨市铁路街、海城街与安发街之间，方案设计是在对地段原始资料的深入分析的基础上展开的，全面考虑了该地段建设和可持续发展基础上的合理开发，在包含各种商业功能的同时，优化道路交通，强化市民公共活动功能，增强城市活力。重塑中国城市当中罕有的放射形街区结构，形成高品质、高档次、高效率的城市核心辅助区。

设计思想将触媒理论、联系理论、亚历山大的半网络结构等相关理论融会贯通，从人的生理、心理、行为、精神感受等方面，对城市的空间和环境做出更加舒适美好的安排，充分体现出"北方城市特色，创新的欧陆风格"的创作理念。

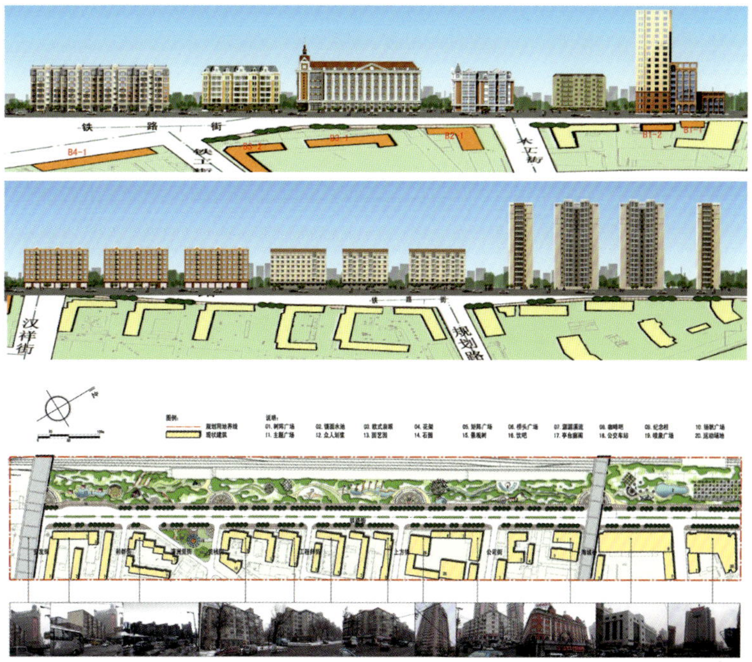

铁路街总平面方案

APARTMENTS 16-17 OF NORTHEAST FORESTRY UNIVERSITY

东北林业大学16-17号公寓

项目业主：东北林业大学
建设地点：黑龙江、哈尔滨
建筑功能：住宅建筑
用地面积：28 479平方米
建筑面积：51 000平方米
设计时间：2016年
项目状态：建成
设计单位：东北林业大学工程咨询设计研究院有限公司
主创设计：董君、刘男
参与设计：张宇、李延喜、王永金、吴莹

项目是东北林业大学西南新区的宿舍楼，地理位置优越，西侧紧邻颐丰园，为西南新区师生的就餐提供了便捷。北侧远望新主楼，周边的绿化广场庄重而又不失活泼，集约化停车功能和绿化效果，与新公寓形成了一套功能完整而又通透的校园新区结构体系，更好地为学校师生提供了活动空间。

建筑风格上采用现代主义设计理念，规则的开窗序列、对称式的形体造型、极具亲和力的玻璃连廊、活泼开放的新主楼双翼在西南新区与体育馆硕大的拱壳、校史馆厚重的混凝土形成一种刚柔并济的现代主义新校区。

HUANAN COMPREHENSIVE ARCHIVES

桦南县综合档案馆

项目业主：桦南县档案局(馆)
建设地点：黑龙江 桦南
建筑功能：文化建筑
用地面积：2 271平方米
建筑面积：4 019平方米
设计时间：2016年
项目状态：建成
设计单位：东北林业大学工程咨询设计研究院有限公司
主创设计：董君
参与设计：姜宗淳、刘立北

工程建设用地西侧为桦南县人民法院，北侧为桦南县老年活动中心。设计中，建筑外立面如何与既有建筑取得协调与统一，又要突出档案馆本身的建筑特点成了设计的一个难点。

在外立面设计中，力求突出档案馆建筑庄严稳重的特点，同时又提取了周边建筑外立面的代表性特点，结合本建筑自身的体量，以一种“自然生长”的处理手法，既突出了建筑自身特色，又很好地融入了周边环境。建筑功能布局力求利用好建筑内的每一寸空间，尽量减少建筑面积的浪费。建筑造型成熟稳重，外饰面采用铝板幕墙设计，立面风格简约又不失新颖。同时附有篆体刻字“桦南县档案馆”，突出了建筑的文化内涵。

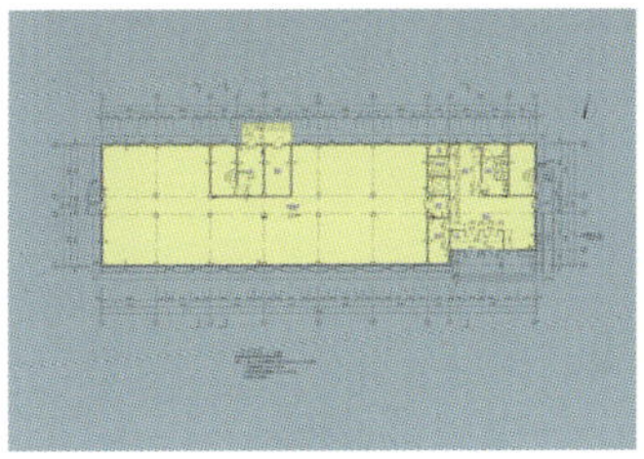

一层平面图

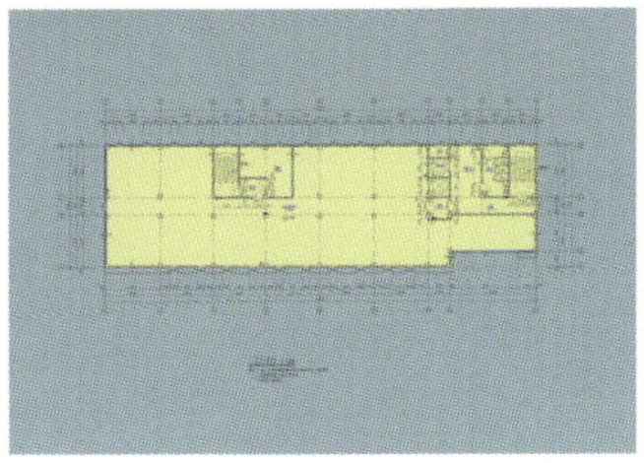

二层平面图

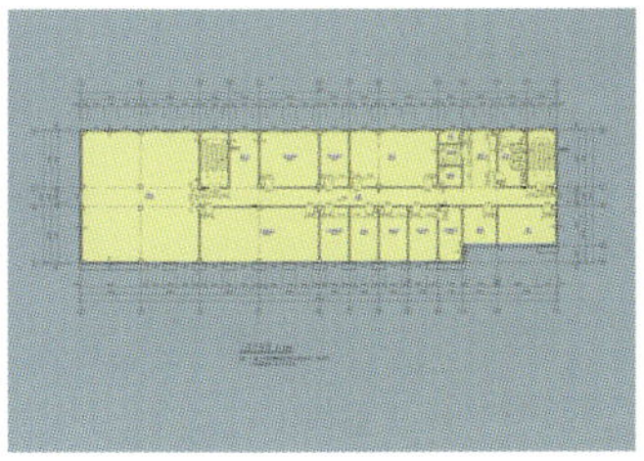

三层平面图

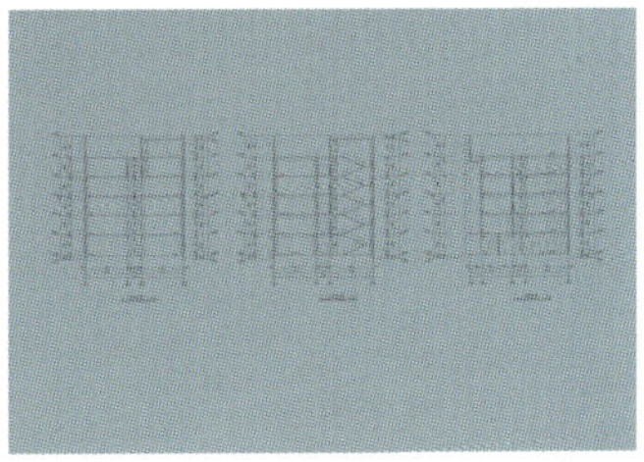

剖面图

NORTHEAST ANTI-JAPANESE WAR PANORAMA MUSEUM

东北抗战全景画馆

项目业主：哈尔滨市平房区政府　建设地点：黑龙江 哈尔滨
建筑功能：公共建筑　用地面积：15 151平方米
建筑面积：5 787平方米
设计时间：2016年
项目状态：方案
设计单位：东北林业大学工程咨询设计研究院有限公司
主创设计：董君
参与设计：吴莹、王永金、宫世琪

建筑形式充分结合地形以及周边环境，通过全方位、多种角度的深思熟虑，采用螺旋式的建筑形式。建筑布局采用沿着中轴线对称的形式，建筑整个造型好像是一幅画卷，突出主题立意，形成垂直向上的中庭空间，体现了画馆内部丰富的空间。与此同时，向外倾斜的外墙设计，为室内取得了良好的采光效果。

螺旋插入纯粹的圆形中，形成了一个主要的内部空间，内部螺旋型流线逐渐从公共转为私密，同时，也是从景观进入建筑的通道。随着螺旋高度的不断变化，观景的位置、视角和高度也在不停变化。螺旋式向外倾斜的构图，其大胆的设计和结构上的突破，呈现出整体的一致性。同时，画馆的建筑寓意，也体现了对于哈尔滨市红色文化的传承和延续。

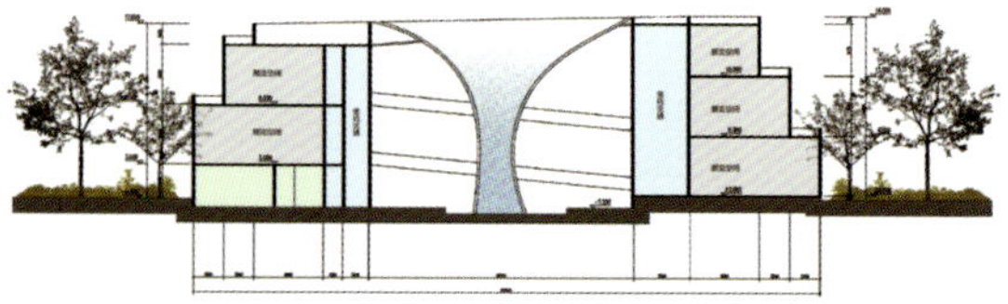

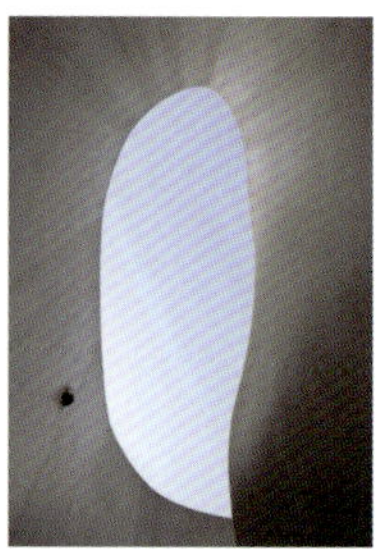

总平面图

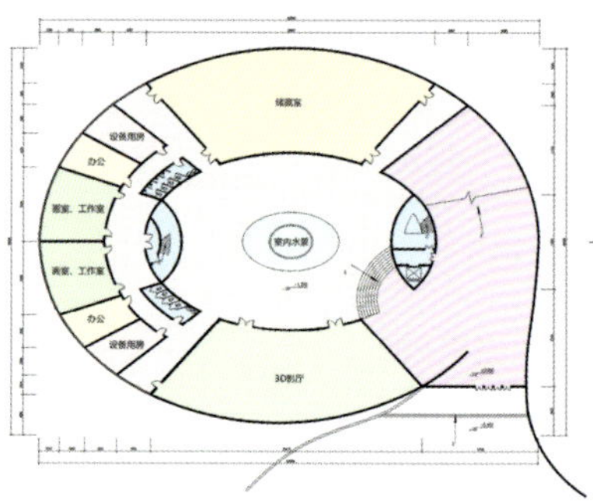

一层平面图

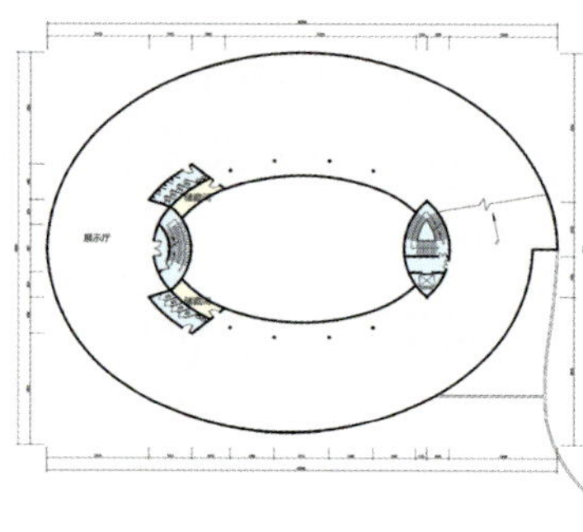

二层平面图

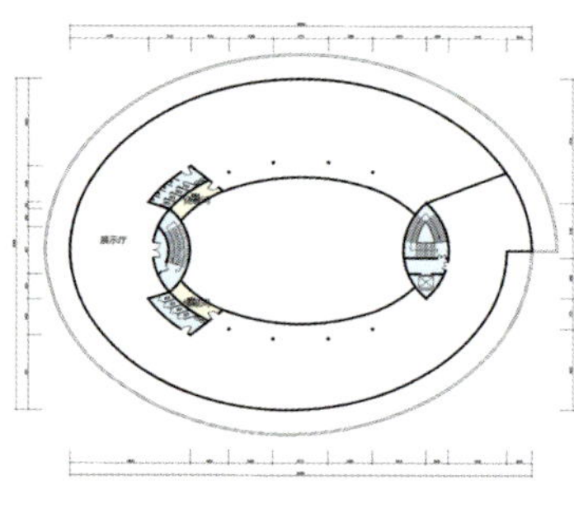

三层平面图

NORTHEAST FORESTRY UNIVERSITY RESEARCH BUILDING

东北林业大学科研楼

项目业主：东北林业大学
建设地点：黑龙江 哈尔滨
建筑功能：教育建筑
用地面积：14 111平方米
建筑面积：41 610平方米
设计时间：2018年
项目状态：在建
设计单位：东北林业大学工程咨询设计研究院有限公司
主创设计：董君
参与设计：孙嘉明、毛雷

项目位于东北林业大学西区，林兴路以东，林园小区以南，林兴小区以北的教育用地，项目设计体现了“以人为本，顺应自然，人与自然和谐共生”的绿色生态建筑理念。

项目将建筑造型设计与校园内周围建筑环境结合，满足学校的使用要求。造型设计充分考虑到东北林业大学的校园建筑特色和城市总体规划要求，建筑立面采用涂料和石材相结合的形式，节能环保又不失美观，满足学校建筑的文化要求，外部表达风格化，内部表达现代化、人文化，同时又富有个性，体现出现代学校的建筑特质，从而提升东北林业大学的整体形象，带动品质全面提升。

CONCEPTUAL URBAN DESIGN OF HADONG NEW DISTRICT IN HARBIN

哈尔滨哈东新区概念性城市设计

项目业主：哈尔滨市城市建设投资集团有限公司
建设地点：黑龙江 哈尔滨
建筑功能：居住、商业、休闲建筑
用地面积：3 410 000平方米
设计时间：2012年
项目状态：方案
设计单位：东北林业大学工程咨询设计研究院有限公司
主创设计：董君
参与设计：孙明、陈昭明、齐琳、皮佳佳、连旭

项目地处哈尔滨东部的新中心，是区域性的商业、商务、金融、文化、休闲中心和交通枢纽，独具特色的现代化绿色生态中心区。

基地南侧是汽车销售集中区，具有强烈的产业驱动效应。西侧为科研办公室，食品和电子产品研发聚集于此，由此形成一个新的研发办公区。北侧是商业销售区，大型购物区和星级酒店等服务设施形成一个新哈东商业圈。东侧的生态公园阿什河西沿岸，与天恒山遥望，新型城市生态走廊于此建成。

中心商业广场的建筑形态与周边氛围和谐统一，内部空间层次丰富，清新脱俗，使之成为哈东新区的标志性中心，进一步提升该地区的整体城市形象，带动品质全面提升。

SHUIYUN MINGCHENG COMMUNITY, SHANGQIU, HENAN

河南商丘水韵名城小区

项目业主：商丘泓森置业有限公司
建设地点：河南 商丘
建筑功能：商服、住宅、公建建筑
用地面积：48 000平方米
建筑面积：121 354平方米
设计时间：2018年
项目状态：建成
设计单位：东北林业大学工程咨询设计研究院有限公司
主创设计：董君
参与设计：敖博

项目共分为A、B两区，集商服、住宅、公建为一体，A区共建7栋，包含6栋3层别墅、1栋4层公建；B区共为12栋，包含5栋17层住宅、5栋20层住宅、还有2栋公建，打造一个简洁、时尚、大方的功能齐全的小区。

建筑外立面上采用低调优雅的褐色深浅交替，营造了一种温馨而又大气的氛围，烘托了设计主题。在小区环境的打造上以人的舒适度为准，在感观上用大面积的绿化来进行小区装饰，在出行舒适度上设计了满足人们出行便捷的地下、地上停车位，人车分流。除此之外，还设有老年活动中心和商业活动中心，丰富了人们的业余生活，将当地环境特色与设计主题相融合，突出小区特色，展示了简洁、舒适、大气的风采。

SHENGJING HOT SPRING WATER WORLD

盛景温泉水世界

项目业主：山东盛世天湖旅游开发有限公司
建设地点：山东 聊城
建筑功能：公共建筑
用地面积：201 702平方米
建筑面积：241 880平方米
设计时间：2015年
项目状态：建成
设计单位：东北林业大学工程咨询设计研究院有限公司
主创设计：董君、李延喜

项目位于聊城市江北旅游度假区，地理位置优越，交通便利，周边拥有优质资源配套设施。盛景温泉水世界以“水”为主题，集温泉养生、水上乐园、餐饮住宿、会议接待、休闲娱乐于一体。建筑以现代欧式风格为主，建筑主体分为6层，包括室内外温泉、水上乐园、自助餐区、美食街、客房、会议、健身俱乐部、室内游泳池等娱乐项目。

温泉区一层为室内水上乐园和中草药养生汤池、大型冲浪池、演艺舞台、沙滩休息区、特色美食屋等。室内外共有50个不同功效的中草药养生汤池，分为6大功能区（SPA理疗区、情侣汤池区 、中草药泡池区、休闲SPA区、美容养颜区、养生恒温区）。共有2 500余个更衣柜，可以同时接待4 000余人。盛景温泉水世界的水全部采自地下2 100米深处的天然温泉水，室内四季恒温，会给宾客带来不一样的感受。

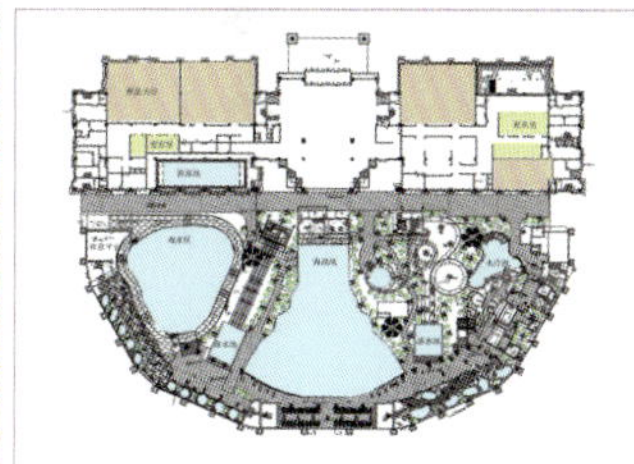

TOP 100 WATER WORLD

百强水世界

项目业主：哈尔滨百强建筑安装工程有限公司
建设地点：黑龙江 哈尔滨
建筑功能：商业、休闲建筑
用地面积：20 000平方米
建筑面积：42 000平方米
设计时间：2018年
项目状态：在建
设计单位：东北林业大学工程咨询设计研究院有限公司
主创设计：董君、张宇、杨旭东
参与设计：董君、刘立北、李延喜

全园可划分为主入口广场区、儿童活动区、老年活动区、滨水景观区、临湖游赏区、青年休闲区和娱乐休闲区。土地是城市有限的资源，其利用及出发点应是有利于强化市中心的经济力量，为市中心扩展功能提供土地，同时考虑市民和旅游者对开放、休闲空间的需要。

水世界与外部空间的关系可分为以下几种：①开放性：方案中不设收费项目，根据景点分布和实施地状况，方案中设一主多次出入口；②可达性：设计中一级路宽为3米，二级路宽为1.5米，以富于流线变化的外形分布全园，除满足了交通的可达性便利外，其轮廓别具现代风格，较好地把各个功能区的景观连接起来；③大众性：区域内各分区能够满足不同使用要求的群体，亲水空间和林间草地等具有极大潜力的公共空间，充分丰富游人的可选择性；④功能性：由于角色定位关系，方案设计中服务功能可满足附近小区居民及游人的休闲活动要求。

广西城乡规划设计院
Guangxi Urban-rural Planning Design Institute
以服务赢取客户，以实力成就未来

范华

职　　务：广西城乡规划设计院副调研员
职　　称：教授级高级工程师
国家一级注册建筑师

教育背景

1991年　广西大学土木系建筑学工学学士

工作经历

1991年至今　广西城乡规划设计院

个人荣誉

广西建筑勘察设计协会副理事长
广西建筑规划学会副秘书长
广西建筑装饰设计协会副主任
广西建设系统工程系列高级评委会评委

主要设计作品

办公建筑

现代国际	荣获2009年全国优秀工程勘察设计三等奖
北部湾国际港务大厦	荣获2015年广西优秀工程勘察设计二等奖
贺州城投大厦	

体育建筑

梧州市体育中心	
梧州市体育场	荣获2017年广西优秀工程勘察设计一等奖，被国外权威Stadiumdb（体育场的数据库）网站评为2015年全球最佳球场候选名单之一
梧州市游泳、跳水馆	荣获2017年广西优秀工程勘察设计一等奖
岑溪市文体中心	荣获2017年广西优秀工程勘察设计一等奖
都安县体育馆	荣获2009年广西优秀工程勘察设计二等奖

文化教育建筑

南宁市民族艺术基地	荣获2017年广西优秀工程勘察设计二等奖
梧州市新图书馆	荣获2017年广西优秀工程勘察设计二等奖
贺州市园博园主场馆	
梧州市青少年—妇女儿童活动中心	
贺州市四馆（规划馆、博物馆、图书馆、档案馆）	
南宁明天学校	
都安瑶族中学	
百色民族高中	
百色老年大学	

医疗建筑

新建浦北县人民医院	荣获2013年广西优秀工程勘察设计一等奖
广西江滨医院康复病房大楼	荣获2017年广西优秀工程勘察设计二等奖

城市设计

梧州市红岭新区核心区——三祺城城市设计	荣获2013年全国优秀城乡规划设计奖

酒店建筑

黄姚花海度假酒店

居住区规划与住宅设计

昊然风景	荣获2012年广西优秀工程勘察设计二等奖
凤岭·麒麟堡	荣获2017年广西优秀工程勘察设计三等奖
三祺城一期四组团会所	荣获2017年广西优秀工程勘察设计三等奖
远辰·龙湾名郡3#、4#、5#楼	荣获2017年广西优秀工程勘察设计三等奖
岑溪市泽仁现代商贸物流城项目综合楼B、D区	荣获2017年广西优秀工程勘察设计三等奖
三祺城一期一组团	荣获2017年广西优秀工程勘察设计三等奖
金领公馆	荣获2012年广西优秀工程勘察设计三等奖
南宁中天世纪花园	荣获2005年广西优秀工程勘察设计三等奖

建筑思想

“营造时空的纽带。”建筑师坚信，好的建筑是从对过去尊重走向对梦想追求的桥梁，是前沿科技与空间艺术的纽带。无论体育建筑、文化建筑，抑或度假酒店，从室内空间到建筑外观，从现代时尚到古朴典雅，每一个作品都是建筑师追求在斗转星移和四季更替之间，用建筑空间为人们营造出的愉悦与回想；追求建筑与自然深度融合的浑然天成与水天一色给人们带来的惊喜和诗意。

地址：广西南宁市青秀区东葛路30号
电话：0771-5879520、0771-5863864
传真：0771-5866557
网址：www.gxupdi.com
电子邮箱：zhb@gxupdi.com

广西城乡规划设计院隶属于广西住房和城乡建设厅，持有城乡规划编制、建筑工程设计、市政工程设计、风景园林工程设计、工程咨询、施工图审查、工程监理、节能工程设计施工等8项甲级资质，以及土地规划编制、公共交通、环境卫生工程设计和旅游规划设计乙级资质，是资质齐全、技术力量雄厚的设计院。现有各类专业技术人员400余人，20多个专业设计所，下辖南宁葛东审图公司、广西南宁信达惠监理公司。设计院人才济济，拥有教授级高级工程师14人，高级职称118人，国家各类注册师120余人及广西资深规划师、资深建筑师、优秀专家共50余人。设计院自成立以来，承接了广西各地市总规、详规及梧州市体育中心、富士康南宁科技园、第十届广西（贺州）园林园艺博览会园博园等众多自治区重点建筑工程，完成了一系列特色小镇、田园综合体、旅游产业规划、风景名胜、环境治理、智慧城市、城市设计、道路桥梁等新兴及传统产业的设计研究实践。荣获部、省（自治区）级优秀规划设计、优秀工程设计、科技进步等奖项300余项及全国建设系统企业文化建设先进单位、自治区优秀勘察设计院等多项荣誉称号。

WUZHOU STADIUM

梧州体育场

项目业主：梧州市城市投资发展集团
建设地点：广西 梧州
建筑功能：体育建筑
用地面积：133 903平方米
建筑面积：22 113平方米
设计时间：2010年—2011年
项目状态：建成
设计单位：广西城乡规划设计院
主创设计：范华、徐克翔、潘利
获奖情况：2017年广西优秀工程勘察设计一等奖
被国外权威Stadiumdb（体育场的数据库）网站评为2015年全球最佳球场候选名单之一。

梧州市是风景秀丽的山水城市，项目作为第十三届区运会的主会场，建筑方案在创作上将地域文化融入到建筑造型以及建筑空间中，并在与结构完美结合等方面做了大胆的尝试。

宝石产业是梧州市的特色产业，在体育场西看台的屋面方案设计过程中，建筑师匠心独运，通过切割面的线条划分和不同膜材透光率的规律性变化，巧妙地将这一地域性元素融入到屋面的造型中，提升场内视觉和光影效果，使静的设计有了动的神韵。同时，方案设计跳出了传统孤立场地的设计视角，采用现代手法，以体育场高耸的桅杆、洁白的膜材，勾勒出一艘蓄势待发的西江巨轮，以“直挂云帆济沧海”之势，象征了梧州充满希望的未来！

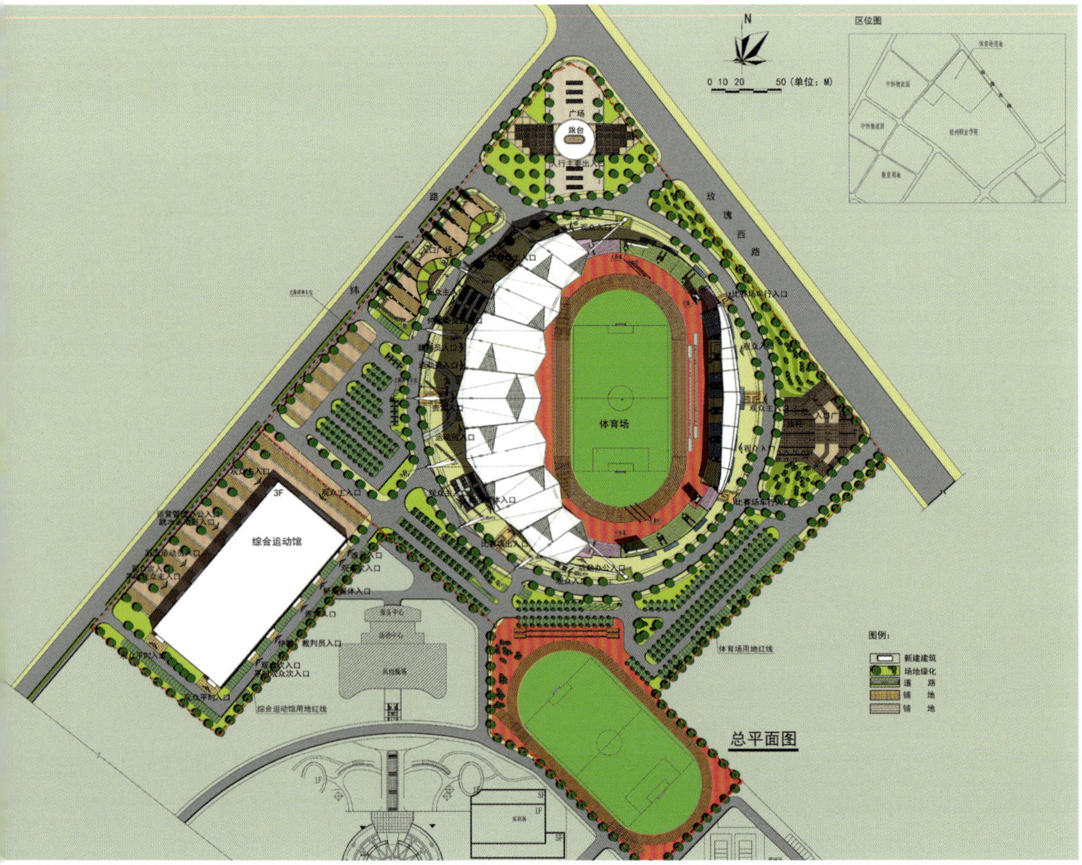

技术创新

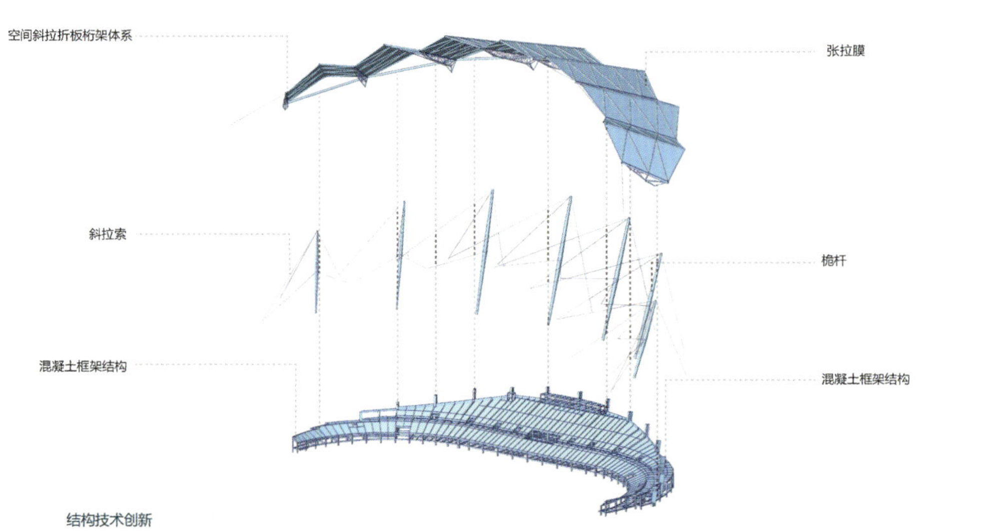

结构技术创新

西看台为实现本项目建筑的大悬挑的功能要求，在国内大型体育建筑中首次采用了独立桅杆，斜拉折板桁架拱的多重复杂混合钢结构骨架体系，结合膜结构覆盖层，在完美实现了建筑立面效果的同时，推动了结构体系创新。东看台屋面节点设计构造创新，为释放温度应力提供了良好的解决方案。基于屋面结构体系的复杂性，结构设计进行了多软件多方面设计校核，为确保项目全过程的顺利实施提供了计算依据。西看台混凝土构件根据受力情况区别处理，有效解决不同材料的交接问题。

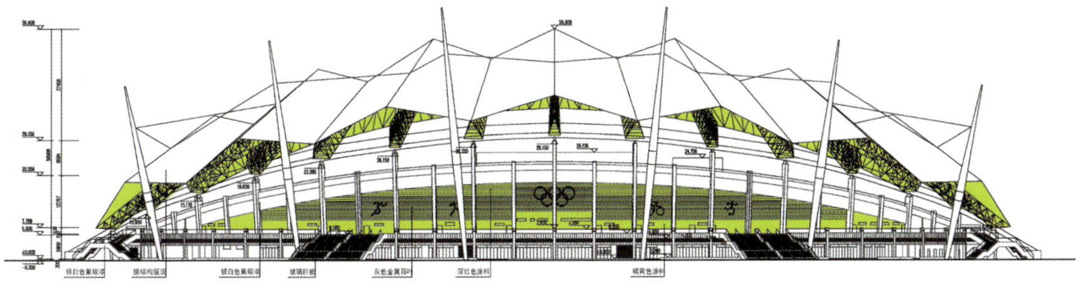

西南看台立面图

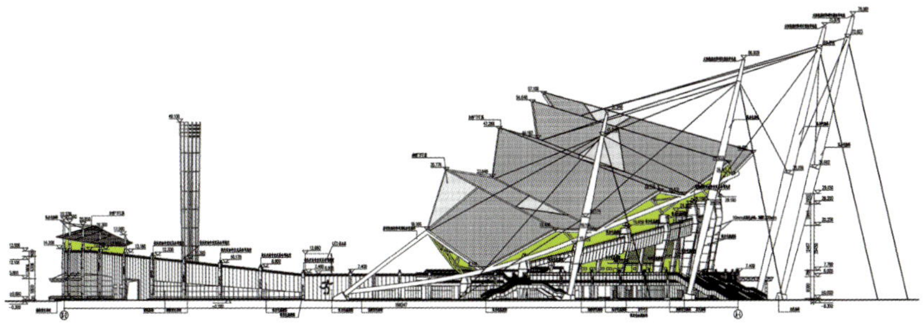

北立面图

CENXI STYLISTIC CENTER

岑溪市文体中心

项目业主：岑溪市城市投资发展集团
建筑功能：体育建筑
建筑面积：23 154平方米
项目状态：建成
主创设计：范华、徐克翔、陆剑
获奖情况：2017年广西优秀工程勘察设计一等奖

建设地点：广西 岑溪
用地面积：69 786平方米
设计时间：2011年—2012年
设计单位：广西城乡规划设计院

项目作为第十三届区运会的分会场，由体育馆和训练馆组成，是岑溪市建设的大型公共体育场馆。

建筑师提出了“鹏程万里、缤纷飘带、众星捧月、城市乐章”的整体设计理念。“大鹏一日同风起，扶摇直上九万里”，东西两侧向上出挑的屋面板通过两座建筑单体间纤细的弧形屋面板相连，使建筑物宛若一只展翅欲飞的金翅大鹏，彰显现代体育“更高、更快、更强”的精神；轻灵的弧形网壳蜿蜒起伏，构成一条缤纷的彩带，生动地表现文体中心灵动飘逸的建筑形象。

此外，弧形屋面板上的孔灯，经过精心设计，组成图案，在夜色下熠熠生辉，围绕流线型的建筑物，不仅塑造出众星捧月的艺术效果，也寓意文体中心为岑溪市谱写出的华丽乐章。

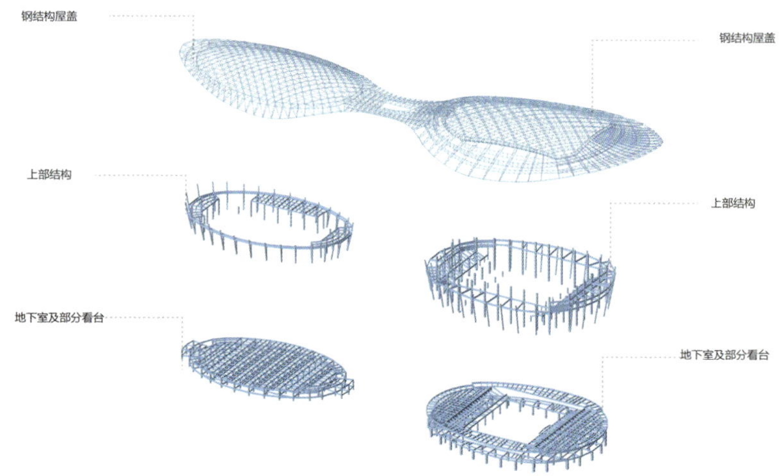

建筑三维构成图

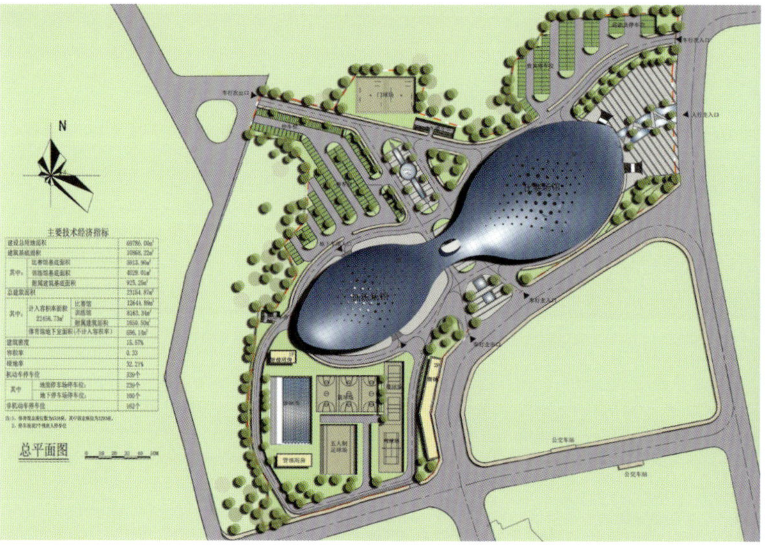

总平面图

HOME HALL OF HEZHOU GARDEN EXPO PARK

贺州市园博园主场馆

项目业主：贺州市旅游投资发展集团
建设地点：广西 贺州
建筑功能：展览、会议、办公建筑
用地面积：301 305平方米
建筑面积：21 811平方米
设计时间：2015年—2016年
项目状态：建成
设计单位：广西城乡规划设计院
主创设计：范华、徐克翔、赖劲峰

项目位于园博园正门广场中轴线上，这里山水环绕，风景秀美，建筑依山而建，是第十届广西（贺州）园林园艺博览会的会址。

立面设计取贺州传统建筑特征、自然风貌特征以及人文特征这些意向而成，以山水之灵、瓦屋鳞次栉比为设计元素，总平布局上参考了当地黎家大院严谨大气的对称布局手法，构成了气势磅礴的地标性建筑，展现出多元文化的民族之风，充分展现贺州厚重的历史底蕴以及天地融合的长寿文化和时代特征。

HUANG YAO FLOWERS OCEAN RESORT HOTEL

黄姚花海度假酒店

项目业主：贺州市旅游投资发展集团
建设地点：广西 贺州
建筑功能：酒店、会议建筑
用地面积：35 918平方米
建筑面积：8 465平方米
设计时间：2014年—2015年
项目状态：建成
设计单位：广西城乡规划设计院
主创设计：范华、徐克翔、赖劲峰

项目位于贺州市昭平县黄姚古镇仙女湖畔，北侧为山地，东侧为仙女湖景观，西侧为凤凰花海，景观视野开阔，仿佛置身于世外桃源。

规划以充分利用自然景观资源的设计理念为原则，为酒店公共空间、客房及院落提供最佳的视觉景观和宁静的度假环境。依山而建，错落有致的建筑与环境有机融合，构成“人在画图中”的印象冲击。

建筑采用当地田园乡村干栏式建筑风格，质朴雅致的设计使建筑形体蕴藏着低调的奢华，散发着浓厚的人文气息。高低错落的建筑群体、典雅精致的立面造型、红色的墙面、蓝灰色的屋面与辽远的天际、仙女湖畔的绿树相互映衬，烘托出阳光的舒适与温暖。

总平面图

中国建筑西北设计研究院有限公司

CHINA NORTHWEST ARCHITECTURE DESIGN AND RESEARCH INSTITUTE CO. LTD

中国建筑西北设计研究院有限公司（简称“中建西北院”）成立于1952年6月1日，是中华人民共和国成立初期国家组建的六大区建筑设计院之一，是西北地区成立最早、规模最大、实力最强的甲级建筑设计单位，现隶属于世界500强中位列第23位的中国建筑集团有限公司。

中建西北院现已形成了大中型工程设计（以一大批经典建筑作品为代表）、工程总承包（以西安市幸福林带建设工程为代表）、投资三大战略支撑板块和“1+N”的业务发展模式，具有全产业链和全价值链优势，形成了基于绿色与“和合”文化的中华建筑创新发展管理模式。

全院各类注册人员434人（其中一级注册建筑师112人，一级注册结构工程师119人），注册人员占比处于全国领先地位。有中国工程院院士1人，中国工程设计大师2人，陕西省工程勘察设计大师6人，教授级高级工程师 110人，高级工程（建筑）师446人，工程师388人；享受国务院特殊津贴专家17人，陕西省有突出贡献专家4人、优秀勘察设计师18人。

2015年5月8日，国际编号210232号小行星以院总建筑师张锦秋院士的名字命名为“张锦秋星”。人才优势明显，以中国工程院首批院士、首批中国工程设计大师、院总建筑师张锦秋，全国工程勘察设计大师、第三代西部建筑师优秀人物、院总建筑师赵元超为代表。

部分代表作：西安人民剧院、西安人民大厦、西安交通大学、西北工业大学、第四军医大学、北京图书馆、陕西历史博物馆、陕西省图书馆、西安大唐芙蓉园、西安浐灞生态行政中心、西安市行政中心、西安南门广场综合提升改造工程、西安幸福林带建设工程、西安咸阳国际机场T3航站楼和T5航站楼、西安大明宫丹凤门遗址博物馆、西安环球贸易中心、西安绿地中心双子塔，中国延安干部学院、延安革命纪念馆、延安大剧院、宁夏自治区党委办公新区、浙江中国佛学院教育学院等，参与设计了毛主席纪念堂。

工程遍及全国34个省、自治区、直辖市及24个国家。在66年的发展历程中，完成了大量的工业与民用建筑设计，产生了一大批优秀作品，为国家城乡建设事业，尤其是西部城市建设、经济建设的发展做出了卓越贡献。

中建西北院是中央企业先进集体、全国建筑业技术创新先进单位、中国勘察设计行业突出贡献单位、中国勘察设计综合实力百强单位、推动建筑设计行业发展特别贡献奖单位、当代建筑设计百家名院、2013年—2018年RCC“十大建筑设计院”、中国文化管理协会“企业文化建设标杆十强”单位、西安市质量奖单位、陕西省质量奖单位、陕西省文明单位标兵、全国“五一劳动奖状”和全国首批“全过程工程咨询试点”单位。

地址：陕西省西安市经济技术开发区文景路中段98号
邮编：710018
电话：029-68515991（院办）
传真：029-68515775（院办）
网址：www.cscecnwi.com

范小烨

主创建筑师

教育背景

2004年—2009年
西安建筑科技大学建筑学学士
2009年—2012年
东南大学建筑设计及其理论硕士

工作经历

2012年至今
中国建筑西北设计研究院有限公司
华夏所

个人荣誉

2018年 中建西北院第三届青年主创建筑师
2017年 中建西北院先进工作者
2016年 中建西北院青年岗位能手
2015年 陕西省技术标兵
2015年 陕西省“中建西北院”杯建筑师设计能力大赛一等奖
2015年 中建西北院BIM技术应用大赛一等奖

主要设计作品

开封新区中意商务区城市设计方案
荣获2015年中建西北院优秀规划设计一等奖
郑州大学嵩阳书院修建性详细规划
荣获2015年中建西北院优秀规划设计一等奖
南京市江东商贸区纪念馆北部地块城市设计及云锦博物馆设计
兰州市五星坪棚户区综合改造项目规划设计方案
开封高铁站城市设计
平凉市博物馆
北京师范大学洛阳附属学校建筑设计
大西安新中心中央商务区城市设计概念方案
甘肃简牍博物馆

MENCIUS INSTITUTE INTEGRATED CONSTRUCTION PROJECT

孟子研究院一体化建设项目

项目业主：邹城市圣城文化投资有限公司
建设地点：山东 邹城
建筑功能：文化建筑
用地面积：253 992平方米
建筑面积：81 760平方米
设计时间：2017年—2018年
项目状态：在建
设计团队：张锦秋、徐嵘、张小茹、王美子、范小烨

项目地处山东邹城，与曲阜遥相呼应，形成孔孟文化轴。

规划设计是以天人合一的山水格局、荡气回肠的轴线序列、平和舒展的建筑意象、一脉相承的水体景观，传承孟子学说，弘扬儒家思想。

中心轴线以圣林、善道、心池、孟子研究院大殿为纵向序列，庄严肃穆；两侧建筑群为办公、会议、餐饮、住宿等辅助功能，采用园林化布局，步移景易，氛围宜人。建筑造型取自当地出土的汉代画像石，对其楼阁造像的比例形制和细节特征进行简化提炼，以现代语言描绘传统建筑的意境。

景观设计突出仁者乐山，智者乐水的山水园林特色，整体形成“一轴一带一环”的结构，以水为脉，林荫渗透于建筑组团之间。

项目在设计上对传统与现代相结合的手法进行了深入的探索，表达了立足传统、面向未来的人文主义情怀。

白少甫

主创建筑师

教育背景

2006年—2011年
西安建筑科技大学建筑学学士
2011年—2014年
西安建筑科技大学建筑学硕士

工作经历

2014至今
中国建筑西北设计研究院有限公司
屈培青工作室

个人荣誉

2018年　中建西北院第三届青年主创建筑师
2017年　中建西北院先进工作者

主要设计作品

延安桥沟鲁艺旧址暨
中国革命艺术家博物院
延安革命文艺纪念馆
扶眉战役烈士陵园
隋唐天坛遗址纪念馆
西安文物保护考古中心
马栏红色旅游镇
马栏干部学院
西安领事馆区统建领馆
户县祖庵镇文化旅游街区
宜君天阶艺术精品酒店

YAN'AN QIAOGOU LUYI SITE AND CHINESE REVOLUTIONARY ARTISTS MUSEUM

延安桥沟鲁艺旧址暨中国革命艺术家博物院

项目业主：延安文化产业投资有限公司
建设地点：陕西 延安
建筑功能：文化建筑
用地面积：208 700平方米
建筑面积：19 798平方米
设计时间：2012年—2016年
项目状态：在建
设计团队：屈培青、阎飞、高伟、白少甫

整个项目在对以鲁艺学院旧址为核心的遗址保护基础之上，确定了“一轴四区”的总体布局。“一轴”是指以旧址的天主教堂及其延伸段作为整个院区的中轴线。“四区”分为在中轴线的核心位置，围绕教堂和鲁艺学院旧址形成的核心遗址区；核心遗址区北侧是以新建的延安革命文艺纪念馆为中心的主馆区；进行保护性修缮的东、西山两侧窑洞旧址作为两个分馆区。其中东、西山馆区通过跨路的连接桥相连，保证整个院区参观流线的连续性。

整个院区建筑主要通过对旧址的保护及适度修缮展现鲁艺学院的时代感，新建的延安革命文艺纪念馆汲取延安现代优秀建筑元素，大方稳重。整个院区的地面采用土黄色高渗透沥青混凝土及石材，建筑立面采用土黄色陶砖及石材，将建筑单体和谐地融入既有环境之中。

高令奇

主创建筑师

教育背景
2009年—2014年
东南大学建筑学学士

工作经历
2014年至今
中国建筑西北设计研究院有限公司
都市与建筑设计研究中心

个人荣誉
2018年　中建西北院第三届青年主创建筑师

主要设计作品
延安大剧院
荣获中建总公司方案设计一等奖
陕西省第十九届优秀设计工程一等奖
第九届威海国际建筑设计大奖赛金奖
西安领事馆区文化中心
西部云谷三期

YAN'AN GRAND THEATRE

延安大剧院

项目业主：延安市新区北区新城管委会
建设地点：陕西 延安
建筑功能：文化建筑
用地面积：43 330平方米
建筑面积：33 134平方米
设计时间：2014年— 2015年
项目状态：建成
主创设计：赵元超、李强、李彬、高令奇

延安大剧院是北部新城南端的建筑，与先期建造的市民中心构成主轴的骨干，也为新城的风貌定下基调。行政及市民中心似锚固定在大地上，以群体取胜，大剧院则采用更为活泼、开放、飘逸的现代造型与之形成对比。

把延安传统建筑元素窑洞作为主要设计因素，充分赋予建筑地域特色。建筑由外到内统一，以简洁的方形体量相互穿插生成。基部两侧各由11道拱门组成，如厚重基石，承托起屋顶，它们通过轻盈的玻璃体量衔接，形体间虚实结合，简约大气，21米高的大悬挑空间自然形成入口。在功能上承接起剧场三大厅，并合理组织各个流线及功能。在空间上，作为主入口的大拱门的延续，其不需要太多人工装饰，便产生令人震撼的感觉。窑洞作为符号虽平凡常见，但它却是这座城市的灵魂，合理的再生赋予了建筑更高层次价值，也使其超越空间本身的意义而存在。

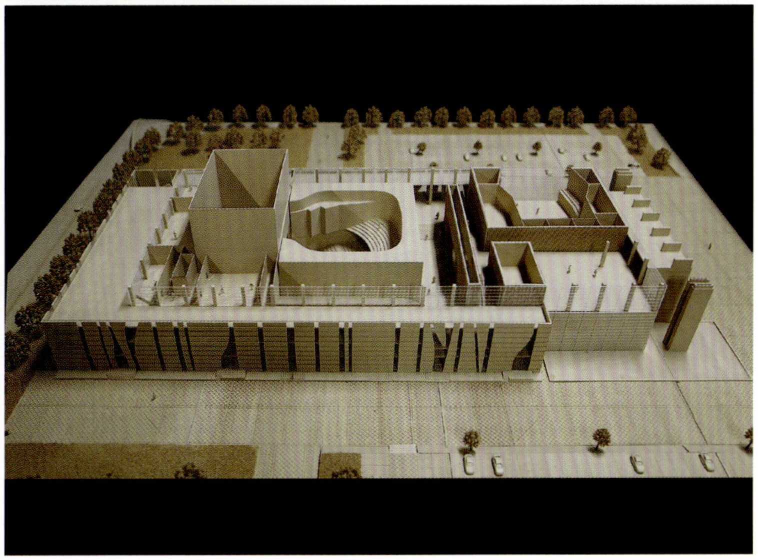

郭栋

主创建筑师

教育背景

2009年—2012年

西安建筑科技大学建筑学硕士

工作经历

2012年至今

中国建筑西北设计研究院有限公司

第十设计所

个人荣誉

2018年　中建西北院第三届青年主创建筑师

2015年　中建西北院先进工作者

主要设计作品

延安机场迁建工程航站楼设计方案

荣获2017年中建西北院优秀方案设计一等奖

长安航空营运基地扩建项目规划方案设计

荣获2017年中建西北院优秀方案设计二等奖

庆阳民俗文化产业园文化艺术区修建性详细规划

荣获2017年中建西北院优秀方案设计二等奖

榆林榆阳机场二期扩建工程航站楼及配套设施工程设计

荣获2017年中建西北院优秀方案设计二等奖

陕西省电力公司省级计量中心

荣获2015年中建西北院优秀方案设计三等奖

西安咸阳国际机场东航站区规划暨航站楼建筑方案设计

西安咸阳国际机场专机楼设计方案

庆阳民用机场扩建工程航站区工程

银川机场T2航站楼改造项目

西部航空有限责任公司重庆生产基地方案

DESIGN OF TERMINAL BUILDING AND SUPPORTING FACILITIES FOR THE SECOND PHASE EXTENSION PROJECT OF YULIN YUYANG AIRPORT

榆林榆阳机场二期扩建工程航站楼及配套设施工程设计

项目业主：榆林机场建设开发有限公司

建筑功能：交通建筑

建筑面积：55 000平方米

项目状态：在建

设计团队：机场设计研究中心

建设地点：陕西 榆林

用地面积：486 400平方米

设计时间：2016年

榆林榆阳机场为国内支线机场，是陕西省第二大航空港。项目设计在榆林厚重的历史中寻找灵感，强调城市、建筑、交通三位一体，贯彻“以旅客为中心”和可持续发展原则，以“高效机场”“安全机场”“文化机场”“绿色机场”为核心设计理念，构建承载多重功能和地域文化内涵的航空复合系统。

建筑造型的设计理念取意“塞上雄台，大漠飞鹰”，航站楼建筑空间形态的塑造，力求体现现代化空港建筑的特点，并充分考虑榆林独特的历史文化、地域特色、风土人情和自然环境。

郭高亮

主创建筑师
医疗建筑设计研究所创意文化设计部部长

教育背景

2004年—2011年
西安建筑科技大学建筑学硕士

工作经历

2011年至今
中国建筑西北设计研究院有限公司医疗所

个人荣誉

2018年　中建西北院第三届青年主创建筑师
2016年　中建西北院先进工作者
2016年　中建西北院道德模范
2016年　陕西省医疗建筑专项设计一等奖
2015年　中建西北院BIM技术应用大赛优秀奖
2014年　陕西省“中建西北院”杯建筑师设计能力大赛三等奖
2014年　中建西北院青年建筑师方案推介比赛三等奖
2015年　中建西北院自行车比赛公路组亚军
2014年　摄影作品《然乌湖雪山》荣获第三届中国建筑“和”“美”摄影比赛优秀奖。
主要参与编纂医疗建筑专著《立足西部 服务医患——医院建筑设计作品实录》并出版发行

主要设计作品

陕西中医药大学第二附属医院迁建工程
西安市长安区医院迁建工程
延安市中医医院迁址新建工程
山西省太原市妇幼保健院迁建工程

SHAANXI MUSEUM OF TRADITIONAL CHINESE MEDICINE

陕西中医药博物馆

项目业主：陕西中医药大学
建设地点：陕西 咸阳
建筑功能：文化建筑
用地面积：33 480平方米
建筑面积：43 727平方米
设计时间：2014年—2017年
项目状态：在建
设计团队：李敏、雷霖、王艳俊、郭高亮、胡哲辉、于曦、侯晓宇、梁少竟

天人合一的哲学思想体系，是中国人最基本的思维方式，构建了中华传统文化的主体，也是中国医学的理论体系基础。本项目创作以秦汉文化、秦岭山水、中医哲学为设计理念。

秦汉文化：秦汉时期是中国古代文化大发展的时期，也是中医药文化的大发展时期，陕西作为其发祥地，更是秦汉文化的见证。作为这一地方的展览建筑，设计抽象了秦汉时期的高台建筑形式以及青铜器的文化符号，将博物馆本身雕琢成一座建筑展品。

秦岭山水：秦岭被尊为华夏文明的龙脉，具有得天独厚的生物资源，“秦地无闲草”，自古以来，这里是陕西的中草药基地。设计选用本土植被、地方材料，充分回应了这一陕西的地域景观，以建筑的形态再现大地自然的生命活力。

中医哲学：“静以养神，动以养形，动静适宜”，这是中医理论关于生命体的动静统一观。博物馆设计以展品、植物、人、流水、四季等为动静因子，其在空间与时间中的流动，呈现出动静互通的美丽画面。

同气相求，顺势而为，师法自然，如此，形成人、建筑与自然和谐统一的非城市化中医药博物馆。

栾淏

主创建筑师

教育背景

2006年—2011年
长安大学建筑学学士
2011年—2013年
美国迈阿密大学建筑学硕士

工作经历

2014年至今
中国建筑西北设计研究院有限公司
第四设计所

个人荣誉

2018年　中建西北院第三届青年主创建筑师
2017年　中建西北院巾帼建功模范标兵
2017年　陕西省科技系统青年岗位能手
2016年　中建西北院先进工作者
2015年　中建西北院BIM技术应用大赛二等奖
2014年　中建西北院第六届青年建筑师方案推介大赛三等奖

主要设计作品

天创云墅
荣获2017年中建西北院优秀方案设计二等奖
西安宝莱特光电器件公司园区
荣获2017年中建西北院优秀方案设计三等奖
西安市高陵区通远创想小镇
入选西安市首批特色小镇
西安市农业主题特色小镇（全市共两个农业主题特色小镇）
西安市高陵区创新工业小镇
入选西安市首批特色小镇

URBAN ECO-PARK CITIZEN ACTIVITY CENTER, BOOK READING CENTER, XI'AN

西安城市生态公园市民活动中心、图书阅览中心

项目业主：西安市雁塔区基础设施建设投资管理有限公司
建设地点：陕西 西安
建筑功能：文化建筑
用地面积：323 300平方米
建筑面积：25 447平方米（地上）、33 791平方米（地下）
设计时间：2016年—2018年
项目状态：在建
设计团队：张成刚、栾淏、党新、徐加壮、胡薇、杨晶晶

西安城市生态公园位于子午大道以西，南三环以南，肩负着建设绿色宜居、生态西安的重任，在理解公园的总体规划设计的基础上，结合生态轻建筑、城市会客厅等设计理念，将建筑与城市生态公园有效互动，成为生态、活力、共享的城市公共空间。

以市民活动中心、图书阅览中心为核心的公共建筑作为公园东部主入口的城市形象，为周边市民提供公共活动与集散功能，是公园的场所记忆所在。设计团队通过时尚化的表皮创造情景式的建筑，让公众在游赏的过程中体验建筑与公园、城市之间的自然过渡，使建筑本身作为公园景观的一部分，创造独特的“此地”体验。通过塑造建筑的多维度可达、空间的多点渗透以及建筑与景观交相辉映，打造情景化的建筑、体验化的游赏和公园化的景观。

孙笙真

主创建筑师

教育背景

2008年—2011年

西安建筑科技大学建筑学硕士

工作经历

2011年至今

中国建筑西北设计研究院有限公司

屈培青工作室

个人荣誉

2018年　中建西北院第三届青年主创建筑师

主要设计作品

照金红色旅游名镇核心区修规及单体设计

荣获中国建筑学会建筑师分会人居委员会优秀项目奖一等奖

院优秀工程一等奖

西安高新一中（初中）校区

荣获2015年中建西北院优秀方案二等奖

陕西省第十九次优秀工程二等奖

陕西省专项工程一等奖

西安三星综合保税区通关服务中心

荣获2015年中建西北院工程三等奖

灞河右岸文化产业综合服务园区

荣获策划方案竞赛第一名

韩城基础教育园区规划及单体方案设计

荣获2017年中建西北院优秀方案一等奖

浐灞办公楼

荣获竞赛方案设计一等奖

鲁艺中国革命家西山名人艺术馆

西安楼观印象酒店方案设计

西安军民融合产业园概念规划方案设计

高新一中高中部综合楼方案设计

临潼石榴古镇策划及建筑方案

宜川县会所设计

FENGXI NEW CITY UAV INDUSTRIALIZATION BASE

沣西新城无人机产业化基地

项目业主：西安爱生技术集团公司
建设地点：陕西 西安
建筑功能：产业园区
用地面积：430 080平方米
建筑面积：217 893平方米
设计时间：2016年
项目状态：方案
主创设计：孙笙真

项目南北纵向延伸1 075米，东西跨度420米，区域现状以农田为主。

项目是将无人机使用、维护培训及相关配套产业孵化区、无人机部装区、无人机总装及集成测试区、无人机航电及地面控制系统装调区、小型航空发动机研发区、民用无人机公司区、无人机地面实验设施及无人机售后服务区等功能放在一个地块中。

由于项目功能涉及种类众多，设计师将基本功能区域梳理后植入母题的概念，并在这一母题概念的影响下，方案得到了有效的确立，同时三角形的母题也形成了丰富的空间景观环境。用一条主线将南北两地块连接在一起，从功能上使得生产区域和装配区的联系更加密切，从空间上则是对散落母题概念的一种收束和统领。

王海旭

主创建筑师

教育背景

2005年—2010年
西安交通大学建筑学学士
2010年—2012年
西安交通大学建筑学硕士

工作经历

2012年至今
中国建筑西北设计研究院有限公司
第十四设计所

个人荣誉

2018年　中建西北院第三届青年主创建筑师

主要设计作品

国家级眉县猕猴桃批发交易中心——会展中心及科研商务大楼
荣获2017年中国勘察设计协会行业奖三等奖
2017年陕西省优秀工程二等奖
2017年中建西北院优秀工程设计一等奖
渭南职业技术学院图书馆
荣获2013年中建西北院优秀方案设计二等奖
铜川市工人文化宫
荣获2017年中建西北院优秀方案设计三等奖
西安美术学院特殊教育艺术学院教学实验中心教学楼——特教楼
中国西部科技创新港科研、教育板块（D标段）规划设计
西安美术学院长安校区暨长安国际艺术城项目策划及概念性规划设计
山西财经大学东山校区总体规划设计

NATIONAL MEI COUNTY KIWIFRUIT WHOLESALE AND TRADING CENTER: CONVENTION AND EXHIBITION CENTER AND RESEARCH BUSINESS BUILDING

国家级眉县猕猴桃批发交易中心——会展中心及科研商务大楼

项目业主：国家级（眉县）猕猴桃产业园区管理委员会
建设地点：陕西 宝鸡
建筑功能：展览建筑
用地面积：107 000平方米
建筑面积：34 050平方米
设计时间：2013年—2013年
项目状态：建成
设计团队：李子萍、杜波、王海旭

项目作为国家级眉县猕猴桃批发交易园区的集展览、销售、科研、会议、商务于一体的中心项目，需要通过别具一格的建筑形象凸显其标志性地位。

建造场地位于连霍高速公路西宝段以南，渭河以北，紧临高速公路眉县出口。人工建造的环状立体交通景观与自然蜿蜒的渭水河道，赋予建设基址自由洒脱与清新宁静的独特个性。建筑造型起源于猕猴桃果实的切片及猕猴桃花朵形态，将五个尺度不一的圆形体块进行抽象重构，通过弧形进行串联、组合、围绕，结合形态自由的水面与发散式的广场景观，辅以由金属铝板与玻璃组合而成的通透幕墙，最终形成别具一格的景观建筑群。建筑造型与景观设计均以自然场地为本，积极响应由曲线围合而成的场地形态，并利用基地周边丰沛的自然水系，将建筑与自然融为一体。

杨永恩

主创建筑师
国家一级注册建筑师

教育背景

2000年—2005年
西北工业大学建筑学学士
2005年—2008年
西安建筑科技大学建筑学硕士

工作经历

2008年至今
中国建筑西北设计研究院有限公司
第八设计所

个人荣誉

2018年 中建西北院第三届青年主创建筑师
2015年 陕西省第二届“最美青工”称号
2015年 中建西北院青年岗位能手
2014年 中国建筑工程总公司优秀团干部
2013年 中建西北院第四届十佳青年
2010年 中建西北院先进工作者

主要设计作品

西安体育学院鄠邑新校区总体规划及单体设计
永济市体育中心一场三馆
陕西省常宁射击、射箭运动中心
陕西师范大学学生文体活动中心
铜川体育馆
荣获中国建筑西北设计研究院优秀方案设计二等奖
陕西省朱雀体育中心改造
陕西燃气集团总部
西安电子科技大学南校区综合体育馆
荣获中国建筑西北设计研究院优秀方案设计二等奖

SOUTH CAMPUS COMPREHENSIVE GYMNASIUM AT XI'AN UNIVERSITY OF ELECTRONIC SCIENCE AND TECHNOLOGY

西安电子科技大学南校区综合体育馆

项目业主：西安电子科技大学
建设地点：陕西 西安
建筑功能：体育建筑
用地面积：47 560平方米
建筑面积：23 380平方米
设计时间：2014年
项目状态：建成
设计指导：吴琛
主创设计：杨永恩、伍垠钢

项目包括比赛馆和训练馆两个部分。体育馆设观众席6 000座，设计等级为乙级，可满足艺术体操、篮球、排球等各项比赛场地要求，2021年将承接第十四届全国运动会男子排球比赛。

设计寻求与既有校园建筑和环境相协调，造型凸显体育建筑特点，主馆以具有西电学科特色的“雷达天线”为设计原型，与长条状的训练馆形成“一圆一方”，彰显“天圆地方”的中国传统文化，同时寓意计算机语言“0-1”二进制代码，体现了学校特色文化。设计还通过流畅旋转的金属板建筑造型将运动员超强的韧性和动感表达出来。

设计充分考虑现代化体育建筑的使用需求，集体育比赛、体育教学、大型活动、室内外展览功能服务于一体，将各类广场、休闲及健身空间合理布局。在举行各类活动时，满足大量人流瞬时集散的需求。

建成后的西电体育馆已成为所在区域的城市标志，成为西安电子科技大学对外交流的重要窗口。

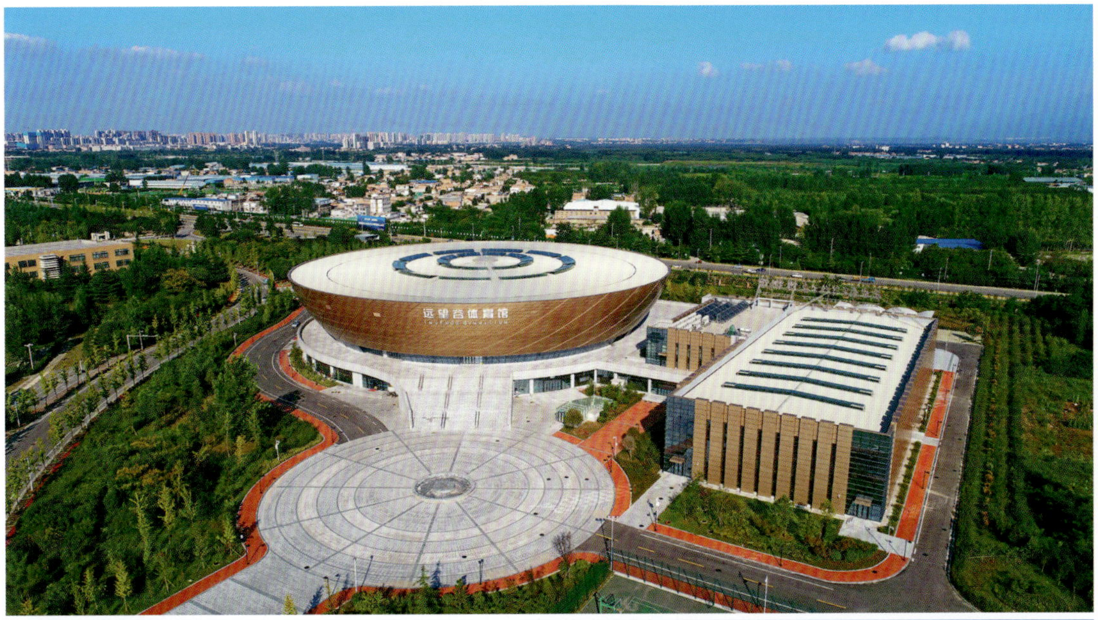

张晶

主创建筑师

教育背景

2012年—2015年
西安建筑科技大学建筑学硕士

工作经历

2015年至今
中国建筑西北设计研究院有限公司
都市与建筑设计研究中心

个人荣誉

2018年　中建西北院第三届青年主创建筑师
2017年　中建西北院先进工作者

主要设计作品

曲江第二中学
荣获2016年陕西省建筑专项工程设计一等奖
延安大剧院
荣获2016年中国建筑优秀勘察设计建筑方案一等奖
第九届中国威海国际建筑设计大奖赛金奖
沣东文化广场东西里
荣获2017中建西北院优秀方案设计二等奖
陕西省图书馆扩建工程
荣获2017中建西北院优秀方案设计一等奖
大西安新中心能源金融贸易起步区一期
荣获2017获中建西北院优秀方案设计二等奖
“金延安”板块南街“教堂”院落
延安历史博物馆投标方案
浐灞发展大厦
陕西广电中心投标方案
国际集团西部研发基地

XIXIAN BUSINESS CENTER

西咸商务中心

项目业主：陕西西咸新区城建投资集团有限公司
建设地点：陕西 西安
建筑功能：商业建筑
用地面积：41 400平方米
建筑面积：205 678平方米
设计时间：2015年—2017年
项目状态：在建
主创设计：赵元超、王敏、张晶

方案设计整体布局传承西安“四方城”的城市特点，建筑布局外围方正完整，沿街面严守规划贴线率要求，与街区其他地块共同形成统一连续的新城形象。

在建筑造型上，裙房部分以“院”为空间元素。地块内部通过建筑体块划分形成三个院落空间，将“四方城”的空间特色进一步延续，内园中空间变化多样，形态错落有致，形成丰富的空间层次。

项目用地处于中国汉代都城西侧，因与汉代的地缘关系，塔楼造型取汉代流行配饰“司南佩”之形，同时借美玉温润雅致的气质及“竹”之身形正直、节节奋进、俊秀质朴。

注重生态环境优化设计，提出以“垂直绿化”为景观绿化的设计策略。通过地面、裙房屋面和建筑露台形成多层次的纵向绿化。与城市景观系统相连接，优化地块内景观效果，创造和谐优美环境。

朱波

主创建筑师

教育背景

2006年—2011年
西安建筑科技大学建筑学学士
2016至今
西安建筑科技大学建筑学硕士在读

工作经历

2011年至今
中国建筑西北设计研究院有限公司
第九设计所

个人荣誉

2018年　中建西北院第三届青年主创建筑师
2014年　中建西北院先进工作者

主要设计作品

天水麦积山温泉酒店
荣获2013年中建西北院优秀方案二等奖
陕西水利博物馆
荣获2016年中建西北院优秀方案二等奖
路遥书苑
榆林学院图书馆
丝路文旅城
渭南建国饭店
开封市公安局
靖边县中医医院
崇信县老年养护院
腾格里沙雕公园

SHAANXI WATER CONSERVANCY MUSEUM

陕西水利博物馆

项目业主：陕西省水利厅
建设地点：陕西 咸阳
建筑功能：文化建筑
用地面积：130 200 平方米
建筑面积：21 220平方米
设计时间：2015年
项目状态：在建
主创设计：朱波、侯伟、张良

陕西水利博物馆的前身是李仪祉纪念馆，李仪祉是我国著名的水利专家。他创办了我国第一所水利工程高等学府——南京河海工程专门学校，并亲自主持建设陕西泾、渭、洛、梅四大惠渠，树立起我国现代灌溉工程样板，对我国水利事业做出重大贡献。为了纪念李仪祉先生对我国水利事业做出的突出贡献，陕西省水利厅决定在李仪祉墓前修建纪念馆。

设计师希望陕西水利博物馆未来成为集科研与教育为一体的综合性博物馆，未来能让更多人认识我国那些为了水利事业默默奉献的人们，同时也学会对水资源的珍惜和保护。

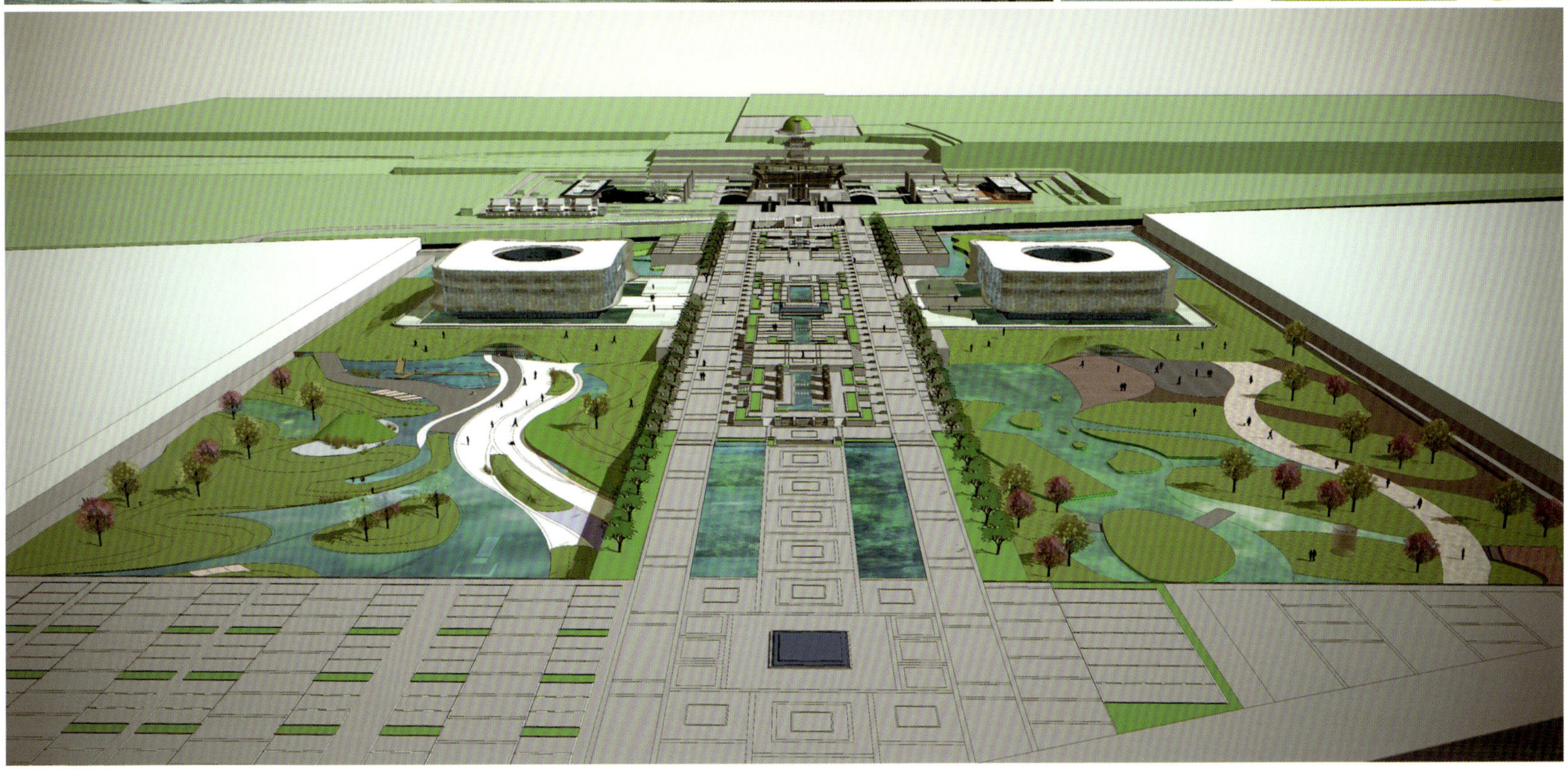

ARCHITECTS

郭炜

职务：华东建筑设计研究院有限公司西南中心总经理、总建筑师
职称：高级建筑师
国家一级注册建筑师
国家注册城市规划师

教育背景
1993年—1998年　西安建筑科技大学城市规划学士
1998年—2001年　西安建筑科技大学城市规划硕士

工作经历
2010年—2014年　华东建筑设计研究院有限公司重庆分院常务副院长
2014年—2017年　华东建筑设计研究院有限公司西南区域事业部总经理、总建筑师
2017年至今　华东建筑设计研究院有限公司西南中心总经理、总建筑师

个人荣誉
虹桥综合交通枢纽规划设计关键技术　荣获上海市科学技术奖三等奖
虹桥综合交通枢纽工程　荣获上海市重大工程立功竞赛记功个人
虹桥综合交通枢纽内外部交通换乘研究　荣获华东建筑设计研究总院科研成果一等奖
《重庆市高层民用建筑设计防火规范》（2013）建筑专业参编人
重庆市城乡建设委员会特聘专家
重庆市规划局规委会专家
重庆市消防局特聘专家
重庆市勘察设计协会理事
重庆市上海商会常务副会长

主要设计作品
上海虹桥综合交通枢纽工程
虹桥国际机场公务机楼工程
重庆塔（431米）
重庆企业天地B11地块超高层项目（458米）
山东日照机场航站楼　荣获2016年山东省优秀勘察设计一等奖
2017年全国优秀勘察设计三等奖
乌鲁木齐国际公铁联运汽车客运站
乌鲁木齐高铁综合服务中心
绵阳富乐山九洲国际酒店
西安交大聊城科技园国际交流中心
重庆江北区总部经济中心
浦东国际机场二期工程
浦东国际机场T1航站楼改造工程
重庆金融街融城华府　荣获2012年上海市优秀工程勘察设计一等奖
2013年全国优秀工程勘察设计一等奖
重庆保利国际大厦　荣获2017年全国优秀工程勘察设计二等奖
2016年重庆市优秀工程勘察设计一等奖
重庆锦嘉国际大厦

ECADI

华建集团华东建筑设计研究院有限公司西南中心

华建集团华东建筑设计研究院有限公司西南中心前身为华东建筑设计研究院有限公司重庆分院，成立于1999年5月，其经营业务主要立足重庆市，辐射西南地区。公司以“设计时代精品，引领美好生活”为已任，以”关注客户需求，实现客户价值”为导向，树立诚信共赢的经营理念，与时俱进，不断发展。经营范围涵盖策划、规划、建筑、市政、景观、结构、机电、室内、幕墙、智能化等，在人才、技术、管理等方面硕果累累，在重庆乃至西南地区奉献了众多的优秀作品。

西南中心积极参与重庆市及整个西部地区的城市建设和发展，先后设计完成了一批有影响力的建筑作品。包括重庆大剧院、重庆国际会展中心、重庆塔、俊豪中心、国金中心、海航保利广场、国汇中心、中国农业银行重庆分行、重庆农村商业银行、重庆锦嘉国际大厦、重庆妇幼保健院、重庆大学主教学楼、重庆天地B11地块超高层项目、十八梯历史文化街区保护规划、重庆鲁祖庙片区改造、重庆市渝中区两江消落区城市设计、渝中区解放碑片区城市设计、渝中区朝天门片区城市设计、渝中区创意滨江走廊、重庆金融街融城华府、重庆金融街彩立方、渝中区渝中组团F分区、乌鲁木齐国际机场航站楼、乌鲁木齐国际公铁联运汽车客运站、乌鲁木齐高铁综合服务中心、山东日照机场航站楼、长沙黄花国际机场等项目。

西南中心的发展见证了重庆这座最年轻的直辖市的发展和城市建设。在新形势下，西南中心将进一步强化交通、酒店、办公、住宅、城市更新等五大产品线，提升核心竞争力，与集团和总院一起努力向国内领先、国际一流的建筑设计企业迈进。

地址：重庆市渝中区华盛路10号企业天地2号楼14层
电话：023-67865517
传真：023-67875590
网址：www.arcplus.com.cn
电子邮箱：chongqing@ecadi.com

王志强

职务：华东建筑设计研究院有限公司西南中心建筑总监
职称：工程师

教育背景
1991年—1995年　重庆建筑大学建筑学学士

工作经历
1995年—2001年　重庆建筑大学兴城工程总承包公司
2002年—2018年　华东建筑设计研究院有限公司西南中心

主要设计作品
重庆大学主教学楼
荣获2006年中国建筑工程鲁班奖
　　2007年第七届中国土木工程詹天佑奖
重庆金融街融城华府
荣获2012年上海市优秀住宅设计一等奖
　　2013年中国勘察设计协会优秀工程设计住宅一等奖
重庆市国汇中心
荣获2014年重庆市优秀工程设计一等奖
　　2016年第十三届中国土木工程詹天佑奖
重庆金融街彩立方
荣获2012年上海市优秀住宅设计二等奖
海南顺泽福湾
荣获2014年上海市优秀住宅设计一等奖
　　2015年全国优秀工程勘察设计住宅二等奖
重庆锦嘉国际大厦
荣获2017年上海市优秀工程设计三等奖
绵阳富乐山九洲国际酒店
荣获上海市建筑学会第六届建筑创作奖公共建筑类佳作奖
　　"华建杯·内地分支机构专项奖"创作入围奖
乌鲁木齐国际公铁联运汽车客运站
荣获上海市建筑学会第六届建筑创作奖佳作奖
　　"华建杯·内地分支机构专项奖"创作入围奖
乌鲁木齐高铁综合服务中心
荣获"华建杯·内地分支机构专项奖"创作入围奖
四川省达州市城区中心广场
重庆枫丹树语城
成都高新区人民法院审判庭综合楼
安哥拉——教育部学校交钥匙工程
天威（成都）龙潭二期研发中心项目——利星行广场
康德·国会山重庆康德豪生大酒店
山东聊城交大科技园国际交流中心
中国农业银行重庆分行
江西萍乡市城市大厦
重庆渝中区解放碑万豪行政公寓改造

李鹏

职务：华东建筑设计研究院有限公司西南中心建筑创作总监
职称：工程师

教育背景
2005年—2010年　四川美术学院建筑学学士

工作经历
2010年—2018年　华东建筑设计研究院有限公司西南中心

主要设计作品
重庆涉外商务B区二期
荣获2014年院原创佳作奖
乌鲁木齐高铁综合服务中心
荣获2014年院原创佳作奖
　　"华建杯·内地分支机构专项奖"创作入围奖
重庆锦嘉国际大厦
荣获2010年院原创佳作奖
　　2017年上海市优秀工程设计三等奖
珠海横琴发展大厦
荣获2012年院原创创作奖
　　2013年集团"创作之星"优秀原创方案
　　2013年第三届现代杯优秀原创作品评选建筑创作佳作奖
　　"华建杯·内地分支机构专项奖"创作佳作奖
重庆科技金融中心　荣获2013年院原创佳作奖
协信无锡光电园
荣获2013年院原创佳作奖
绵阳富乐山九洲国际酒店
荣获2011年院原创佳作奖
　　上海市建筑学会第六届建筑创作奖佳作奖
　　"华建杯·内地分支机构专项奖"创作入围奖
重庆金融街融城华府
荣获2012年上海市优秀住宅工程设计一等奖
　　2013年全国优秀工程勘察设计奖"住宅与住宅小区"一等奖
海南顺泽福湾
荣获2014年上海市优秀住宅设计一等奖
重庆渝能蔡家项目二期　荣获2015年院原创佳作奖
乌鲁木齐长途汽车客运站
荣获2013年院原创佳作奖
　　上海市建筑学会第六届建筑创作奖公共建筑类佳作奖
　　"华建杯·内地分支机构专项奖"创作入围奖
湛江国际机场
荣获2017年院原创佳作奖
　　"华建杯·内地分支机构专项奖"创作入围奖

李正江

职务：华东建筑设计研究院有限公司西南中心建筑副总监
职称：工程师

教育背景
2005年—2010年　四川美术学院建筑学学士

工作经历
2011年—2018年　华东建筑设计研究院有限公司西南中心

主要设计作品
山东日照机场航站楼
荣获2017年全国优秀工程勘察设计行业三等奖
　　2017年山东省优秀工程勘察设计一等奖
湛江国际机场
荣获2017年院原创佳作奖
　　"华建杯·内地分支机构专项奖"创作入围奖
长沙黄花国际机场
荣获2017年院原创佳作奖
　　"华建杯·内地分支机构专项奖"创作优秀奖
乌鲁木齐国际机场航站楼
荣获2017年院原创佳作奖
　　"华建杯·内地分支机构专项奖"创作优秀奖
乌鲁木齐高铁新区配套设施项目北四标
荣获2014年院原创佳作奖
重庆锦嘉国际大厦
荣获2010年院原创佳作奖
　　2017年度上海市优秀工程设计三等奖
重庆科技金融中心
荣获2013年院原创佳作奖
乌鲁木齐高铁综合服务中心
荣获"华建杯·内地分支机构专项奖"创作入围奖
重庆渝能蔡家项目二期
荣获2015年院原创佳作奖
乌鲁木齐长途汽车客运站
荣获2013年院原创佳作奖
　　上海市建筑学会第六届建筑创作奖公共建筑类 佳作奖
　　"华建杯·内地分支机构专项奖"创作入围奖
协信无锡光电园
荣获2013年院原创佳作奖
安徽芜宣机场航站楼
山东济宁机场航站楼
山东潍坊机场航站楼
重庆观音桥总部经济大厦
江西萍乡市城市大厦

FULE MOUNTAIN JIUZHOU INTERNATIONAL HOTEL, MIANYANG

绵阳富乐山九洲国际酒店

项目业主：绵阳市投资控股(集团)有限公司
建设地点：四川 绵阳
建筑功能：酒店建筑
建筑面积：7 000平方米
设计时间：2011年—2014年
项目状态：建成
设计单位：华东建筑设计研究院有限公司西南中心
设计团队：郭炜、王志强、李睿、李鹏、王晓宇、杨薇薇

项目按国际五星级标准设计客房及相应服务设施。酒店所处的富乐山风景区是位于绵阳市中心的风景胜地。富乐山环境幽美，古迹众多，被誉为“绵州第一山”，不仅自然环境宜人，其历史文化积淀也相当深厚。

在酒店的扩建设计中，充分考虑了对自然和人文资源的尊重。十号楼设于原酒店西侧台地，此位置既能就近使用原酒店公共功能，又拥有独立的环境及道路。其功能分区设置以旅客到达的目的性为先决条件，结合地形地貌及现状环境，主次分明，流线清晰，与原酒店会议区、客房区隔路相望，视野开阔、环境静谧，具备打造高品质客房的环境优势。

URUMQI HIGH-SPEED RAILWAY INTEGRATED SERVICE CENTER

乌鲁木齐高铁综合服务中心

项目业主：乌鲁木齐高铁枢纽综合开发建设投资有限公司
建设地点：新疆 乌鲁木齐
建筑功能：办公、商业建筑
用地面积：17 000平方米
建筑面积：978 00平方米
设计时间：2013年
项目状态：建成
设计单位：华东建筑设计研究院有限公司西南中心
设计指导：司耘
设计团队：郭炜、凌虹、李鹏、周娟、李睿

项目位于乌鲁木齐高铁站核心区北广场，结合广场地下综合商业开发，建设地标性城市综合体。

项目以尊重上位规划的城市设计为前提，强调与北广场空间轴线和重要节点关系；整合城市界面，延续以高铁站为核心的周边几组建筑围合空间，营造和谐环境，开创高起点。

设计利用“枢纽辐射”，引入新概念业态（高效绿色办公和体验式精品商业），升华用地价值，体现高效益。

设计采用完美的空间布局与独具特点的新颖造型，实现一体化设计，展现出高水平，为产业片区成熟健康发展树立新标杆。建筑采取长向流线型中轴对称布置的方式，创造出中低端高、中收侧放的空间格局，稳重中富有灵动之态；以大鹏展翅的形象寓意，充分结合第五立面一体化设计，使建筑形象浑然一体，营造出蓬勃向上、展翅高翔的建筑形象。

烏魯木齊

URUMQI LONG-DISTANCE BUS TERMINAL

乌鲁木齐长途汽车客运站

项目业主：乌鲁木齐高铁枢纽综合开发建设投资有限公司
建设地点：新疆 乌鲁木齐
建筑功能：交通建筑
用地面积：30 089平方米
建筑面积：64 100平方米
设计时间：2013年—2014年
项目状态：建成
设计单位：华东建筑设计研究院有限公司西南中心
设计团队：郭炜、王志强、凌虹、王晓宇、李鹏、李正江

项目位于乌鲁木齐市高铁新区的高铁站北广场东侧，是高铁片区的主要交通设施，也是新疆综合交通运输体系的重要组成部分。

工程为一级汽车客运站，裙房地上2层，塔楼地上6层（不含屋顶机房层），地下2层。设计日平均旅客发送量为1.5万人，设计年度日均发车班次约为 548次。发车位数20个，到达车位8个（含3个远期预留到达车位）。

项目总体布局遵循基地标高及周边城市道路条件，总平面采取矩形裙房及东北角“L”形塔楼的布局方式。立面设计突出整体的造型设计理念，针对此方案的空间构成特点，采用围合式表皮立面设计手法，有效地化零为整，使建筑形象浑然一体。

乌鲁木齐长途汽车站
Urumqi Bus Station

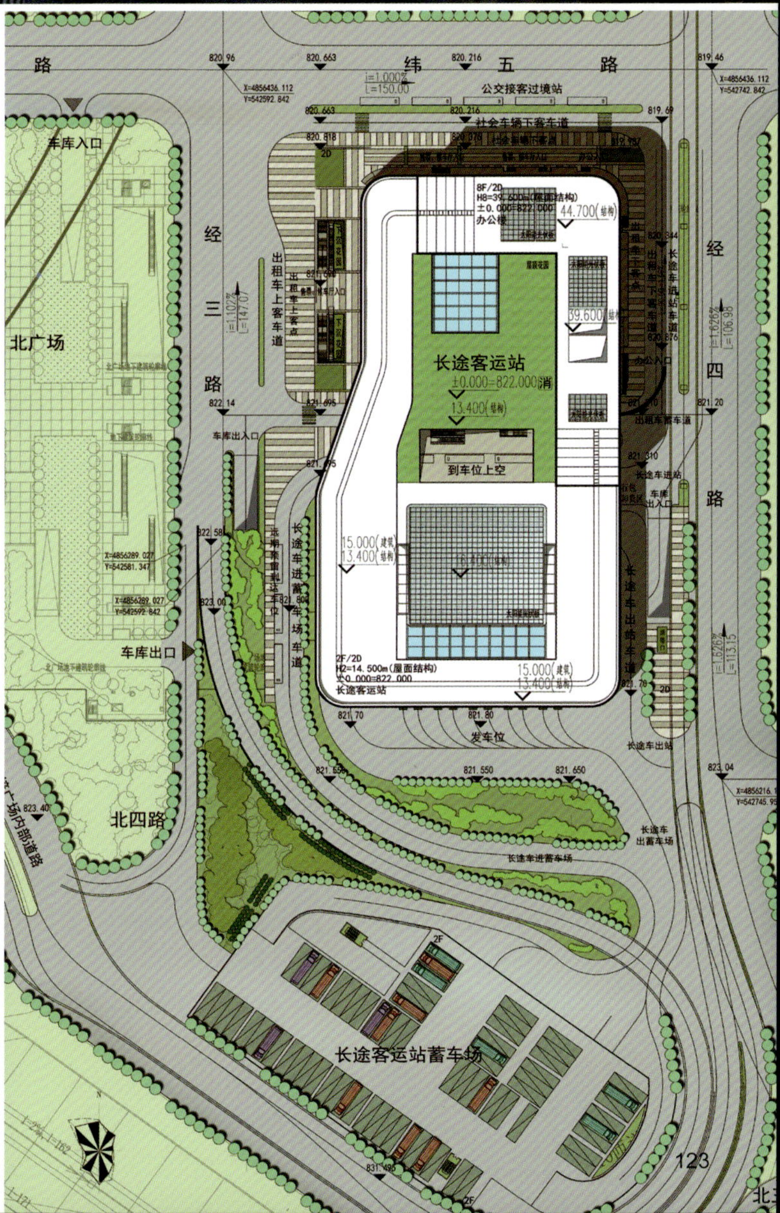
纬 五 路
公交接客过境站
车库入口
经三路
经四路
北广场
出租车上客车道
长途客运站
到车位上空
车库出口
发车位
北四路
长途客运站蓄车场

SHANDONG RIZHAO AIRPORT TERMINAL BUILDING

山东日照机场航站楼

项目业主：日照机场建设投资有限公司
建设地点：山东 日照
建筑功能：交通建筑
建筑面积：24 500平方米
设计时间：2012年
项目状态：建成
设计单位：华东建筑设计研究院有限公司西南中心
设计指导：郭建祥
设计团队：郭炜、张宏波、李正江

航站楼造型寓意为“贝之壳”。以“简练而不失精致，朴实而凸显特点”的理念，力图展现日照这一海滨城市的独特形象。平屋面造型隐喻贝壳，主楼与指廊的屋面造型一体化设计，形象鲜明，突出简洁完整的现代化机场特点。

主楼结构内包，使机场更加简洁，整体彰显现代感。主楼出挑深远的大屋面，有效地遮挡了西向阳光的直射。幕墙和屋面天窗设置通风开启扇，促进空气流动，将热量带走。此外，还采用节能幕墙技术配合幕墙外遮阳系统，有效地降低了建筑能耗。

建筑空间设计尺度宜人、开敞，令人一目了然，方向明确，容易到达目的地。同时，室内结合天窗、绿化，强化自然通风与采光，营造怡人的室内空间。航站楼整体金属屋面曲线优美、光洁优雅，犹如海边闪闪发光的贝壳，与滨海文化特色有机契合。

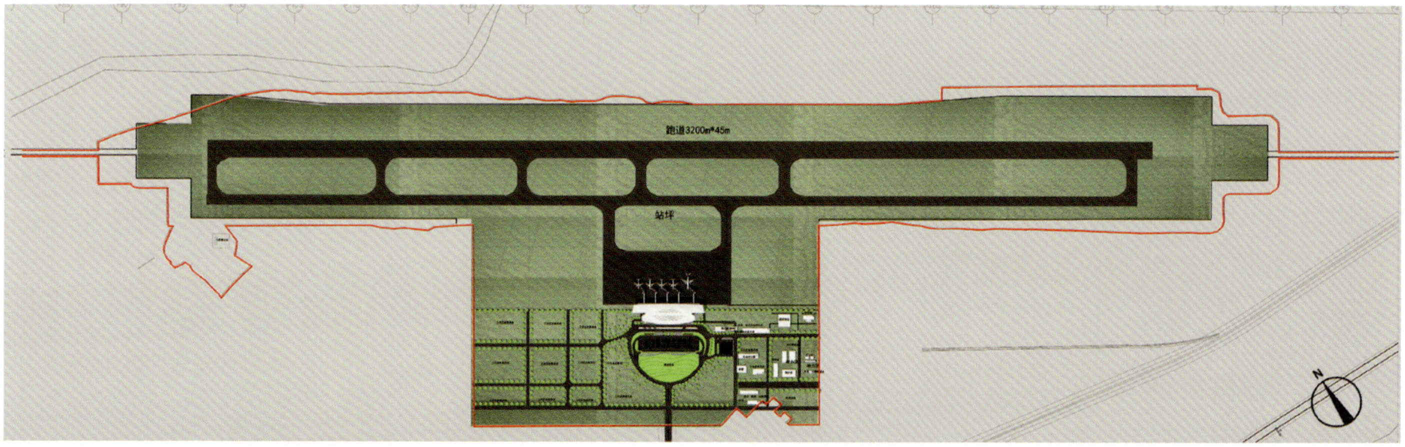

高璐璐

职务：中铁合肥建筑市政工程设计研究院有限公司副总工程师
职称：高级工程师

教育背景
1998年—2003年　安徽建筑大学建筑学工学学士
2011年—2014年　北方工业大学建筑与土木工程硕士

工作经历
2003年至今　中铁合肥建筑市政工程设计研究院有限公司

个人荣誉

合肥御龙湾小区一期	荣获2013年安徽省优秀工程勘察设计行业一等奖
合肥御龙湾小区二期	荣获中国中铁股份有限公司优秀工程设计三等奖
温州商城	荣获2015年安徽省优秀工程勘察设计行业优秀工程设计三等奖
安徽民生信息工程有限公司科研楼	荣获2015年安徽省优秀工程勘察设计行业优秀工程设计三等奖

主要设计作品
中科院合肥技术创新工程院（研发楼、支撑中心、孵化楼）
中铁第六勘察设计院集团总部大楼
合肥科技实业园
天津新港中学
淮北恒大名都
合肥禹州华侨城
安徽省现代智能综合交通创新基地
安庆恒禾东尚住宅小区
临泉县棚户区改造一期工程

中铁合肥建筑市政工程设计研究院有限公司
China Railway Hefei Institute of Architectural & Municipal Engineering Design Co.Ltd

设计院始建于1955年，其前身是合肥市人民政府建筑设计室，为1984年建设部首批认证的甲级资质设计院。2007年7月更名为合肥市建筑设计研究院有限公司，其100%国有股权由合肥市城建投资控股有限公司持有。2009年12月30日转让给中铁隧道勘测设计院有限公司，2010年3月更名为中铁合肥建筑市政工程设计研究院有限公司。2014年8月26日，多家中铁设计院重组成立中铁第六勘察设计院有限公司，该院现为中铁六院子公司，注册资本1 000万元。

设计院现拥有建筑行业（建筑工程）甲级和市政行业(给水、排水、道路、桥梁、轨道交通工程)专业甲级、风景园林工程设计专项甲级、城市规划编制甲级及工程监理（房建和市政）甲级、电力行业(变电、送电工程)专业乙级、建筑行业（人防设计）乙级、化工石化医药行业(化工工程)专业乙级、冶金行业(冶金矿山工程)专业乙级、人民防空工程设计乙级、审图一类资质〔11281〕、人民防空工程监理乙级、文物保护设计丙级、文物保护监理丙级及安徽省绿色建筑评价标识技术依托单位，并通过了质量、环境、职业健康安全三个管理体系认证。下设综合办公室、经营计划部、财务部、审计部、技术中心、科技部等六个职能部门，生产部门设三个建筑分院、一个城交分院、一个市政分院、一个景观所、一个绿建所、一个规划所及监理公司、科建审图公司等经营实体。各类专业技术人员占院职工总人数的98%以上，拥有省级设计大师、省市专家多名以及国家注册建筑师、结构工程师、城市规划师、造价师、公用设备工程师、电气工程师、监理工程师63人的专业骨干队伍。

设计院业务范围主要是承接工业与民用建筑设计（含绿建），人防设计，城市总规、控规、修建性详规、专项规划设计及建设工程项目规划选址的可行性研究，旅游区、风景区、住宅区的规划与园林景观设计，市政行业设计、轨道交通及附属设施设计，室内设计，建筑及市政工程监理、文物保护设计及监理等。

建院60多年来，设计的项目遍及省内各地市及广东、海南、河南、河北、江苏、甘肃、辽宁等省。先后完成了合肥第一幢高层——合肥大厦，以及九州大厦、安徽饭店、西园新村、琥珀山庄、和平广场、淮河路步行街、南淝河景观、马鞍山路、桐城南路、肥西派河新桥、岳西金山廊桥、海南民族村、安徽建筑工业学院新校区教学主楼、安庆师范大学新校区、合肥滨湖新区（师范附小、第46中学、第一中学）三校、合肥第八中学新校、合肥国家动漫产业园、合肥和芜湖恒大华府、淮北恒大名都、合肥香樟雅苑、合肥地铁1、2、3号线站点和区间设计等，并荣获了省部级优秀工程设计金牌奖及一、二、三等奖，科研成果奖和意大利利古利亚特别荣誉奖等106项。

地址：合肥市濉溪东路8号
电话：0551-65602501
传真：0551-65602558
网址：www.hfadi.com
电子邮箱：hfadi@hfadi.com

HEFEI SCIENCE AND TECHNOLOGY INDUSTRIAL PARK

合肥科技实业园

项目业主：合肥众望置业有限公司　建设地点：安徽 合肥
建筑功能：科研、体育建筑　用地面积：103 770平方米
建筑面积：446 689平方米　设计时间：2014年—2017年
项目状态：在建　设计单位：中铁合肥建筑市政工程设计研究院有限公司
主创设计：高璐璐　参与设计：周玉、程浩然、王耿

项目位于合肥市高新区。合肥市高新区作为安徽省最大的高新技术产业化基地，目前已形成了电子信息、光机电一体化、生物工程与新医药以及新材料等四大高新技术产业集群，一大批拥有自主知识产权的知名企业脱颖而出，大批高等院校及科研机构都在高新区设立研发及产业基地。

项目结合周边特点，总体布局为沿着项目周边道路依次分布设计。建筑高低错落，在明珠大道和集贤路口处，设计了两栋对称塔楼，是整个园区乃至周边的地标性建筑。整个地块规划包括厂房、科研、生活配套、医疗康复产业，是一个综合性的高新技术产业园区。园区内设有网球场，羽毛球场等室外活动场地，给员工工作之余有一个休闲娱乐的室外活动空间，大大地提升了园区的整体配套服务。园区内路网发达，在场地的周边道路均设有出入口，交通便利。

建筑的立面设计采用大规模的幕墙或者大开窗，现代风格突出，科技时尚感十足，充分体现出园区的高科技发展方向。

TIANJIN XINGANG MIDDLE SCHOOL

天津新港中学

项目业主：天津市滨海新区教育体育委员会
建设地点：天津
建筑功能：教育建筑
用地面积：22 955平方米
建筑面积：21 201平方米
设计时间：2014年—2017年
项目状态：在建
设计单位：中铁合肥建筑市政工程设计研究院有限公司
主创设计：高璐璐
参与设计：张亚辉、孙悠如、王耿

项目位于天津市滨海新区新港二号路北侧，周边配套设施完善。场地为原塘沽七中，在项目建设完成之前需要继续使用，因此项目分为两期：一期为场地东边部分，主要为教学区、行政楼、风雨操场等建筑；二期为场地西边部分，主要为操场，且建成后与北侧小学共用。如何合理规划进行分期建设而不影响塘沽七中的使用，是本规划设计的重点。

确定了建设分期后，设计从场地本身问题出发，发现问题解决问题，力求建设与环境和谐共生的学校建筑。项目基地朝向为西南方向，日照环境较差，设计通过对建筑体量各个方向的对比，最终决定将教学楼转向正南方向。调整教学楼形态与衔接方式，使之与地块和谐相处的同时拥有最优朝向，再通过封闭连廊与平台将中学各个功能空间相连，使师生流线畅通便捷。

通过对项目设计的深入研究分析，最终得到的教学建筑体块与环境和谐，并适于使用，空间灵活丰富。95%的普通教室朝向为正南方向，获得了最优的日照条件，为学生创造了一个良好的学习环境。

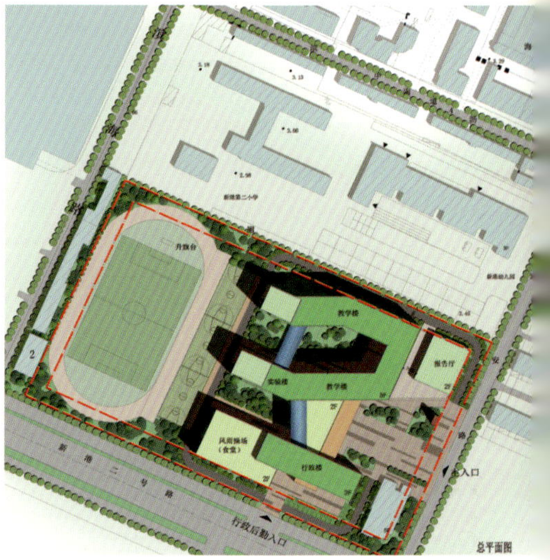

CHINESE ACADEMY OF SCIENCES HEFEI INSTITUTE OF TECHNOLOGY INNOVATION

中科院合肥技术创新工程院

项目业主：中科院合肥技术创新工程院
建设地点：安徽 合肥
建筑功能：科研、办公建筑
用地面积：31 246平方米
建筑面积：74 235平方米
设计时间：2014年—2018年
项目状态：在建
设计单位：中铁合肥建筑市政工程设计研究院有限公司
主创设计：高璐璐
参与设计：陶新宇、孙悠如、蒋韦、周玉

项目位于安徽省合肥市高新区，基地位置交通便利，南侧习友路为城市主干道直通政务新区，东侧的石莲南路为新区主干道，也是连接通往老城区的望江路和习友路的主要道路。项目周边科技服务配套完善，合芜蚌创新平台一期、合芜蚌创新平台二期、科大讯飞、科大智能、中国科学技术大学先进技术研究院均在项目周边。

该项目处于中科院项目园区的中心位置，西侧为园区水体景观，方案注重建筑群与景观、园区规划与人的关系，以景观为中心自西向东形成优美的天际线，目的是最大化实现建筑对自然的归属感，达成人与建筑的和谐共生。

项目内部三栋建筑聚心向内，形成建筑之间的半围合空间，办公科研人员可在空间内自由活动。外部大园区景观与内部围合景观的相辅相成，使自然景观视野流动起来，激活园区活力。

项目是集研发、办公、休闲、餐饮为一体的综合性办公建筑。合理安排建筑功能，科学布置各功能房间为该项目的立足之本。根据对项目设计要求的深入研究分析和对建筑各种体量的模型对比，最终确定为高层和低层相结合的模式。建筑均以办公、研发功能为主，辅以餐饮、休闲、健身等功能，注重内外环境创造，为科学研究者创造一个良好的办公环境。

石莲南路
习友路

浅黄色石材
真彩仿石砂浆
蓝灰色玻璃

YINXINGYUAN RESIDENTIAL AREA

银杏苑住宅小区

项目业主：临泉县金源投资发展有限公司
建设地点：安徽 阜阳
建筑功能：居住建筑
用地面积：122 265平方米
建筑面积：377 078平方米
设计时间：2018年
项目状态：在建
设计单位：中铁合肥建筑市政工程设计研究院有限公司
主创设计：高璐璐
参与设计：王耿、蒋韦、周玉、孙悠如

项目北至庐阳大道，西至箭杆南路，南至腾飞路，东至古沈大道。用地较为方正，方位基本为正南北方向，交通便利，仍有少量待拆迁房屋，用地基本平整。

整体空间布局采用“品”字形、错落布局形式，住宅尽量沿基地边沿布置，形成环绕之势，最大限度地利用周边景观。基地内部形成一定的凝聚空间，使中部形成一个主景观区域带、多个景观节点及纵横景观视廊，它们之间相辅相成，形成完整的空间布局。

小区住宅以高层为主，在保证总体布局，营造高质量人居环境的前提下，力求达到土地的最高效用，充分利用自然地形，灵活布置。建筑布局充分考虑了临泉县日照条件和基地的特点，保持了基地自然生态特点以及景观空间，形成了符合逻辑变化的建筑形态布局。

单体设计采用简洁而不失大气沉稳的装饰风格，建筑造型与色彩协调中求变化。整个社区住宅布置为高层建筑。淡雅的色彩，挺拔的竖向线条，打破了外轮廓的单调感，使住宅立面更富于层次感。幼儿园通过与主色调相近的色彩、丰富的造型处理手法、统一的材质细节，使建筑风格与住宅协调而富于变化。商业与其余配套公建立面风格考虑与住宅风格相统一，以装饰风格为主，配色方面以米黄色为主，端庄沉稳而不失灵动，整幢建筑极具时代韵律。

立面细部刻画小巧而不繁杂，完整和谐的整体格局与精心设计的建筑细节充分体现居住建筑在走向理性的同时，又注重对人性的全面关怀。设计在追求居住区舒适度与品味的同时，确定了该社区独特的建筑风格。

ARCHITECTS

嶺南建築設計研究所
Lingnan Architectural Design & Research Institute

黄燕鹏

职务： 广东省建筑设计研究院岭南建筑设计研究所所长兼总建筑师
广东省工程勘察设计行业协会岭南与现代建筑专业委员会主任委员
世界华人建筑师协会岭南建筑学术委员会执行主任委员
职称： 高级建筑师
国家一级注册建筑师

教育背景
华南理工大学学士
美国赫斯莱茵大学硕士
澳门城市大学在读博士

工作经历
1990年至今　广东省建筑设计研究院岭南建筑设计研究所

个人荣誉
2017年　广东省建筑设计研究院建院65周年管理创新先进工作者

主要设计作品
高德置地广场　荣获2017年全国优秀工程勘察设计行业奖优秀建筑工程设计三等奖
2017年广东省优秀工程勘察设计一等奖
2016年广东省土木建筑学会科学技术奖一等奖

广州市正佳海洋世界生物馆　荣获2017年广东省优秀工程勘察设计二等奖
2016年广东省土木建筑学会科学技术奖一等奖

佛山宾馆扩建工程　荣获2005年省优秀工程勘察设计二等奖
新疆哈密回王府　荣获2007年广东省优秀工程勘察设计三等奖
2007年中国民族建筑研究会设计创新金奖

南宁青秀万达广场东地块　荣获2017年广东省优秀工程勘察设计奖（科技创新）三等奖
慕吉云溪山居　荣获2017年世界华人建筑师协会建筑创作优秀奖
江门海逸酒店及海逸华庭　荣获2009年中国人居典范评委委员会最佳设计方案金奖

建筑思想
“岭南建筑”不单是一种形式、风格、符号或设计手法，而是植根于地域气候环境和文化习俗的设计思想。它鼓励设计创新，通过与环境的和谐共生，使建筑具有地域性表现并融于地域文化之中。岭南建筑设计创新首先是观念和文化的创新，其次是手法和技术的创新，在适应自然、融合共生的基础上探索建筑与地域文化的关系。传承与创新岭南建筑文化是设计师在建筑创作上不懈的追求。

GDAD

地址：广东省广州市荔湾区流花路97号
电话：020-86675618
传真：020-86675618
网址：www.gdadri.com
电子邮箱：13380079663@163.com

广东省建筑设计研究院（GDAD）创建于1952年，是新中国第一批大型综合勘察设计单位之一，改革开放后最早推行工程总承包业务的现代科技服务型企业，全球低碳城市和建筑发展倡议单位、全国科技先进集体、全国优秀勘察设计企业、当代中国建筑设计百家名院、全国企业文化建设示范单位、广东省高新技术企业、广东省守合同重信用企业、广东省抗震救灾先进集体、广东省重点项目建设先进集体，现代工程建设设计运营服务商。GDAD现有专业技术人员2651名，其中工程院院士1 名、全国工程勘察设计大师3名、广东省工程勘察设计大师5名、享受政府津贴专家15名、教授级高工66名、高工549名、工程师686名、各类执业注册人员499名，形成素质优良、结构合理、专业齐备、效能显著的人才梯队。GDAD将继续秉承“守正鼎新，营造臻品”的核心价值观，发扬“绘雅方寸，筑梦千里”的企业精神，充分利用人才、技术、科研、创新和品牌的综合优势，为广大客户提供高效优质的服务，共同设计未来，成就梦想。

岭南建筑设计研究所是广东省建筑设计研究院（GDAD）旗下独其特色、实力雄厚、具有活力的直属综合大所。立足于岭南特色建筑实践与研究，为客户提供公共与民用建筑工程设计、城市设计、居住区规划设计等全方位、高质量的设计、咨询及其配套服务，是具有建筑、结构、机电等专业的综合设计所。团队曾与美国、德国、法国、澳大利亚、中国香港等国家和地区的设计机构合作，项目管理经验丰富、市场拓展能力强。近年来，先后完成广州高德置地广场、南宁青秀万达广场、海口滨江海岸、恒大海口文化旅游城、广州恒大绿洲、江门海逸酒店、湛江档案馆、韶关文化三馆、广东现代广告创意中心、华为松山湖青年员工公寓、广州市正佳海洋世界生物馆等重大工程项目。为了更好地开拓市场及对岭南特色进行研究，于2013年成立ACA岭南建筑创作中心，以岭南特色、绿色环保、人性化设计为理念，把握现代建筑的发展潮流，专注于项目概念创意、方案设计的前沿阵地，参与国内外大型项目的方案竞赛，并屡获佳绩，创作并建成了多个大型重点项目。

XINJIANG HAMI HUI PALACE

新疆哈密回王府

项目业主：新疆绿州国际旅游集团有限责任公司
建设地点：新疆 哈密
建筑功能：文化建筑
用地面积：130 000平方米
设计时间：2004年—2007年
项目状态：建成
设计单位：广东省建筑设计研究院岭南建筑设计研究所
主创设计：陆琦、黄燕鹏
获奖情况：2007年广东省优秀工程勘察设计三等奖
中国民族建筑研究会设计创新金奖

项目位于新疆维吾尔族自治区东部哈密市回城乡，为原型重建的仿传统特色建筑群。哈密早在两千多年前就是汉朝与匈奴激烈争夺以制西域的战略要冲，这里的建筑形式丰富，具有浓郁的地域性、民族性、文化性和多元性。为了历史文脉的延续和建筑文化的传承，回王府的设计、建设采用新材料、新工艺、新的结构形式、新的设计理念与设计方法，同时力图保留原回王府固有的多民族建筑特色神韵。

重建的回王府，王爷台高8.5米，共有各类建筑物10余个：回王宫(大殿)、王爷府、王妃府、清真寺、台吉办公室、伯克办公室、连廊、凉亭、角亭、王爷台入口及牌坊等。

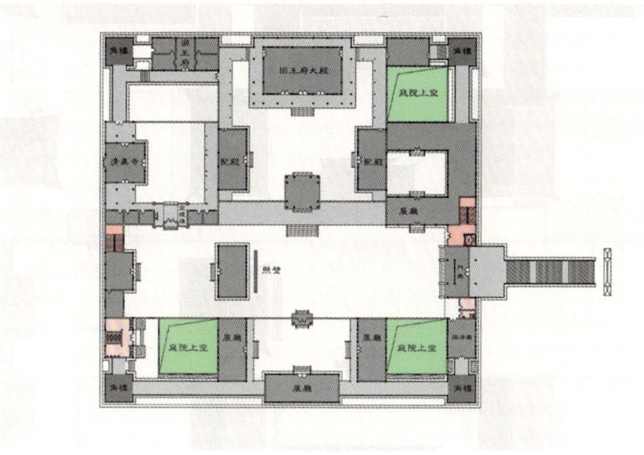

总平面图

立面图

GOLD LAND PLAZA

高德置地广场

项目业主：广州市明和实业有限公司　建设地点：广东 广州
建筑功能：商业建筑　用地面积：25 470平方米
建筑面积：391 970平方米　设计时间：2007年—2015年
项目状态：建成
设计单位：广东省建筑设计研究院岭南建筑设计研究所
主创设计：ACA建筑创作中心
获奖情况：2017年全国优秀工程勘察设计行业奖优秀建筑工程设计三等奖
2017年广东省优秀工程勘察设计一等奖
2016年广东省土木建筑学会科学技术奖一等奖

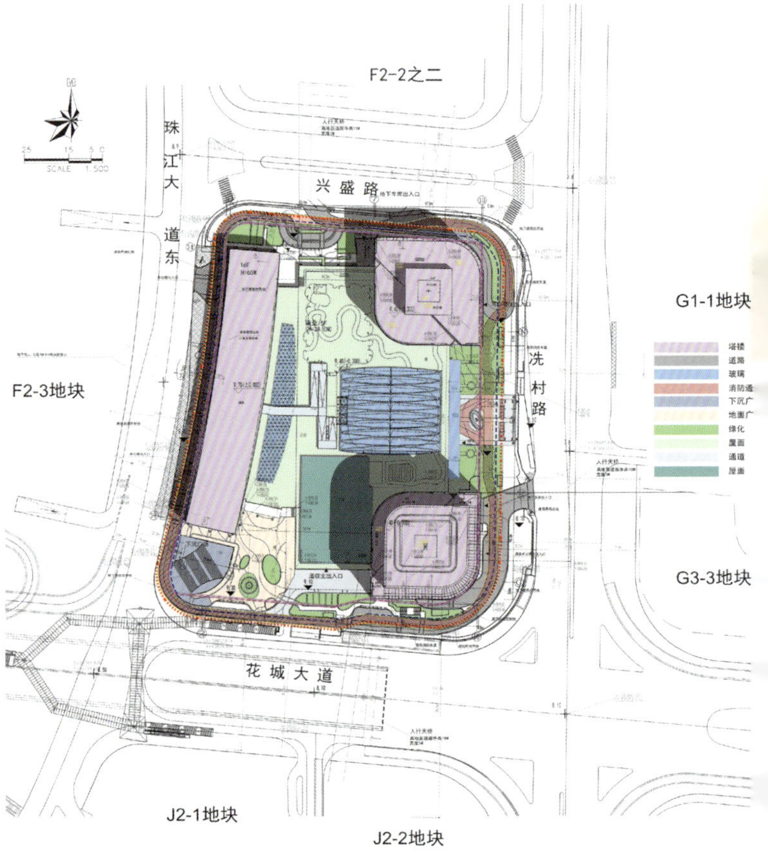

高德置地广场位于广州市天河区珠江新城 CBD 核心地段，主要由三个塔楼及裙楼组成，外观造型简洁大方，俯瞰珠江新城中心轴公园。错落的塔楼能够最大限度地扩大各个塔楼的视野，让三个塔楼从不同角度享受珠江新城中心轴公园的城市绿化。高德置地广场四季商场（Seasons Mall）为珠江新城最大的综合性商业项目，是全亚洲唯一的上百间复式店铺汇聚的商场，也是广州首个艺术文化主题购物中心，是集国际金融、贸易、商业、文娱、酒店、居住为一体的高层商业城市综合体。

GUANGZHOU GRANDVIEW OCEAN WORLD MUSEUM OF BIOLOGY

广州市正佳海洋世界生物馆

项目业主：广州市正佳海洋世界生物馆有限公司
建设地点：广东 广州
建筑功能：商业建筑
改造面积：18 790平方米
设计时间：2015年
项目状态：建成
设计单位：广东省建筑设计研究院岭南建筑设计研究所
主创设计：ACA建筑创作中心
获奖情况：2017年广东省优秀工程勘察设计二等奖
2016年广东省土木建筑学会科学技术奖一等奖

项目位于广州天河正佳商业广场内部西南角2层至4层，该位置原为友谊商店，建设单位拟将其改造为正佳海洋世界生物馆。正佳商业广场原建筑占地57 000平方米，总建筑面积约420 000平方米，地上7层，地下2层（局部3层），需要在2至4层西南部（E分区）修建大型海洋馆，其主缸水深8.5米，中缸水深6.5米，均坐落在二层楼板上。海洋馆改造范围面积为18 790平方米，海洋馆外的商场区域不做改动。项目设计充分考虑建筑消防安全、结构安全、海洋生物养殖工艺、防水技术等多种因素，确保建筑安全使用并顺利运营，是原有商业综合体再开发利用升级的成功案例。

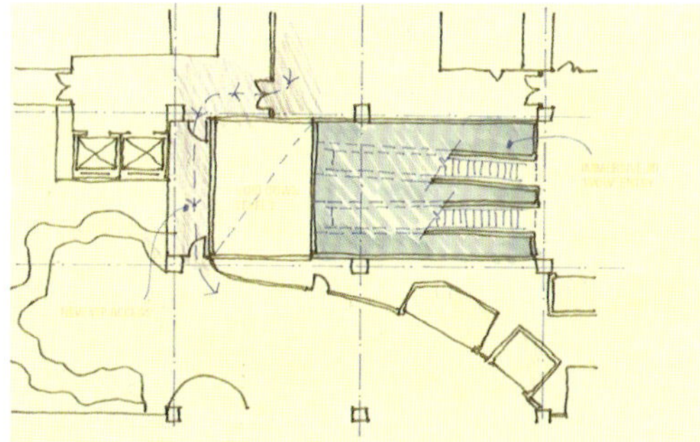

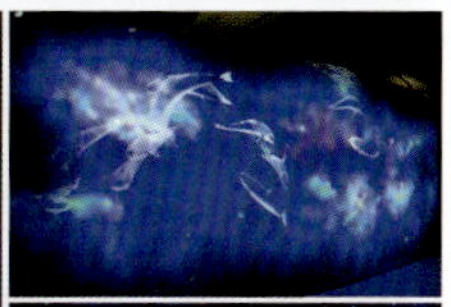

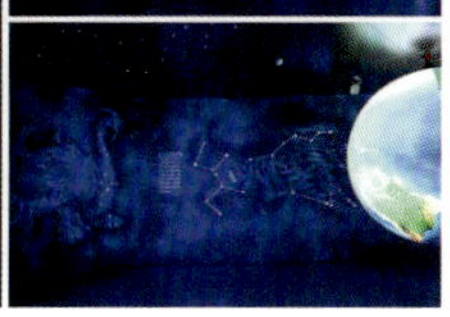

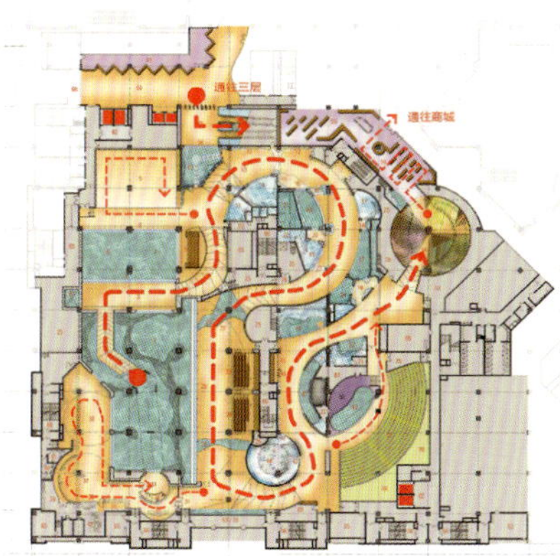

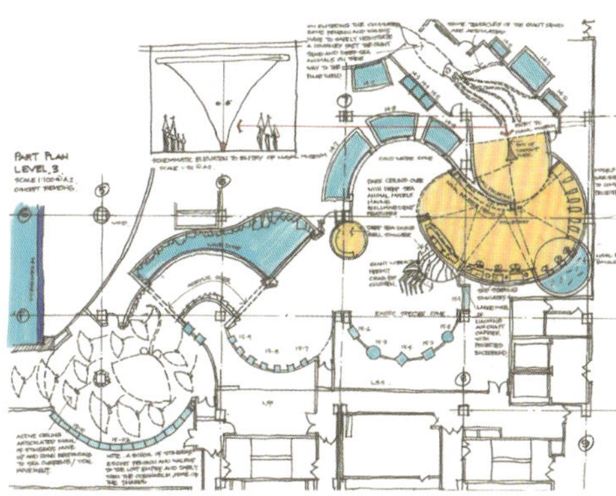

广州市

天河区

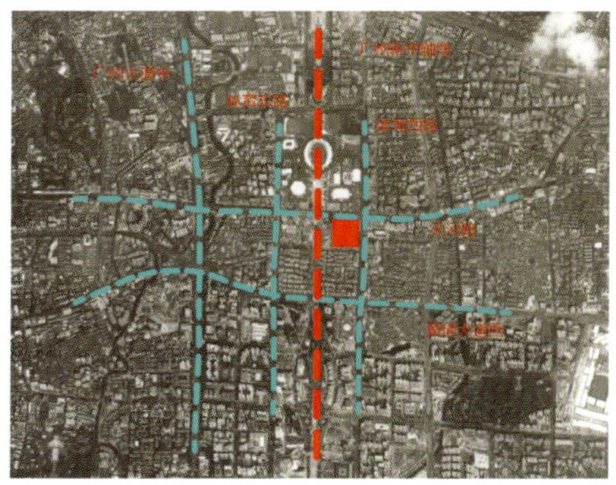

正佳广场

NANNING QINGXIU WANDA PLAZA EAST BLOCK

南宁青秀万达广场东地块

项目业主：南宁青秀万达广场投资有限公司
建设地点：广西 南宁
建筑功能：住宅、办公建筑
用地面积：规划用地面积114 600平方米
东地块用地面积56 200平方米
建筑面积：385 700平方米
设计时间：2012年—2014年
项目状态：建成
设计单位：广东省建筑设计研究院岭南建筑设计研究所
主创设计：ACA建筑创作中心
获奖情况：2017年广东省优秀工程勘察设计奖（科技创新）三等奖

项目由超高层住宅、办公、公寓、底商和地下车库组成。超高层住宅高度为193.2米、办公楼高度为187米。设计注重本身的连续性，建筑形象追求完整协调，营造具有整体文化特色和历史文脉的城市空间环境，塑造南宁住宅项目的标杆和区域标志性建筑群。

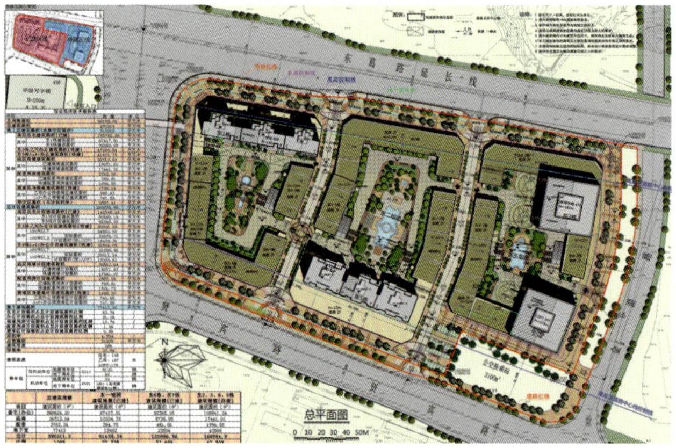

GUANGDONG MODERN ADVERTISING CREATIVE CENTER

广东现代广告创意中心

项目业主：广州美术学院　　建设地点：广东 广州
建筑功能：办公建筑　　用地面积：3 074平方米
建筑面积：58 000平方米　　设计时间：2012年至今
项目状态：在建
设计单位：广东省建筑设计研究院岭南建筑设计研究所
主创设计：ACA建筑创作中心
获奖情况：2016年广东省建筑设计研究院优秀方案二等奖

项目为广东省现代产业500强项目，2012年由工商管理行政总局认定为全国9个国家级广告产业基地之一。建筑高度为69.6米。建筑立面设计时尚而简约，以不同的铝板挂网形成金属外壳，具有粗犷、超现代主义装饰美学特点，形成独特的建筑魅力。设计方案对基地内的岭南画派著名画家关山月旧居进行了完好的保护，同时创造出别开生面的文化空间。

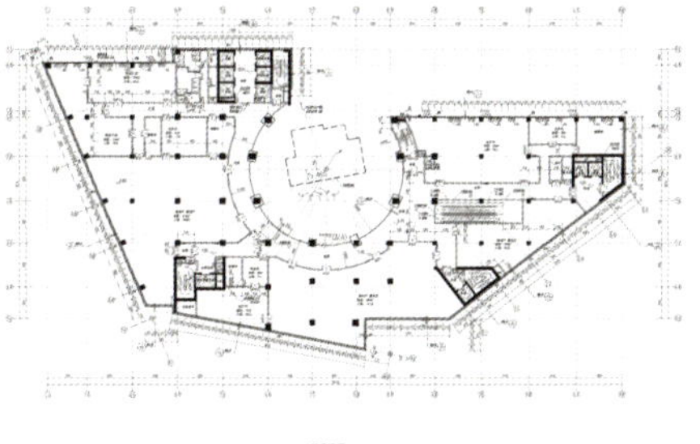

HAIKOU RIVERSIDE COAST

海口滨江海岸

项目业主：海南永业投资有限公司
建设地点：海南 海口
建筑功能：城市综合体、五星级酒店、办公、住宅、公寓
用地面积：73 896平方米
建筑面积：465 000平方米
设计时间：2014年—2017年
项目状态：在建
设计单位：广东省建筑设计研究院岭南建筑设计研究所
主创设计：ACA建筑创作中心

项目根据政府提供的相关配套说明，建设内容包括：

1. 休闲商业步行街：建筑面积4万平方米；
2. 国际标准写字楼：建筑面积5万平方米，层高4米，总高120米；
3. 五星级酒店：建筑面积5万平方米，260间国际标准客房；
4. 产权式酒店：建筑面积5万平方米；
5. 现代风格水景大宅：建筑面积8.4万平方米。

项目整体建筑风格紧扣现代意味和时代特征，同时结合沿海城市的文化特色。既注重空间和造型的高效性，又注重建筑细部对于建筑整体的影响。两栋 120 米高的主体塔楼的设计灵感源于风帆的结构形态，传承了当地的帆船运动和海洋文化。

建筑以抽象的体量再现了风帆的动感和张力，也呼应了环绕基地的水岸。锯齿状的玻璃幕墙板块层层叠叠形成一幅波浪起伏的生动图案，结合金属装饰条钩边，编织出一幅光影交错的都市风景。以活泼统一的建筑语汇和细部表现手法，创造层次丰富的建筑造型，打造一个时尚、生动、有机、和谐、有文化内涵的综合体项目。

HAIYI HOTEL & HAIYI HUATING RESIDENTIAL QUARTER, JIANGMEN

江门海逸酒店及海逸华庭住宅小区

项目业主：江门市外海城市建设综合开发公司
建设地点：广东 江门
建筑功能：酒店、商业、住宅建筑
酒店建筑面积：70 000平方米
住宅建筑面积：200 000平方米
设计时间：2007年—2012年
项目状态：建成
设计单位：广东省建筑设计研究院岭南建筑设计研究所
主创设计：ACA建筑创作中心
获奖情况：2009年中国人居典范评委委员会最佳设计方案金奖
2010年广东省建筑设计研究院优秀方案二等奖

项目包括酒店、住宅楼、配套公建以及少量的沿街商业。酒店共26层，含有250间客房，造型独特，是现代的浪漫主义风格。主体呈东南高、西北低的流线造型，形如高扬的风帆，体现了现代休闲式商务酒店的品位和取向。

住宅共15栋，层数为11至25层。“以人为本”作为设计理念，在“新城市主义”规划理念的基础上，力求创造复合、多元的宜居空间，体现现代休闲居住理念。

夜景效果图 Night view

ARCHITECTS

韩强

职务：加拿大C.P.C.建筑设计顾问有限公司设计总监
职称：高级建筑师

教育背景
1993年—1998年　西北建筑工程学院建筑学学士

个人荣誉
水云间别墅
荣获2002年建设部人居环境金奖
金桥瑞仕花园
荣获2005年人居经典规划、建筑双金奖
　　第六届上海市优秀住宅金奖
上海证大朱家角九间堂西苑别墅
荣获2014年第九届金盘奖年度最佳别墅
武汉融创智谷
荣获2016年第十一届金盘奖华中地区年度最佳产业地产奖

主要设计作品
曹安商贸城
贝越酒店
上海宝华国际广场
证大海口办公楼
证大海口酒店公寓
普陀区549街坊12丘地块
文新传媒谷
证大朱家角西镇F4-3/F4-4b地块酒店
上海证大朱家角九间堂西苑别墅
盛大华夏路B1-8地块办公楼
万科张江中区住宅
上海戏剧学院浦江新校区
邯郸路城市产业综合体
大溪地旅游度假区规划设计
黄石东钢工业遗址保护与开发利用项目
国家方志馆长江分馆
贵安新区绿色金融港总体城市设计及启动区优化设计方案

THE
C.P.C. GROUP
ARCHITECTURE
PLANNING
INTERIOR
LANDSCAPE

地址：上海市北京西路1701号静安中华大厦1401室
电话：021-62884611
传真：021-62884311
网址：www.cpcgroupsh.com
电子邮箱：cpcgroup@cpcgroupsh.com

加拿大C.P.C.建筑设计顾问有限公司（The C.P.C. Group）于1994年在加拿大温哥华成立，致力于为政府及房地产开发商提供城市规划、建筑设计、室内设计、景观设计等全方位的设计服务。The C.P.C. Group在中国已有20多年的项目设计经验，已完成近2 000万平方米的各类建筑设计，项目类型涉及规划、住宅、商业、酒店、办公等，取得了令人瞩目的成就。工程项目遍布上海、北京、天津、重庆、成都、昆明、无锡、苏州、杭州、大连、烟台、太原等十几个国内城市。The C.P.C. Group的作品一直得到业主的认可与好评，并获得了诸多奖项。在2005年由上海社会科学院与《设计新潮》杂志共同举办的评选活动中被评为民用建筑设计市场外资及境外设计企业排名第6位。

国际化设计团队

The C.P.C. Group拥有以北美为代表的境外设计师和国内的优秀设计师，其中35人拥有中级及以上职称。公司采用分级管理制度，以项目经理、项目负责人作为公司的行政管理骨架；以总建筑师、主创建筑师作为公司的技术管理骨架；以行政与技术并重的方式进行管理。公司将加拿大先进的设计理念融入项目，并保证高水平的设计及技术质量。作为活跃于中国本土市场的外国设计公司，The C.P.C. Group设计师具备丰富的设计及施工选材经验，确保项目顺利完成并获得成功。设计团队核心即总设计师、项目负责人及主创设计师，可为客户提供及时、高效的服务。

国际合作

The C.P.C. Group与亚瑟·埃里克森事务所、黑川纪章事务所以及加拿大CMHC在城市规划、公共文化建筑及诸多高端设计项目以及可持续发展研究方面有长期的交流及合作，公司拥有多领域的加拿大技术后盾，可根据项目要求组成专项设计团队，为客户提供最为专业的服务。

业务范围

The C.P.C. Group业务涵盖城市规划、高端住宅设计、商业项目策划设计、公共建筑设计、景观设计、室内设计等众多领域。

服务开发商

The C.P.C. Group已为众多国内大型开发商提供过设计服务，其中有万科房产、大华集团、金地集团、中海地产、绿地集团、中华企业、证大集团、浦发集团、城建集团、城开集团、苏州新创等。The C.P.C. Group能够提供独特的设计构思和更为全面、专业的设计服务，将会有更多的作品在中国建成。

HEFEI LENOVO TALENT APARTMENT

合肥联想人才公寓

项目业主：联想（北京）有限公司
建设地点：安徽 合肥
建筑功能：居住建筑
用地面积：77 986平方米
建筑面积：193 407平方米
设计时间：2012年
项目状态：方案
设计单位：加拿大C.P.C.建筑设计顾问有限公司
设计团队：韩强、石磊、Matthew Mander

项目的设计理念结合了“企业小镇”这个概念，社区的开发侧重于独立的企业或工业。“创意园区”这一概念意味着赋有灵活性及互动性的设计，有助于鼓励人们的创造性与想象力。创造性的设计是为了缓和原有建筑风格所带来的约束感，从而为联想公司的“联想家”们提供生活空间，并激发他们的创造和发明能力。

围绕着“社区化”这一概念，无论从物质形态还是社会环境的角度出发，建筑空间人性化的设计功能需满足：居住、工作、娱乐、购物及一站式服务这些要求。围绕着“可持续性”这一概念，代表了区域内所有的建筑都应将环境保护这一因素考虑在内。上述概念可以延伸到“企业形象”这一要素，设计将会成为联想公司展示其公司文化和理念的平台。

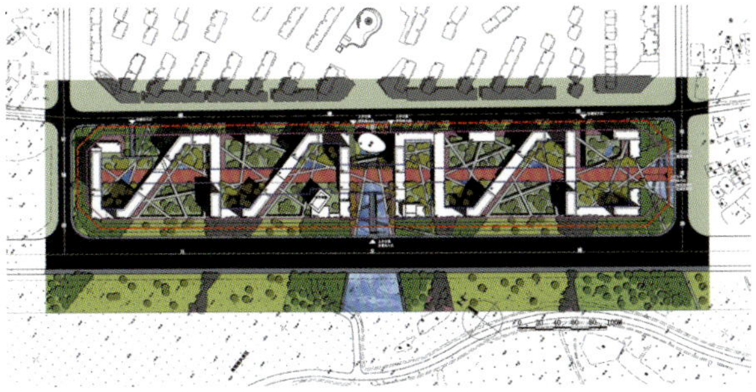

总平面图

沿街立面图

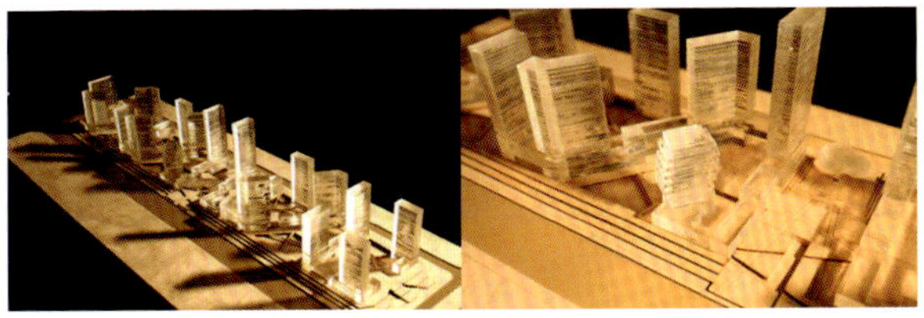

模型图

SHANGHAI ZHENGDA ZHUJIAJIAO NINE TEMPLES XIYUAN VILLA

上海证大朱家角九间堂西苑别墅

项目业主：证大三角洲置业有限公司
建设地点：上海
建筑功能：别墅
用地面积：24 000平方米
建筑面积：21 000平方米
设计时间：2009年
项目状态：建成
设计单位：加拿大C.P.C.建筑设计顾问有限公司
设计团队：邱江、韩强

项目位于紧邻上海的水乡古镇朱家角。朱家角是距离上海最近的传统水乡古镇，在当下的发展中已经融入了许多现代而又具有人文气息的新功能和新生活。设计的总体指导思想是将新生活和传统相互融合，发扬和传承江南水乡建筑传统的精髓。

1. 以西镇项目总体规划及策划为基础，延续朱家角江南古镇特色肌理和建筑文脉，营造“自然和谐，生态宜居”的新中式低密度居住环境。
2. 传承江南传统村落鱼骨状结构，以朱家角民居院落为空间特色，营造空间层次丰富、风格鲜明的院落别墅群。
3. 强调江南水乡小镇的景观规划特点，引入天然河水，演绎中国江南水乡风格的古典园林精神，塑造丰富、变幻、生动而醇美的空间与景致。
4. 户型设计引入“中庭花园”等院落空间，强调空间的递进感，推崇中式人居生活方式。

SHANGHAI BAOHUA INTERNATIONAL PLAZA

上海宝华国际广场

项目业主：上海宝华企业集团有限公司
建设地点：上海
建筑功能：商业、办公建筑
用地面积：15 000平方米
建筑面积：56 000平方米
设计时间：2008年
项目状态：建成
设计单位：加拿大C.P.C.建筑设计顾问有限公司
设计团队：韩强、Lisandro Ardusso

项目位于上海市闸北区，紧邻大宁绿地。项目由一幢100米高的办公楼和六幢独栋多层办公及商业楼组成。

简洁的建筑体量不仅仅能够保证办公空间功效，对于建筑节能、降低运行成本也有着明显的优势。建筑立面则通过不同反射率的玻璃和金属板的组合，勾画出一幅抽象、浪漫的云形图案，彰显办公塔楼的现代气息。

独栋的小型办公楼则为宝华总部提供了舒适的办公场所，多变的体型创造了灵活的室内空间和大面积的室外露台，可以饱览南面大宁绿地公园。整个项目在城市尺度上为大宁绿地公园提供了含蓄且有标志性的背景。通过建筑设计为办公塔楼提供高效而丰富的空间，为总部办公楼提供舒适、灵活的环境，为大宁绿地周边创造了一个优雅的建筑群。

WUHAN SUNAC WISDOM VALLEY

武汉融创智谷

项目业主：融科智地房地产股份有限公司
建设地点：湖北 武汉
建筑功能：办公建筑
用地面积：202 108平方米
建筑面积：349 690 平方米
设计时间：2013年
项目状态：在建（一期建成）
设计单位：加拿大C.P.C.建筑设计顾问有限公司
设计团队：韩强、王园、翁立佳

项目旨在为创意科研产业提供符合行业发展趋势的新型产业园区。通过对新型办公模式、城市发展、园区外部环境、可持续发展四方面的研究，提出了园区建筑规划设计的三个概念。

概念一：“云智慧”——新型办公模式

“云智慧”是指将大量资源个体通过互联网组成一种动态的、易扩展的虚拟化资源的思维方式。此释义符合企业总部办公、打造产业集群的概念。

概念二：“都市属性”——城市发展

项目位于武汉市中心城区，区别于传统产业园项目位置较偏的特点，突出项目的都市属性。本项目可成为城市发展的重要节点，将带动周边的区域发展。

概念三：“公园”——办公园区内、外部环境

项目有园有湖，公园式办公体验，超越一般生态、公园式办公体验。

深度思考公园（代表自然要素）与办公（代表人文要素）的相互关系，提出规划布局：“在公园中建办公室”，建筑设计：“把办公室设计成公园”，从而实现人与自然、社会与生态环境的平衡及和谐共生。

融创智谷

ZHUBO DESIGN
筑|博|设|计

杨 晋

职务： 筑博设计股份有限公司高级副总裁、副总建筑师
筑博城市建筑设计公司总经理

职称： 高级工程师
国家一级注册建筑师

教育背景

西北建筑工程学院学士
北京大学光华管理学院EMBA

工作经历

1992年—1994年　甘肃省建筑勘察设计院
1994年—1996年　深圳建筑设计研究总院
1996年至今　筑博设计股份有限公司

个人荣誉

中国建筑学会资深会员
深圳市住建局建筑设计专家库专家
东莞市建筑工程专家库专家
2012年深圳土木建筑协会“十佳中青年技术精英”
2017年深圳市优秀装配式建筑设计师
2018年深圳市杰出青年建筑师

主要设计作品

深圳京基滨河时代广场　深圳天安云谷一期
东莞长安万科中心　广州富力东山新天地广场
长沙保利国际广场　东莞酷派天安云谷
深圳华强广场　三亚海棠之星一期
鹤山十里方圆　鹤山十里方圆小学
鹤山十里方圆幼儿园　深圳中海鹿丹村项目
深圳万科惠州双月湾二期　深圳安托山万科臻山府
深圳万科梦享家系列　深圳万科金域九悦花园
深圳万科公园里花园三期、四期　深圳万科麓城
深圳万科沙井上星　深圳万科蛇口渔一村旧改项目
武汉首地塔子湖项目　西安天地源·兰亭坊
西安天地源·丹轩坊　三亚土福湾福湾一号

作品获奖情况

深圳京基滨河时代广场
荣获2017年全国优秀工程勘察设计行业奖建筑工程公建二等奖
2017年广东省优秀工程勘察设计评选（公共建筑）二等奖
2016年第十七届深圳市优秀工程勘察设计评选（公共建筑）一等奖
2015年深圳注册建筑师协会首届深圳建筑创作奖建成类银奖

深圳天安云谷一期
荣获2017年全国优秀工程勘察设计行业奖建筑工程公建三等奖
2017年广东省优秀工程勘察设计评选（公共建筑）二等奖
2016年第十七届深圳市优秀工程勘察设计评选（公共建筑）一等奖

中海鹿丹名苑
荣获2018年中国土木工程詹天佑优秀住宅小区金奖

东莞长安万科中心
荣获2017年第三届深圳建筑创作奖已建成项目三等奖
2014年东莞市优秀勘察设计评选建筑工程设计项目二等奖
2014年第十六届深圳市优秀勘察设计评选优秀公共及工业建筑设计三等奖

长沙保利国际广场
荣获2017年广东省优秀工程勘察设计奖评选公共建筑类三等奖
2016年第十七届深圳市优秀工程勘察设计评选公建二等奖

金地威新09地块（金地中心）
荣获2018年深圳注册建筑师协会第四届建筑创作奖（施工图类）金奖

深圳万科沙井上星
住宅地块：荣获2018年深圳注册建筑师协会第四届建筑创作奖（未建成类）金奖
公建地块：荣获2018年深圳注册建筑师协会第四届建筑创作奖（未建成类）银奖

东莞酷派天安云谷
荣获2017年第三届深圳建筑创作奖未建成项目二等奖

深圳万科惠州双月湾二期
荣获2017年广东省优秀工程勘察设计评选住宅与住宅小区三等奖
2016年第十七届深圳市优秀工程勘察设计评选（住宅建筑）二等奖
2015年深圳注册建筑师协会首届深圳建筑创作奖建成类铜奖

深圳万科金域九悦花园
荣获2017年第三届深圳建筑创作奖已建成项目三等奖
2016年第十七届深圳市优秀工程勘察设计评选住宅二等奖

鹤山十里方圆销售中心
荣获2012年广东省岭南特色规划与建筑设计评优岭南特色建筑设计铜奖
2010年第十四届深圳市优秀工程勘察设计评选（公共建筑）二等奖

鹤山十里方圆住宅
荣获2010年第十四届深圳市优秀工程勘察设计评选（住宅建筑）三等奖

鹤山十里方圆小学
荣获2012年第十五届深圳市优秀工程勘察设计公共建筑类二等奖

鹤山十里方圆幼儿园
荣获2012年第十五届深圳市优秀工程勘察设计公共建筑类三等奖

地址： 深圳市福田区车公庙泰然六路雪松大厦B座5-6层
总机： 0755-83238818
传真： 0755-83239818
市场部： 0755-83321696
网址： www.zhubo.com
电子邮箱： hr@zhubo.com

筑博设计股份有限公司成立于1996年，2012年正式改制为股份制公司，是具有建筑设计甲级资质、城市规划甲级资质、市政（道路、桥梁、给水工程）乙级资质和风景园林乙级资质的综合设计机构，会聚专业技术及管理人才1 800余人，其中25%人员拥有中高级职称、国家一级注册建筑师、国家一级注册结构工程师、国家注册规划师、国家注册公用设备工程师、国家注册电气工程师、国家注册造价工程师共150余人。

公司现为中国勘察设计协会理事单位、深圳市城市规划学会常任理事单位、深圳市勘察设计行业协会副会长单位。一直以来，公司致力于打造设计全产业链与建筑技术开发综合解决方案服务商，业务范围涵盖了城市规划、建筑工程、建筑智能化、室内装饰、风景园林、照明工程、设计咨询。

公司的战略是以深圳总部为核心辐射全国，在北京、上海、重庆、西安、佛山、武汉、成都等地拥有分支机构，形成总部—区域公司一体化的管理模式。根据市场及专业特点进行专业化细分，设置城市规划、城市综合体、度假酒店、办公建筑、医疗建筑、文教体育建筑、居住建筑、绿色建筑、BIM技术、工厂化住宅、建筑智能化、室内设计等专业部门和机构，并配备经验丰富的精英设计团队。公司设计的项目覆盖全国30个省级行政区100个地级市，得到了社会各界的好评，并多次获奖，多个项目成为颇具影响力的精品工程。

SHENZHEN KINGKEY TIMEMARK PLAZA

深圳京基滨河时代广场

项目业主：深圳市京基房地产开发有限公司
建设地点：广东 深圳
建筑功能：商业、办公、酒店、商务公寓、住宅综合体建筑
用地面积：其中03-01地块建设用地面积为25 165平方米
　　　　　03-02 地块建设用地面积为14 165平方米
建筑面积：其中03-01总建筑面积为374 045平方米
　　　　　03-02总建筑面积为153 400平方米
设计时间：2011年—2013年
项目状态：已建
设计单位：筑博设计股份有限公司
设计团队：杨为众、杨晋、曾小飞、钟锦招、郑潜程、徐新伟、赵雪峰、李强、黄曙光、朱旭、姜殿儒、刘旭佳、邹国华

设计理念：将商业空间向城市开放，形成一些能和周边发生关联的城市开放广场，并将这些城市广场进行巧妙串联，形成一条具有穿越体验的城市商业内街。它将给片区提供一个高质量的城市公共空间， 同时能更好地激发商业活力， 聚集更多商业人流。

技术难点：为了秉承结构作为装饰的设计理念，建筑内部没有过多的渲染。花园里简单的绿植装饰，从室内透过无规则的窗户能够欣赏花园的绿意盎然，同时会有移步换景的感觉。然而，从街道看，花园里的树枝犹如“红杏出墙”，趣味横生。

技术创新：城市商业内街设计塑造了一种城市开放空间，使建筑具有城市性、社会性。更重要的是，这些空间不仅给人提供了购物的场所，还提供了人与人之间交流和休息的空间，提供了一种生活方式和交流途径。它是联系各商业体的一条纽带。下沉广场的设置，形成商业节点，聚集商业人气。中庭的设置，使人们在建筑中的行走变成一种不断流动的认识过程，增加空间的趣味性。空中连廊的引入，巧妙地利用水平的交通元素来解决道路带来的空间距离问题，有效地增强了地块间的商业联系。

SHENZHEN TIANAN CLOUD PARK PHASE 1

深圳天安云谷一期

项目业主：深圳天安骏业投资发展有限公司
建设地点：广东 深圳
建筑功能：产业研发用房、商业建筑
用地面积：27 378平方米
建筑面积：289 339平方米
设计时间：2012年—2014年
项目状态：已建
设计单位：筑博设计股份有限公司
设计团队：杨晋、靳克之、张实、徐新伟、龚少越、朱美霞、杨慧来、余中平、黄雪超、朱旭、吴少光、姜殿儒、谢波

深圳天安云谷一期项目位于深圳市龙岗区坂雪岗科技城内，是坂雪岗科技城的“率先启动示范项目”、深圳市产业升级示范与城市更新示范项目和深圳市十二五规划重大规划建设项目。

项目由4座塔楼、4层裙房、3层地下车库组成，容积率为7.6。由于本项目容积率较高，设计力求将高容积率转化为高聚集性，将两个地块通过一个巨型的跨街“云平台”相连，并结合“云带”“主街”“共享”等创新设计理念，使园区底层连成一整片共享“云空间”。园区内人群从工作空间下降到“云空间”进行散步、交流、参观、午餐、健身等活动时，都拥有一整片的“云”，从而在建筑规划层面上达到了不重复建设，高度体现“云计算”的共享精神。

YANGJIANG POLY & SHUNFENG BUNLOS SECRET LAND

阳江保利顺峰北洛秘境

项目业主：保利集团、顺峰集团　　建设地点：广东 阳江
建筑功能：商务公寓、别墅、商业综合体建筑
用地面积：总规划用地面积：237 490平方米　　其中一期用地：63 388平方米
建筑面积：一期总建筑面积：180 807平方米
其中商务公寓：15 1352平方米
别墅：8 150平方米
商业：3 065平方米
设计时间：2015年—2017年　　项目状态：一期已建
设计单位：筑博设计股份有限公司
设计团队：杨晋、陈伟平、陆芳莹、伏亚力、周曙光、李霄、张靖、余颖、孟凯、陈靖敏
获奖情况：第十三届金盘奖全国最佳旅游度假区奖
首届深圳建筑创作奖铜奖

保利顺峰北洛秘境项目位于广东省阳江市海陵岛南端，南临海湾，北靠山丘，自然环境优美，犹如阳江的世外桃源。项目是由保利集团和顺峰集团联手开发的高端楼盘，以酒店反租的形式运营，吸引了一大批游客前往度假，成为当地的“网红”度假圣地。

北洛秘境项目是以高层公寓和度假别墅为主，配套有会所、商业、高档餐厅、玩海中心等一系列设施。项目分两期开发，目前一期项目已经投入使用，建设内容为公寓式酒店、别墅、地下车库及商业服务配套设施。

规划轴线关系

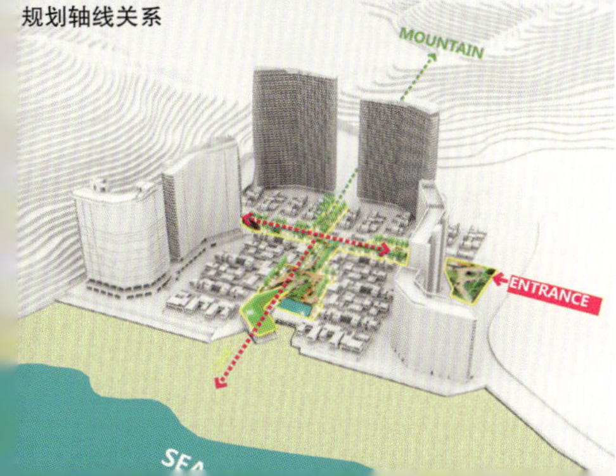

规划组团关系

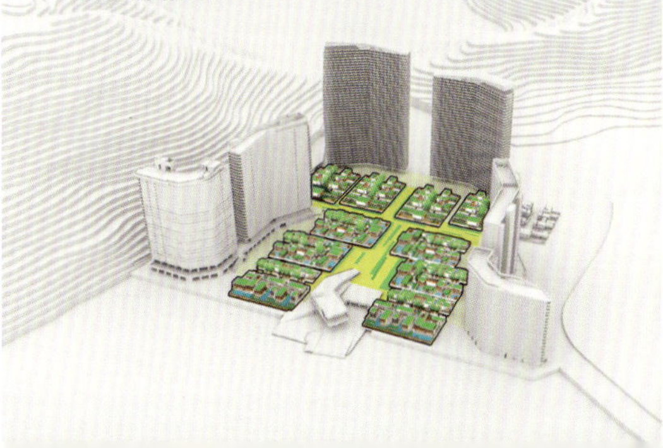

别墅空间关系

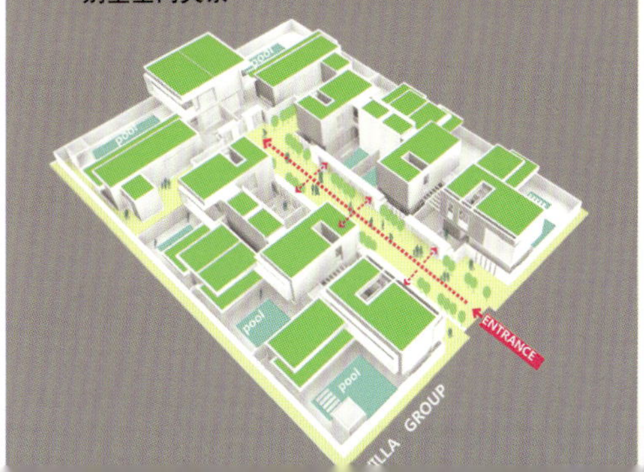

会所空间关系

SHENZHEN VANKE HUIZHOU SHUANGYUE BAY PHASE II

深圳万科惠州双月湾二期

项目业主：深圳万科房地产有限公司
建设地点：广东 惠州
建筑功能：住宅建筑
用地面积：1 136 000平方米
建筑面积：1 298 800平方米
设计时间：2015年—2017年
项目状态：已建
设计单位：筑博设计股份有限公司
设计团队：杨晋、周剑、靳克之、陈书敏、陈皓、周亚亮、游霞、龙浩、史硕、苏永恒、黄凯熙、刘勇智、林丽锋、刘勇、黄勇、吴万玲、许丰、汤凯峰、陈立民、曹天德、蔡锦晨、史霄、陈荛堂、陈星蒨、刘会琴、边志虎、毕铭月、詹晓波、刘旭佳、杨九申

由筑博设计股份有限公司进行总体规划、建筑方案及施工图设计的万科双月湾项目，位于广东省惠州市，包含了高层住宅、高层公寓、多层住宅、低层住宅、星级酒店、低层商业及小区配套设施等。这一新型的复合型滨海度假社区以其前瞻性的规划理念与产品理念为双月湾注入了新的活力，使其成为粤港澳大湾区理想的家庭第二居所。

项目位于惠东双月湾半岛，三面环海，岛上自然人文景观丰富多彩，是一个绝佳的海滨度假胜地。因此，从项目周边社区的调研与现状开始，业主与设计师达成了一致的规划目标——打造一处全新的滨海度假目的地，让度假与生活融为一体。

SHENZHEN VANKE DREAM HOME SERIES

深圳万科梦享家系列

项目业主：深圳万科房地产有限公司　　建设地点：广东 深圳
建筑功能：住宅建筑　　设计时间：2013年—2018年
设计单位：筑博设计股份有限公司
设计团队：杨晋、郑潜程、陈书敏、焦践、陈莉、曾小飞、陈皓、田媛、陈曦、张晋、廖星、蓝素芬、姜威、陈靖敏、何柳维

万科梦享家1.0系列 运用标准化定型产品，同时开发多个项目。率先以模数化、标准化、精细化、性能化设计的理念，满足工业化施工要求，在快速开发建设中保证项目品质。先后建成公园里三期、四期，金域揽峰花园，金域领峰花园，金域九悦花园，嘉悦山花园等项目。1.0产品系列的落地，为装配式建筑大规模落地带来了跨跃式的发展，是住宅产业化阶段的新突破。

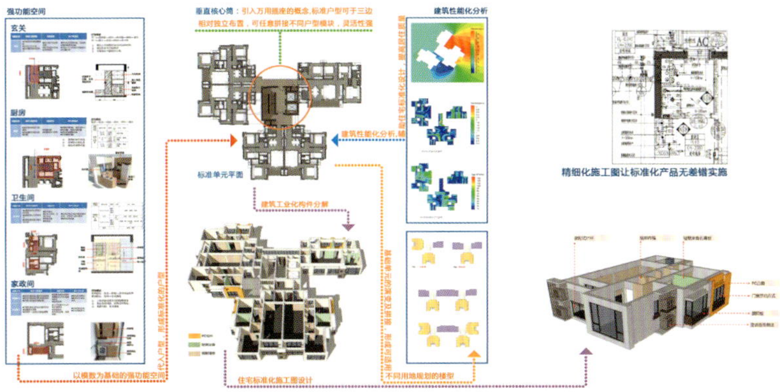

万科麓城

万科公园里三期、四期

万科金域九悦花园

万科嘉悦山花园

万科梦享家2.0系列 继1.0系列后的升级产品。住宅部分高层、超高层塔楼全部达到深圳装配式建筑认定要求。预制外墙板、预制楼梯、预制阳台、预制内墙板、高精度地坪、铝膜板施工等工业化做法全面覆盖所有塔楼。在装配式预制构件设计中，从超高层结构体系、构造做法防水节点、室内空间使用多维度优化设计，将产品功能与预制构件更好地结合起来。2.0产品系列，亦从城市——社区——产品三个层面全面细致推敲设计，在产品定型上，设计品质也有较大的提升。

土建装修一体化设计

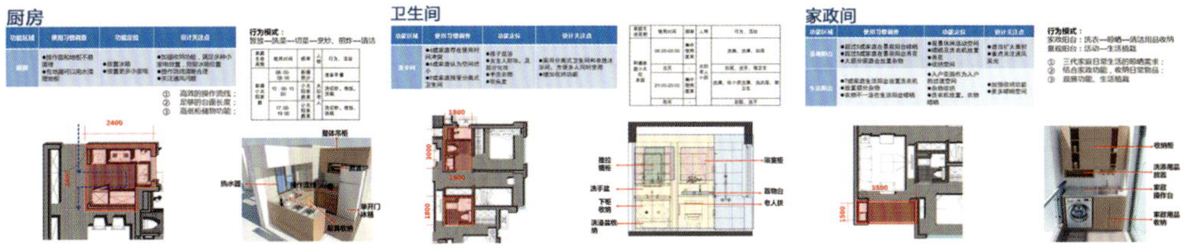

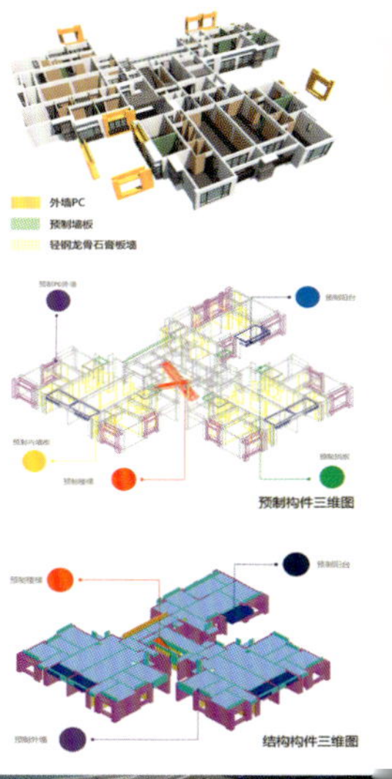

精细化回家流线

万科沙井上星

万科麓山国际

万科和风轩住宅

GUANGZHOU R&F YANGJI NEW WORLD PLAZA

广州富力杨箕新天地

项目业主：广州富力地产股份有限公司　　　建设地点：广东 广州
建筑功能：商业、办公、酒店、商务公寓、住宅综合体建筑
用地面积：44 288平方米
建筑面积：260 272平方米
设计时间：2011年
项目状态：已建
设计单位：筑博设计股份有限公司
设计团队：杨晋、郑潜程、曾小飞、钟锦招、刘湘宁、陈丽莎、洪晗

广州富力杨箕新天地位于广州市越秀区与天河区的交界处，临广州大道。该项目为超大型建筑综合体，集办公、公寓、商业、住宅、大型地下停车场于一体。整个项目分为四个地块，地块三为42层的办公楼，高179米；地块四为两栋高110米的34层公寓和一栋高159米的47层住宅楼；地块五为高173米的47层住宅楼；地块六为3层的售楼处。项目针对用地狭长、分散、容积率高的基地特征，采用线性布局来强调与周边的良好关系。办公楼采用板式平面提高使用率，同时拥有较大的景观延展面，布局上通过东西方向的错动减弱对还迁住宅的压迫感，同时在东北侧形成尺度良好的城市广场。

办公塔楼设计角部采用化整为零的策略，既减小了高容积率的建筑体量对街道产生的压迫感，又使建筑形体更轻盈，体量更挺拔。办公主塔作为本区地标，形象追求独特性，体量处理上通过折面的语言来形成一种简洁、有力的造型。住宅和公寓以同样手法呼应，形成和谐统一的群造型。立面风格简约中蕴含丰富，统一中不失对比。住宅和公寓用地打造一条商业内街，同时与办公和会所用地形成连续的商业界面。

HESHAN SHILI FINELAND SALES CENTER

鹤山十里方圆销售中心

项目业主：方圆地产控股有限公司
建设地点：广东 鹤山
建筑功能：住宅、商业建筑
用地面积：1 864平方米
建筑面积：5 890平方米
设计时间：2007年—2009年
项目状态：已建
设计单位：筑博设计股份有限公司
设计团队：杨晋、马镇炎、周祖寿、龙浩、禹平、樊锐、刘汉元、袁少宁、密建平

鹤山十里方圆销售中心是鹤山项目一期中的一个子项，该子项位于项目一期的主要入口地段，位置优越。在项目设计上充分营造一个开放的空间环境，北面倚山，三面环水，一层设亲水平台，中式的建筑风格，是该项目一期的一大亮点。

本子项设计在营造内部和外部空间环境上独具匠心，结构采用大跨度、大悬挑的设计，为建筑的空间设计提供支持。建筑在内外材料选择上精心细致，木结构和钢结构相得益彰的结构运用，为建筑添彩。

胡陈华

职务：中信建筑设计研究总院有限公司第六设计院总建筑师
职称：正高级建筑师

教育背景
1996年—2000年　四川大学建筑学学士
2003年—2007年　华中科技大学建筑学硕士

工作经历
2001年至今　中信建筑设计研究总院有限公司

主要设计作品

武汉天河机场交通中心	
新疆博乐全民健身中心和文化艺术中心	
莫桑比克国家体育场	荣获2011年湖北省勘察设计行业优秀建筑工程设计一等奖
韩城机场航站楼	
福建沙县体育公园	
武汉国博D区规划设计	
金银湖协和医院	
武汉市第八医院迁建项目	
武汉市儿童医院手术综合楼	荣获2011年全国优秀工程勘察设计行业建筑工程设计三等奖
烽火通信研发中心	
江汉大学小球馆	
天津中国石油大厦	
嘉顺国际大厦	
恒融商务中心	

中信设计
CADI

地址：武汉市四唯路8号
电话：02-82732804
网址：www.cadi.citic

中信建筑设计研究总院有限公司（原武汉市建筑设计院）是一家国际化大型跨国企业集团，设有规划研究院，是从事城镇规划、设计和科研的专业机构，主要业务有城镇总体规划、城镇概念规划及城市设计、城镇控制性规划及修建性详细规划、综合居住社区规划、高等院校规划等。可以承担不同类型的公共建筑、工业建筑项目设计，尤其是在行政办公、体育、医院、会展、酒店、文化、商业、教育、超高层建筑等类型项目上形成了具有丰富设计经验的设计团队。

JINYINHU CONCORD HOSPITAL

金银湖协和医院

建设地点：湖北 武汉　　建筑功能：医疗建筑
床位数量：1 200个　　用地面积：93 400平方米
建筑面积：130 700平方米　　设计时间：2016年—2018年
项目状态：在建
设计单位：中信建筑设计研究总院有限公司
主创设计：胡陈华、廖维霁、夏尼

项目设计理念为“传承百年协和文化、打造新型绿色医院”。体现以人为本、以健康为本，通过建筑的组合形成多个绿色空间，景观环境通过连廊及建筑的穿插渗透到室内，形成通透流动的绿色宜人就医环境。

项目打造以老年医学、康复保健诊疗为主导的“大专科，小综合”的现代新型医院。方案立足于国际先进的医疗理念，在结合中国国情的同时，引进具有前瞻性的老年医学及康复医学，打造集综合医院、老年医学、康复医疗为一体的现代化医疗综合体。

建筑造型采用正统的英式古典复兴建筑风格，与协和医院深厚的历史底蕴相呼应。项目完成后，将满足医疗资源共享、生命抢救体系共享、教科研一体化共享、物流共享、能源中心共享等多重共享体系的达成。

WUHAN TIANHE AIRPORT TRANSPORTATION CENTER

武汉天河机场交通中心

建设地点：湖北 武汉
建筑功能：交通建筑
用地面积：105 000 平方米
建筑面积：297 000 平方米
设计时间：2013年—2015年
项目状态：建成
设计单位：中信建筑设计研究总院有限公司
主创设计：胡陈华、夏尼、廖维雳

机场交通中心项目是建设一个将航空、城际铁路、城市轨道交通、长途客运、公交、出租车、社会车辆等多种交通方式融为一体、换乘便捷的综合交通枢纽。项目的建设，有利于最大限度发挥武汉天河机场的客运吞吐能力，解决多种交通工具的换乘对接，发展临空经济区经济，促进武汉城市圈的建设和发展。

项目围绕机场近、远期航站楼布局，将武汉天河机场交通中心建设成为安全高效、方便舒适、配套完善的综合交通服务中心。融入现代建筑设计理念，将本项目打造成建筑形态鲜明、与机场整体景观环境相呼应、体现地域文化特色和中部地区对外交流门户形象特征的标志性建筑，提升武汉天河机场地域形象。

设计中整个建筑屋顶造型像一只翩翩飞舞的蝴蝶，玻璃屋面采用层层逐级抬高的形式，十分具有动感，与T3航站楼一起形成了“蝶飞凤舞，层层高飞”的美好形象。整个屋面形体简洁，通过具有动感的弧形玻璃屋面与T3航站楼相互呼应，使整个建筑群形成一个有机整体。

KENGEE 仟吉

XINJIANG BOLE NATIONAL FITNESS CENTER AND CULTURE AND ARTS CENTER

新疆博乐全民健身中心和文化艺术中心

建设地点：新疆 博乐
建筑功能：文化建筑
用地面积：122 000平方米
建筑面积：111 000 平方米
设计时间：2012年—2014年
项目状态：建成
设计单位：中信建筑设计研究总院有限公司
主创设计：胡陈华、夏尼、廖维雳

根据城市的性格和基地的特质提炼出一个设计母题“山水石趣——体验式的建筑群落”。

所谓山水是建筑对周边环境的呼应，提炼出狮子山的“硬朗”属性与博南湖的“柔和”属性，再通过建筑的语言表达出来：游泳馆棱角分明的造型寓意为山，“S”形的建筑形态象征着河流；椭圆形体育馆和艺术中心的方形体块犹如点缀在河中的趣石，二者有机地结合在一起，可谓刚柔并济。项目设计山水皆有，石趣盎然，场地绿化丰富，同时很好地与建筑形体相呼应，达到建筑与场地的协调统一。

项目提出另一个重要的概念“体验式的建筑群落”，现代的文体活动中心应该成为市民自由活动和交流的开放平台，设计应该更加注重建筑功能与空间的体验性，于是将“体验式的建筑群落”分为两个部分来阐述，从而形成全天候的生活体验与步移景异的场地体验。

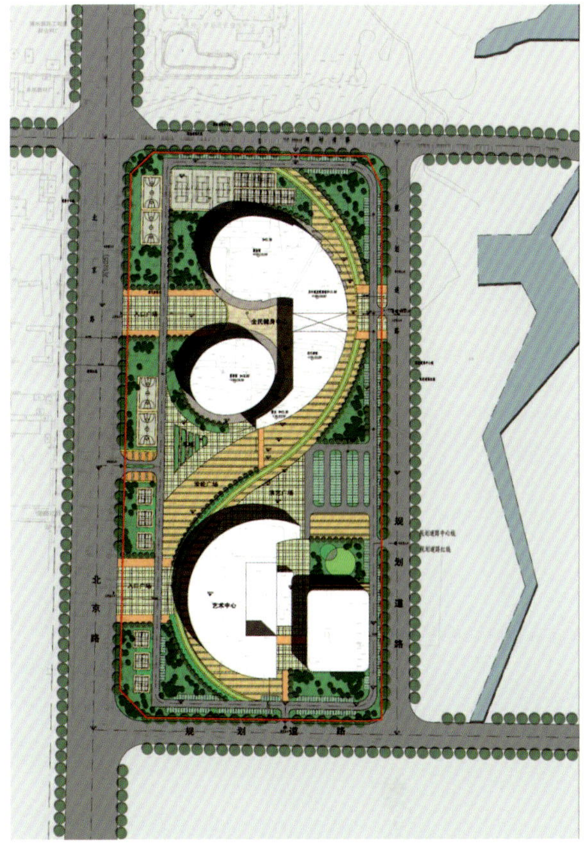

总平面图

HANCHENG AIRPORT TERMINAL BUILDING

韩城机场航站楼

建设地点：陕西 韩城　建筑功能：交通建筑
用地面积：62 150平方米　建筑面积：53 000平方米
设计时间：2017年　项目状态：在建
设计单位：中信建筑设计研究总院有限公司
主创设计：胡陈华、范旭东、夏尼、廖维雳

项目设计可满足9个C类飞机机位（其中2个为C类飞机和D类飞机的组合机位）的停放要求。

设计采用“T”字形，两层式布局，一层为进港层，二层为出港层，进出港旅客全过程分流。航站楼前广场和城际铁路站前广场统一规划，通过地下教堂中心，将航空、城铁、汽车三者有机联系，实现无缝换乘，提高各公共交通门户的服务质量。

方案设计主题为“龙门·飞渡”。韩城古称“龙门”，历史悠久、文化深厚，是中华文明重要发祥地之一，唐代著名大诗人李白以“黄河西来决昆仑，咆哮万里触龙门”的诗句赞美龙门的壮丽景色。方案采古城元建之遗风，取龙门飞渡之绝景，将自然景观与人文历史相结合，采用抽象提炼的手法提取元代古建中的斗拱、挑檐、歇山式等中式元素，融入到创作中，塑造出富有当地特色和时代面貌的新时代建筑。

PLANNING AND DESIGN OF WUHAN GUOBO AREA D

武汉国博D区规划设计

建设地点：湖北 武汉
建筑功能：居住建筑
用地面积：583 800平方米
建筑面积：1 975 800 平方米
设计时间：2016年
项目状态：在建
设计单位：中信建筑设计研究总院有限公司
主创设计：胡陈华、廖维雳、蒋梦青

项目规划设计结合地形特点和交通条件，着力营造连续的绿色空间，形成一条景观绿道，1个结构核心，4个活力小镇组团以及6个高层组团的结构形式，项目将打造成为武汉最有潜力的居住生态示范区。

规划特色是以TOD公共交通为设计导向的城市模式。设计有一条生态绿道，用以组织人们日常居住和生活，这一核心轴与地铁站点等公共交通有着非常便捷的联系，强调内部支线公共交通系统、自行车系统、步行系统的规划，采用“安宁交通”的措施为人们提供多种可供选择的出行方式，倡导绿色生态低碳的健康生活方式。

同时，在基地中创造尺度宜人的城市地块、交通等级清晰的街道，打造小规模街块，增加组团级道路，加强道路的疏解能力，形成可步行城市区块，增加城市活力，打造开放街区生活，形成次街区和社区感。规划中强调城市视线通廊，并形成丰富变化的城市天际线。

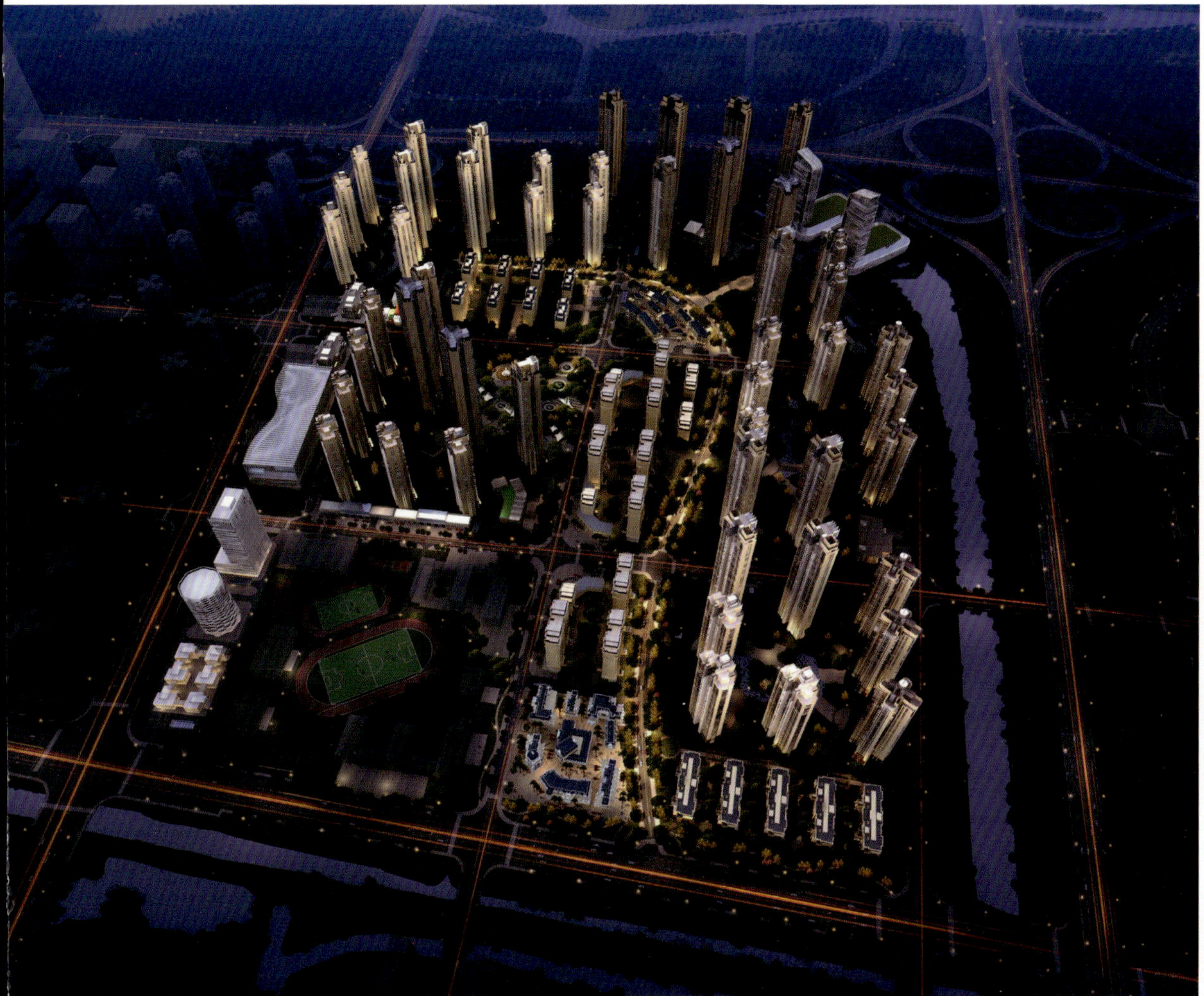

ARCHITECTS

江春

职务：上海江欢成建筑设计有限公司总经理、设计总监
职称：国家一级注册建筑师
香港注册建筑师
英国皇家注册建筑师

教育背景
1992年　同济大学建筑学学士

工作经历
1992年—1994年　上海民用建筑设计研究院
1994年—1995年　奥雅纳伦敦总部
英国伦敦Troughton Mcaslan Ltd
英国伦敦理查德·罗杰斯事务所
1996年—1999年　诺曼·福斯特及合伙人事务所（伦敦）
诺曼·福斯特（香港）有限公司
1999年—2000年　综汇建筑设计事务所（香港）
2000年—2010年　英国RMJM香港有限公司
2010年至今　上海江欢成建筑设计有限公司

个人荣誉
上海雅诗阁衡山服务公寓
荣获2017年全国优秀工程勘察设计行业奖优秀建筑工程设计三等奖
2017年上海市优秀工程设计一等奖
上海浦东商务中心
荣获2017年上海市优秀工程设计三等奖

主要设计作品

高层办公建筑
苏州东方之门
厦门世侨中心
上海外高桥保税区浦东商务中心+自贸广场
济南中建锦绣城商业办公

总部研发大楼
丽江斐讯大数据中心
上海招商银行总部大楼
张江中星微电子产业大楼
上海科技绿洲飞利浦总部及研发中心
招商银行成都金融后援中心

公共建筑
南京国际健康城研发培训服务中心
梅州市全域旅游服务中心
印尼雅加达电视塔
深圳大学城图书馆及行政管理中心
河湖治理研究基地
蒙古乌兰巴托体委综合楼

城市综合体
贵阳保利国际广场综合体
金鹰江宁凤凰港
马鞍山金鹰商业综合体
上海奉城商业中心
绿色天际线·碧桂园·森林城市地标建筑

规划设计
洛阳关圣文化产业园中央活力区项目
江阴高新区金鹰项目
无锡惠山高力地块项目
武汉世茂锦绣长江

建筑思想及实践
建筑是人与人、人与自然、人与神（精神世界）之间关系的物理表现。设计师在长达26年的建筑设计实践中，对为人而设计这一概念有了越来越深切的体会。早期对外形执着，如今会越来越从使用者的角度来看问题，大到城市设计项目，小到室内设计。
自然光、流动的空气、风景，是江春的设计中最宝贵的元素，如何将这些元素在空间的虚实平衡中、在造型的刚柔并济中最大化地利用好，才是设计品质的最好体现。材料朴实自然，而不是靠奢华材料的堆砌。
20世纪90年代在英国高技派建筑代表的诺曼·福斯特以及理查德·罗杰斯公司的工作经验使得江春获益匪浅，他的设计也深受影响，建筑对他来说不仅仅是艺术、是一件雕塑作品，而是工程技术与艺术的结合体，工程到了极致也成了艺术。建筑师必须对结构设计、机电设计都有充分的理解，才能将工程和建筑艺术完美结合起来。

江欢成建筑设计有限公司

地址：上海市静安区裕通路100号2602室
邮编：200070
电话：021-32525400
传真：021-32525418
网址：www.jiangs.com.cn
电子邮箱：jc@jiangs.com.cn

JAE介绍：
上海江欢成建筑设计有限公司（简称JAE），是以中国工程院江欢成院士命名并主持的建筑设计公司，具有建筑工程设计综合甲级资质。
公司前身是华东建筑设计院东方明珠设计组，设计了上海东方明珠电视塔，并担任浦东金茂大厦的设计顾问。
2010年，曾任职国际著名设计公司设计总监的江春先生加入JAE，作为英国及香港的注册建筑师，目前担任公司总经理及设计总监。在他的带领下，公司全力打造国际化的质量、专业化的服务，注重原创设计，主张以设计创新、服务优质为立身之本，追求“技术+艺术”的完美结合。
自1998年成立以来，JAE完成了不少优秀的建筑作品，项目以技术含量高的公建为主，尤其擅长于高层、超高层、综合体建筑。公司目前拥有80余名富有才华的员工，技术力量雄厚，主营业务为建筑、结构及机电设计。
近年来，公司完成的项目主要有220米高的陆家嘴中融碧玉蓝天办公楼、上海静安国际中心、上海嘉兆嘉御庭、上海思南公馆、113米高的厦门世侨中心、包头会展中心、三亚凤凰岛国际养生度假中心、松江斐讯总部研发基地等建筑精品。558米高的印尼雅加达电视塔已完成了设计和桩基、基坑施工。
公司与境外一流设计事务所也有长期合作关系。结构咨询及优化更是公司的长项之一。

SUZHOU ORIENTAL GATE

苏州东方之门

项目业主：天地集团
建筑功能：酒店、酒店式公寓、办公、商场
设计时间：2002年—2004年
设计单位：英国RMJM香港有限公司
建设地点：江苏 苏州
建筑面积：463 000平方米
项目状态：建成
主创设计：江春

东方的哲学是二元化的，用双塔来代表再合适不过。二元化的建筑语言贯穿了整个设计，柔美雄壮并存的形体、正面和侧面不同的幕墙处理、下分上合的建筑平面、既分且合的内外庭院……不一而足。不同于以往的超高层塔楼，东方之门的塔身到处可以找到舒展的曲线，门洞、侧立面，甚至于剖面都是由同样的曲线定义的。当人们仰视东方之门时，这种曲线的运用使得大楼融入天际，几何透视的原理让大楼也显得比实际高度更高，更加轻盈。该曲线不是随意的，而是可以用方程式来代表的椭圆曲线，下宽上窄的平面设计充分利用了湖景的价值，工程上也更利于整体结构的稳定。塔顶玻璃穹顶下总统套房的苏州园林、裙房内的冈多拉小船设计也都是东方之门的首创。

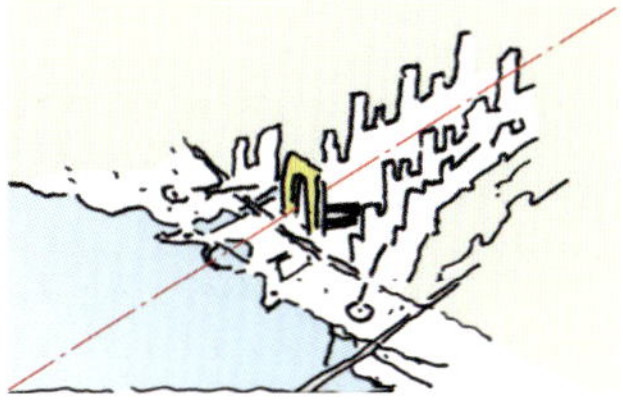

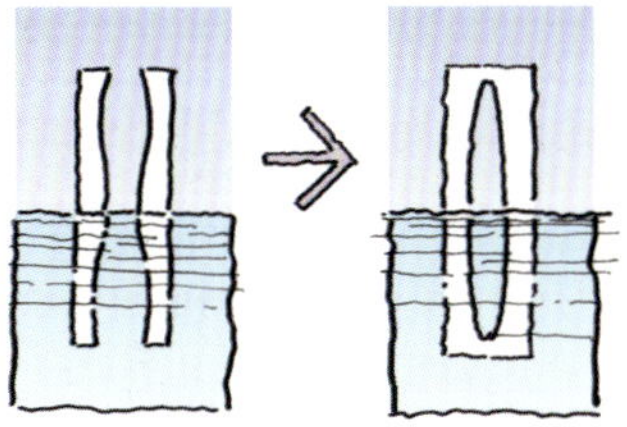

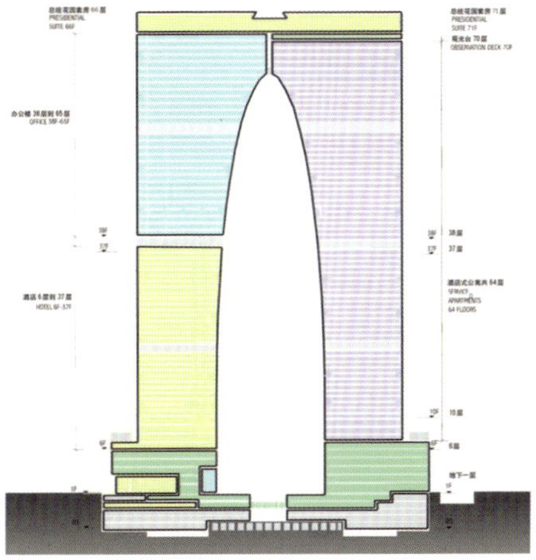

剖面图

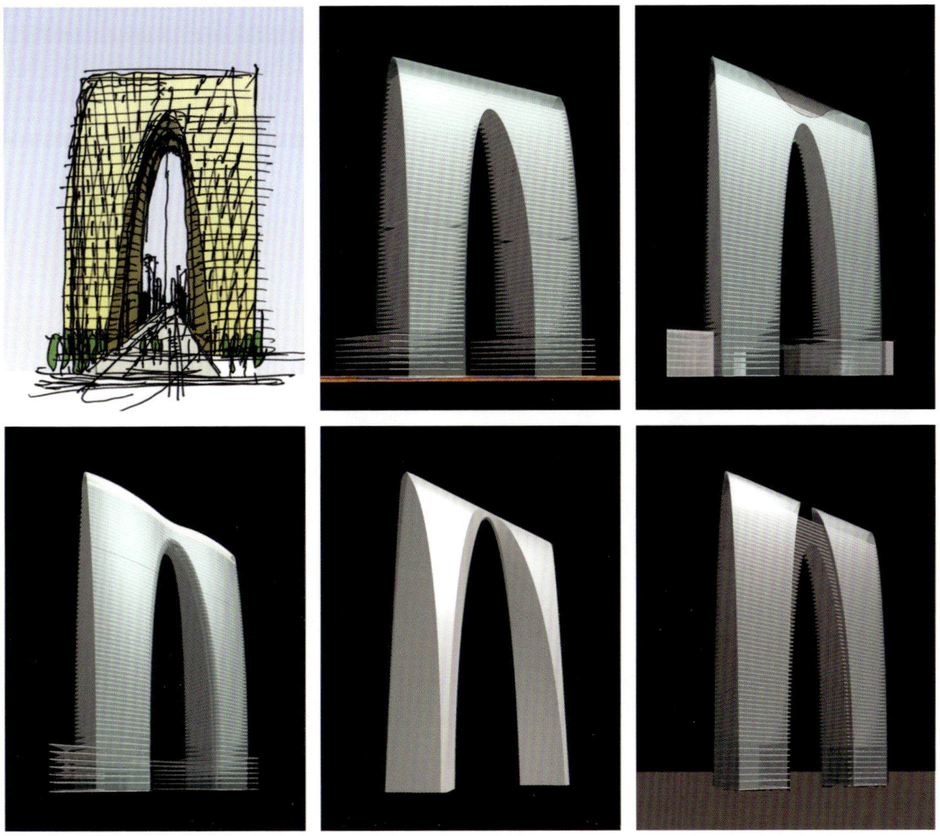

建筑形式演变图

XIAMEN SHIQIAO CENTER

厦门世侨中心

项目业主：厦门三江实业集团有限公司　建设地点：福建 厦门
建筑功能：办公建筑　建筑面积：50 000平方米
设计时间：2011年—2015年
项目状态：建成
设计单位：上海江欢成建筑设计有限公司
主创设计：江春
获奖情况：2014年中国钢结构金奖（中国建筑金属结构协会）

厦门世侨中心的设计集中体现了技术与艺术的完美统一，力与美的和谐。

项目位于厦门岛西南侧的思明区内，与鼓浪屿隔海相望。本案为113米的高层办公楼，地下4层，地上共23层。由于标准层平面偏小，遂决定将结构体系外露，一来增加平面的使用率，二来利用结构构件自然形成外立面。

本项目结构系统为筒中筒的全钢结构，外筒采用4层高的六边形钢结构蜂窝为标准立面单元，充满东方韵味的六边形的玻璃幕墙系统。既是立面构件又是结构构件，楼内再无其他结构构件。蜂窝形钢构单元外包不锈钢或铝合金面板，高出玻璃幕墙450毫米，起到遮阳作用，也增加了外立面的立体感。本建筑立面简洁而有力度，充分体现了功能与形式的统一，不追求刹那的时尚，只追求永恒的经典。

建筑底层幕墙收进3米，配合外立面由上而下的结构，自然形成了建筑入口，又充分呼应闽南骑楼的建筑文化。

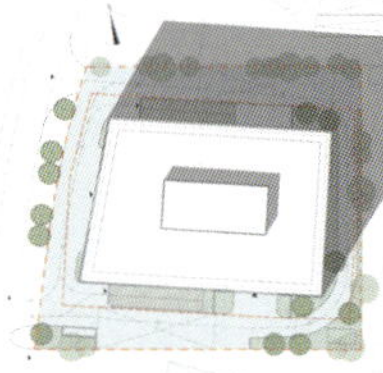

总平面图

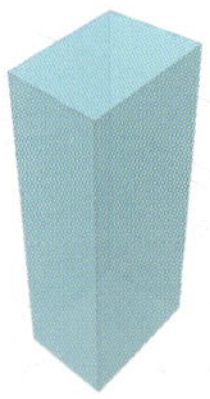

基地狭小，标准层面积仅1 500平方米

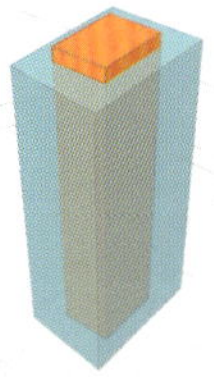

普通框筒结构，核心筒大，标准层实用率低

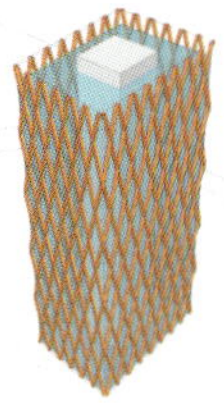

将抗侧力结构外移至表皮，提高结构效率和平面实用率，钢网自然形成建筑外立面

SHANGHAI WAIGAOQIAO BONDED AREA PUDONG BUSINESS CENTER AND FREE TRADE PLAZA

上海外高桥保税区浦东商务中心+自贸广场

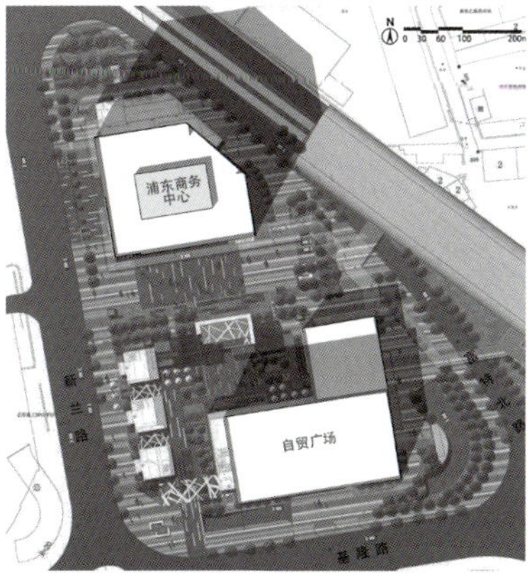

项目业主：宝矿控股
建设地点：上海
建筑功能：办公、商业建筑
建筑面积：177 000平方米
设计时间：2013年—2016年
项目状态：建成
设计单位：上海江欢成建筑设计有限公司
主创设计：江春
获奖情况：2017年上海市优秀工程设计三等奖

这个项目地处外高桥保税区的中心区域，管委会大楼就在项目对面。整个区域的建筑相对密集，缺少公共绿化休闲空间。这个项目拥有两栋办公楼，高度分别为238米和90米，地块东侧又紧邻城市轻轨站点。于是设计师把两栋塔楼和车站之间交会的广场设计成下沉式绿化庭院，在庭院四周布置几间餐厅， 希望这片小小的城市绿洲能让附近办公楼里的人有一处放松的空间。

接手这个项目时，项目是个烂尾楼，地库已建，平面的一半是个椭圆形。为了提高办公塔楼的实用性，设计师把主楼设计成了矩形平面，并运用了精湛的结构改造能力，对地库已建部分进行了改造设计以及加桩和加固处理。

两栋办公塔楼造型规整大气，设计师通过立面虚实变化的咬合处理，使得大楼挺拔而富有节奏，彰显品质感。

LIJIANG PHICOMM DATA CENTER

丽江斐讯大数据中心

项目业主：上海斐讯数据通信技术有限公司
建设地点：云南 丽江
建筑功能：产业园、培训建筑
建筑面积：200 000平方米
设计时间：2017年
项目状态：在建
设计单位：上海江欢成建筑设计有限公司
主创设计：江春

如何将大数据这个面向未来的产业和丽江的青山绿水融合起来？这是设计师对这个项目的第一个思考。传统的思路是将偌大一个建筑分而藏之，但设计师反其道而行，选择以大方的姿态将其架空漂浮在草坡之上。未来的大数据产业不同于传统的工业，为了凸显其未来感，设计师将16万平方米的大数据中心设计成叠合的两个回形大方盒，以七根巨柱将其托离地面，尽量保留原有坡地的地形，方盒中央留有两个80米见方的天井，让阳光洒落到草坡上。方盒子长宽各约200米，表面用银白色铝管作出细密的肌理，略微虚化巨大的墙体。远远望去，其巨型体量如同两片白云漂浮在山坡之上。这样的设计在山地工程上的好处就是大大减少了挖土的土方量，也减少了对自然的破坏。

NANJING HEALTHY CITY THOMAS INTERNATIONAL SCHOOL

南京健康城托马斯国际学校

项目业主：南京国际健康城投资发展有限公司
建筑功能：教育建筑
设计时间：2017年
设计单位：上海江欢成建筑设计有限公司

建设地点：江苏 南京
建筑面积：80 000平方米
项目状态：方案
主创设计：江春

本项目需要在54 000平方米的场地上放置中小学共12个年级以及幼儿园、宿舍楼，还要提供体育馆、操场等充足的室内外活动场地，是个极具挑战的任务。传统排排坐的总体布局占地较大，空间比较呆板，楼与楼之间的沟通也有局限。因此设计师借鉴了中国传统的庭院格局，将中小学部设计为"品"字形的三个中庭院落，群落中心再与带玻璃顶的主入口大厅和大礼堂相连。

项目的第二个挑战是被分开的场地，本就不大的场地被一条城市道路分成南北两块。从安保及方便使用的角度出发，设计一条地下通道穿过城市道路来连接两个地块，解决了人车分流，使得两个地块平时对外只需设一个人行主出入口，有利安保。

立面设计上也令设计师颇费了些心思。学校位于江北新区国际健康城的核心区域，根据城市设计要求，该区域的建筑颜色大多数是砖墙色，设计师将传统的砖墙色墙面做了三维的凹凸处理，既塑造了活泼形象，又提供了有效的遮阳。同时将实验室等与科技相关的空间做成玻璃体块，和砖墙互相咬合，凸显托马斯学校的现代与传统相结合的科技教学特色。

MEIZHOU GLOBAL TOURISM SERVICE CENTER

梅州市全域旅游服务中心

项目业主：梅州市旅游发展中心
建设地点：广东 梅州
建筑功能：文旅建筑
建筑面积：11 200平方米
设计时间：2017年
项目状态：方案
设计单位：上海江欢成建筑设计有限公司
主创设计：江春

梅州是个人杰地灵的山水城市，有着丰富的客家文化资源。因此，设计师希望能通过建筑来展现这两方面的优势，为当地创作一个旅游服务中心。恰好项目选址就在梁氏逸夫楼的一侧，而这座逸夫楼正是受保护的典型客家围龙屋。于是，设计师以和历史“对话”的方式设计了一座地景式建筑：拥有新月形平面的建筑呈半圆锥状从地面缓缓升起，以环抱的姿态和梁氏逸夫楼形成一阴一阳的太极两仪，充分展现现代和历史的和谐共存。

面朝逸夫楼的部分是装饰有客家纹饰遮阳板的大玻璃墙，背对逸夫楼的是大片从地面上升起的弧形草坡，绿色草坡象征着梅州绿色的山峦，草坡上飞起两片挑檐形成面对停车场的主入口和采光墙面。 整个造型利落，又略带现代化的张扬。 另外，整个游客中心被一条弧形长廊分为两部分，这条长廊如同围龙屋中的天井，起到通风采光的作用。

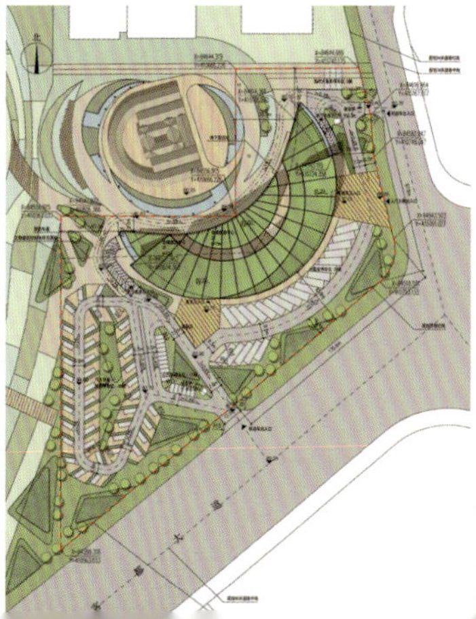

ZHANGJIANG ZHONGXING MICRO-ELECTRONIC INDUSTRY BUILDING

张江中星微电子产业大楼

项目业主：上海中星微高科技有限公司
建设地点：上海
建筑功能：办公建筑
建筑面积：84 000平方米
设计时间：2013年—2017年
项目状态：建成
设计单位：上海江欢成建筑设计有限公司
主创设计：江春

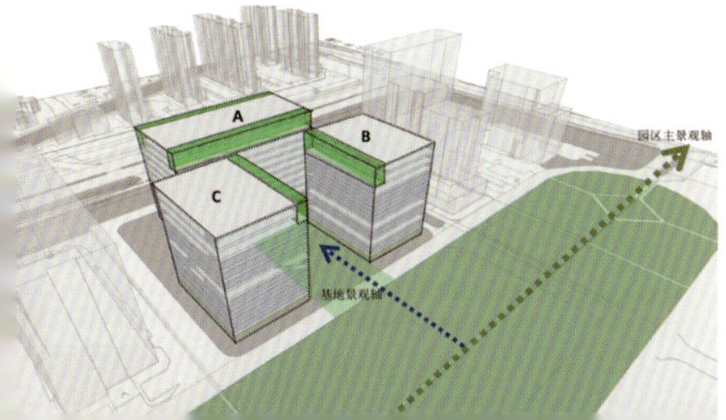

中星微电子产业大楼用地南北长、东西短，西临城市干道，东侧是一片规划中的集中绿地，用地面积颇为紧张。设计师致力于在地块中央打造一片庭院，为研发基地的脑力劳动者们提供一片放松精神的绿洲。于是，总体布局上出现了三栋呈“品”字形布置的办公楼，向东侧绿地开口，形成绿意盎然的一个庭院。沿庭院四周设计了一圈风雨廊，既能作为下车后到达每栋楼的引导，又是三栋楼的联系纽带。

三栋楼的立面也围绕这个庭院展开，内柔外刚。对外的立面采用干挂石材，打造竖向线条。对内的立面采用横向线条的玻璃幕墙，巧妙利用玻璃面的互相反射起到扩大内庭院的效果。

三栋大楼顶层内退，形成一个大阳台，和地面的庭院相互呼应，作为偷闲的好去处。阳台饰以紫铜色的边框，给大楼增添一丝暖意。

靳天倚

职务：北京维拓时代建筑设计股份有限公司
公建事业部总经理
职称：高级工程师
国家一级注册建筑师

教育背景
1994年—1999年　北京工业大学建筑学学士

工作经历
1999年至今　北京维拓时代建筑设计股份有限公司

专业领域
商业建筑、办公建筑、居住建筑

主要设计作品
北京瑞辰大厦
荣获2012年中国纺织勘察设计协会优秀工程设计一等奖
博润商业改扩建工程
荣获2010年中国纺织勘察设计协会优秀工程设计二等奖
龙湖花盛香醍
荣获2010年中国纺织勘察设计协会优秀工程设计二等奖
西双版纳大渡岗
荣获2013年中国建筑设计创作奖银奖
2014年中国纺织勘察设计协会优秀工程设计一等奖
2015年全国优秀工程设计一等奖
北京市第十八届优秀工程设计一等奖
旭辉御锦　荣获2016年全国纺织行业部级优秀工程二等奖
龙湖天璞　荣获2016年精瑞科学技术奖可持续社区奖

邸威

职务：北京维拓时代建筑设计股份有限公司
医疗养老事业部总经理
职称：高级建筑师

教育背景
1997年—2002年　大连理工大学建筑学学士

工作经历
2002年至今　北京维拓时代建筑设计股份有限公司

专业领域
养老住区、老年人照料设施、老年康复医疗设施

主要设计作品
香悦四季住宅小区一二期住宅及会所
荣获2012年中国纺织勘察设计协会优秀工程设计一等奖
合众人寿沈阳泗水养老养生综合体
荣获2014年最佳人居养老养生范例奖
新绎上水颐园养老社区
合众人寿合肥健康谷综合护理楼
新奥集团廊坊养老社区
大连一方天鹅湖养老公寓及护理院、康复医院
首厚康健红景天著长者公寓
天房天津滨海新区护理院及养老院
华润南宁五象新区CCRC持续照护社区
燕达国际健康城金色年华养护中心二期

岳兵

职务：北京维拓时代建筑设计股份有限公司
第二建筑事业部总经理
副总建筑师
职称：国家一级注册建筑师

教育背景
1995年—2000年　哈尔滨工业大学建筑学学士
2000年—2003年　哈尔滨工业大学建筑学硕士

工作经历
2003年至今　北京维拓时代建筑设计股份有限公司

专业领域
公共建筑、居住建筑、养老建筑

主要设计作品
沧州体育馆
荣获2010年中国纺织勘察设计协会优秀工程设计一等奖
2012年中国勘察设计协会全国民营企业优秀工程设计华彩奖
东方太阳城
荣获2011年精瑞科学技术奖绿色养老住区先锋奖
葫芦岛体育中心
荣获首都第十七届城市规划建筑设计汇报展优秀方案奖
2013年精瑞科学技术奖建筑设计优秀奖
2014年中国纺织勘察设计协会优秀工程设计一等奖
合众人寿沈阳泗水养老养生综合体
荣获2014年精瑞科学技术奖最佳人居养老养生综合体
沧州体育场

公司地址：北京市朝阳区八里庄南里3号楼
公司总机：010-85281188
传真电话：010-65956171
电子邮箱：bjvtjz@vtjz.com
营销中心：010-65015536
传真电话：010-65955263
电子邮箱：yueshuying@vtjz.com

北京维拓时代建筑设计股份有限公司始建于1979 年，自2001年改制为股份制企业以来，公司发展秉承以市场需求为导向的原则，在传承维新的基础上，大胆开拓市场，鼓励原创作品的创新实践，历经十余年的发展，维拓已经成为国内最具活力和影响力的大型民营设计机构之一。

维拓具有建筑甲级、轻纺行业甲级设计资质及工程咨询甲级、工程总承包资质。作为一家全国性设计机构，维拓年施工图设计1 000万平方米，有员工1 000余人，其中相关国家注册建筑师100余人。公司下设公共建筑、文旅人居、医疗养老、创新产业四大产品事业部及结构、设备、电气三大专业事业部，另设规划、BIM、绿建三大中心，形成矩阵式科学管理架构，并在湖南、安徽、上海等省市设有分支机构。业务范围涵盖建筑设计、工程咨询、建筑装饰和室内设计、工程监理、工程总承包、金融投资等多个方面。

长期以来，维拓人贯彻“换位、沟通、创新、求精”的设计方针，不断实现产品的设计创新与价值的共赢。在设计管理方面，维拓遵循“追求一流设计，确保质量第一”的方针，严格保障设计质量；在技术研发方面，维拓投入大量人力、物力，每年进行数十项的创新技术课题研究，并通过实践应用；而在行业促进方面，维拓不断通过互换资源、战略合作等多种方式，进行全产业链的资源整合，构建全流程设计服务平台，力图通过一体化解决方案为客户带来优质的服务。

DADUGANG VILLA, XISHUANGBANNA

西双版纳大渡岗别墅

项目业主：首创集团
建筑功能：旅馆建筑
建筑面积：17 155平方米
项目状态：建成
设计单位：北京维拓时代建筑设计股份有限公司
主创设计：靳天倚、王大宇
参与设计：刘毅、马进中、刘东艳

建设地点：云南 西双版纳
用地面积：43 250平方米
设计时间：2010年

项目的建筑形式顺应当地传统的建筑风格，发掘当地传统建筑的优点并加以保留与发展；建筑局部以吊脚楼的形式架空，既体现了地域建筑的特点，又很好地保护了周边环境景观，实现人与自然和谐共处。在建筑风貌统一的前提下，局部建筑单体设计中加入少量体量变化以及材质与色彩的变化。以西双版纳地区的风情为切入点，在研究当地的民俗风情、小乘佛教、热带雨林、野生动物等基础上，设计出具有强烈地域文化的区内人文景观。

LONGFOR TIANPU COMMUNITY

龙湖天璞

项目业主：龙湖地产
建设地点：北京
建筑功能：居住建筑
用地面积：22 200平方米
建筑面积：63 534平方米
设计时间：2015年
项目状态：建成
设计单位：北京维拓时代建筑设计股份有限公司
主创设计：靳天倚、王红
参与设计：谢龙宝、张少凯、龚丽娟、李春敏、马茜、孙宝红、王高、华显阳

项目为龙湖产品体系内的第一个小高层豪宅，名曰“天璞”。整个小区由10栋小高层组成，项目选择“公园造居”的理念，把建筑“栽种”在公园中，将阳光和自然最大限度引进每一套居所，以轻奢的记忆标准追求住居的艺术性。

本项目为全国“高端品质绿色建筑三星级+LEED金级双认证”建筑，迎合客户对“低碳、绿色、环保”建筑的渴求，以绿色建筑整体低碳设计提高项目的购买诉求度和品质。

GERMAN VOLKSWAGEN ASIA-PACIFIC HEADQUARTERS (FORMERLY SUN PALACE BAISHENG)

德国大众亚太总部（原太阳宫百盛）

项目业主：中融国际信托有限公司
建设地点：北京
建筑功能：办公建筑
建筑面积：63 000平方米
设计时间：2017年
项目状态：建成
设计单位：北京维拓时代建筑设计股份有限公司
主创设计：靳天倚、郭讯
参与设计：马秋妍、毕晓燕、李海阔、张攀明

项目位于北京北三环与京承高速交叉处，交通可达性及沿街展示面条件优越。原为百盛购物中心，平面方正、层高较高。百盛由于经营不善被金融机构收购，整体改造为高档办公楼。设计对于商业及办公价值区域做预先分析与判断，综合考虑景观、展示面、通风采光、合理办公进深等各因素，确定在平面中心切割出通高中庭，并对称新建两组电梯厅以满足后期的使用。项目建成后将作为德国大众亚太总部使用，集展示、对外推广、研发及办公为一体。

YANDA INTERNATIONAL HEALTH CITY GOLDEN AGE CONSERVATION CENTER PHASE II

燕达国际健康城金色年华养护中心二期

项目业主：燕达地产集团
建筑功能：养老建筑
设计时间：2015年
项目状态：建成
设计单位：北京维拓时代建筑设计股份有限公司
主创设计：邸威、李祥云
参与设计：李然、杜晓旭、邢晓曦

建设地点：河北 燕郊
建筑规模：300 000平方米
竣工时间：2018年

项目为大型医养结合CCRC（持续照料退休社区），是北京市向河北省疏解养老服务及产业功能的重点项目。建筑由三级甲等医院、康复中心、长者护理中心、活力长者公寓及其配套的各类生活、文娱、体育健康服务功能所构成。

二期工程是在燕达国际医院及养护中心一期的基础上，对项目整体产业链条及服务业态的完善与延续。二期在一期“医、护”基础上，形成“医、康、护、健、养”全程服务链，设计延续园区整体规划框架，创造区内“中央服务公园”，为长者提供便捷的配套服务设施。

设计结合项目CCRC社区独特的运营与服务模式，打造与之相契合的规划形态与产品类型。该项目为规划、土建、精装、景观、弱电一体化设计总承包项目，设计过程中各专业通力配合，使项目在最终投入使用，并达到良好效果。

HONGJINGTIANZHU ELDER APARTMENT, SHOUHOU KANGJIAN

首厚康健红景天著长者公寓

项目业主：首厚康健（北京）养老有限公司
建设地点：北京
建筑功能：养老建筑
建筑面积：30 000平方米
设计时间：2016年
竣工时间：2018年
项目状态：建成
设计单位：北京维拓时代建筑设计股份有限公司
主创设计：邸威、李祥云
参与设计：李然、刘亦婷、杜晓旭、沈艾

项目为城市既有建筑改造工程，原建筑为20世纪90年代初建成并开业的四星级酒店，地上13层、地下2层。改造后成为坐落于城市核心区的活力型长者公寓，为退休长者提供健康、生活、文娱、餐饮、居住等多维度适老化服务。内设长者居住单元、健康管理中心、动态娱乐活动中心、静态文化活动中心、餐饮中心等全方位呵护长者晚年生活的建筑功能。

项目改造的终极目标是为长者创造一个追求和演绎各自精彩晚年生活的舞台，同时为这方舞台上的主角们提供充分的支持和保障。项目设计主旨强调长者晚年生活中的尊严感、弱化被动接受服务的生活状态、提供长者自立生活的硬件基础、增加个性生活需求的选择机会，以及关注长者未来深度老化的可能。

XINYI SHANGSHUI DHYANA MANSION PENSION COMMUNITY

新绎上水颐园养老社区

项目业主：新绎置业集团　　建设地点：河北 固安
建筑功能：养老建筑　　建筑面积：100 000平方米
设计时间：2016年　　竣工时间：2018年
项目状态：建成
设计单位：北京维拓时代建筑设计股份有限公司
主创设计：邸威、李祥云
参与设计：杜晓旭

项目为以温泉、养生、中医为服务特色的会员制活力长者社区。所在区域为传统温泉养生和短期度假片区，依托片区资源优势，将温泉养生、中医理疗养生、健康管理和医疗保障服务融入社区生活，打造不同功能业态板块。

项目设置符合老年人使用特点的综合服务会所（来康俱乐部）及大面积中央景观，满足社区内长者各类生活需求。会所以中式院落为母题，其间嵌入社区医疗、国医堂、健康管理、温泉疗养、餐饮、商业等一站式服务业态群，将长者所需服务融合于一处，形成高效的中央服务板块。设计在解决空间形态的同时，重点考虑并解决了业态的复杂服务动线及客流动线的综合协调问题。

CANGZHOU SPORTS CENTER STADIUM

沧州体育中心体育场

项目业主：河北省沧州市政府
建筑功能：体育建筑
建筑面积：63 600平方米
建筑高度：42.1米
合作单位：沈阳杰克逊建筑设计有限公司
项目状态：建成
参与设计：吴冰、李祥云、李鹏、王庆
获奖情况：2010年中国纺织勘察设计协会优秀工程一等奖
2010年国家优质工程奖
2010年河北省十佳公共建筑（首批）
2012年第四届全国民营设计企业优秀工程设计华彩奖银奖
2014年中国纺织勘察设计协会优秀工程设计一等奖

建设地点：河北 沧州
用地面积：343 600平方米
座位数量：31 334个
设计单位：北京维拓时代建筑设计有限公司
设计时间：2010年—2011年
主创设计：岳兵
建筑摄影：刘健

项目是一处新建的城市体育中心，包括体育场、武术会馆、杂技馆及配套设施。体育建筑为乙级，体育场规模为中型，可以举办田径、足球等体育比赛和演唱会、文艺演出、群众集会等大型活动，并作为2014年河北省运动会主会场来使用，也是北方地区已建成的膜材面积最大的单体建筑之一。

建成后的体育场表现出大跨度建筑独特的结构形式和技术美学，整体形象简洁明快，富于时代精神。

XINGCHENG BIKINI SQUARE

兴城市比基尼广场

项目业主：辽宁省兴城市政府
建设地点：辽宁 兴城
建筑功能：文化建筑
用地面积：105 000平方米
建筑面积：36 300平方米
设计单位：北京维拓时代建筑设计股份有限公司
合作设计：北京清华同衡规划设计研究院有限公司
设计时间：2012年—2013年
项目状态：建成
主创设计：岳兵
参与设计：吴冰、袁元、兰天闻

项目是为举办兴城市“国际沙滩・泳装文化节”及其附属的一系列综艺、演出、博览等活动而兴建的一组综合建筑。建筑功能组合丰富，由多座建筑构成，建筑材料跨度也较大，既有传统的石材、玻璃幕墙等，也有更具时代性的索膜材料等。项目也是“葫兴一体化”这一区域发展战略的重要连接带。

从总体看来，建筑与自然环境既有融合交汇、“显”“隐”结合及背景化处理的部分，又有局部的突出点睛，宛如从大地上长出来一般，最大程度地体现了建筑与自然的一体化设计。整个项目的点睛之处——挑棚部分，其形象和效果统领整个建筑组群，此部分的实现度，是建筑与结构设计中最大的焦点和难点。

历时5年，目前项目已经分批次竣工验收并投入使用，各界反响良好。最终形成了很好的建筑、景观和环境效果，为当地留下了一处宜人的建筑组群。

HULUDAO SPORTS CENTER

葫芦岛体育中心

项目业主：葫芦岛市龙湾中心商务区管委会
建设地点：辽宁 葫芦岛
建筑功能：体育建筑
设计单位：北京维拓时代建筑设计有限公司
合作单位：Haenglim Architects & Planners Co. Ltd

体育场
用地面积：105 400平方米（与体育馆合用）
建筑面积：57 548平方米
座位数量：32 156个
设计时间：2009年
项目状态：建成
主创设计：安毅、陈晓旭
参与设计：蒋莹、邓洁、赵凌、陶樱

体育馆
用地面积：105 400平方米（与体育场合用）
建筑面积：23 200平方米
座位数量：6 198个
设计时间：2009年
项目状态：建成
主创设计：岳兵
参与设计：王庆、吴冰、李祥云、回炜炜、毛墨丰

游泳馆
用地面积：22 400平方米
建筑面积：13 900平方米
座位数量：426个
设计时间：2009年
项目状态：建成
主创设计：徐曼
参与设计：刘涛、孟琅嬛

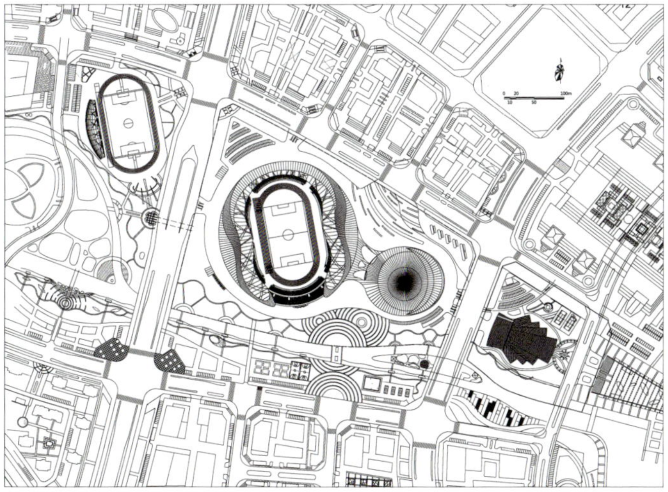

项目位于辽宁省葫芦岛市龙湾CBD核心区，包括体育场、体育馆和游泳馆三座主体建筑，是辽宁省承办的第十二届全国运动会的分赛场。

巧妙的构思和精细的设计收获了丰厚的回报：体育中心建成后，已经成功地举办了葫芦岛市泳装节、全运会测试赛等一系列大型活动，实际使用效果优异；同时，项目也获得了社会各界的一致好评，成为葫芦岛市乃至辽宁省滨海地区的标志性建筑！

蒋晓飞

职务： NEXT建筑事务所合伙人、北京公司总经理
职称： 一级注册建筑师

教育背景

1991年—1996年　湖南大学建筑学学士
2001年—2003年　清华大学建筑学硕士
2008年—2011年　北京航空航天大学博士

工作经历

1996年—1999年　机械工业部第四设计研究院
2000年—2004年　中国建筑设计研究院
2005年至今　NEXT建筑事务所

个人荣誉

2010年　北京朝阳规划艺术馆获得奥地利建筑双年展世界最佳展览类建筑奖
2011年　鄂尔多斯“20+10”项目参加香港深圳建筑双年展
2011年　万科“蚁族”住宅项目参加香港深圳建筑双年展
2011年　福州冠城大通“首玺”获得建设部评选的设计方案金奖
2013年　中国结步行桥被美国CNN评为世界最性感建筑之一
2015年　福州冠城大通“首玺”被美国高层建筑委员会提名为2016年亚太地区最佳高层建筑
2015年　作为唯一一名中国建筑师，以“中荷文化交流典范”受到荷兰国王接见
2016年　北京月季博物馆被DESIGNBOOM评为“世界十大落成最佳博物馆建筑”
2016年　中国结步行桥被DESIGNBOOM评为“世界十大与自然完美结合建筑”
2016年　“呼吸宅”参加威尼斯双年展，并被联合国教科文组织授予杰出贡献奖
2017年　美国国家地理频道《寰行中国:文化桥梁》节目组，专访蒋晓飞讲述中国结步行桥设计背后的故事。中国结步行桥作为现代桥梁代表，解码中国桥文化
2017年　被《安邸AD》评为“2017中国最具影响力100位设计精英”
2018年　荷兰王后到访NEXT建筑事务所北京公司，与蒋晓飞先生及其他专家就可持续城市发展、城市水资源管理以及它们与气候变化的关系等主题进行交流

主要设计作品

中国结步行桥
北京月季博物馆
北京时代广场
济南贵和广场
北京嘉悦广场
商洛文化艺术中心
国家电网世博园办公楼
福州蝶泉湾
福州冠城大通“首玺”

设计理念

设计是一种态度。建筑师的喜悦来自于未来建筑空间使用者的褒奖，所以建筑师要致力于用专业技能创造出使用者获得满意或者全新体验的内部与外部空间。

NEXT 建筑事务所于1999 年在荷兰阿姆斯特丹成立。其创始人为Bart Reuser，Marijn Schenk，Michel Schreinemachers和John van de Water。NEXT 凭借创新型科研项目“都市形象”赢得全球关注，并被清华大学、同济大学邀请到中国做专题讲座。

目前，NEXT 建筑事务所承接的项目规模、类别不一，从产品设计到建筑设计，再到城市设计、城市规划与研究。NEXT注重思考“设计”在环境中的表现形式，在作品设计及施工方式上更注重与环境的“关联性”。NEXT的独特性在于它以开拓性思维实现建筑设计中有说服力的创作。NEXT的每一个项目都是独一无二的，其理念皆源于对项目的特点及所处地理位置特殊性的理解，并且NEXT对每一个项目都进行了综合全面的考量。

NEXT 建筑事务所于2004 年在中国落地，由国内知名建筑师蒋晓飞与创始人约翰·范德沃特（John van de Water）主持。NEXT 中国团队凭借得天独厚的中西合璧的文化优势和独具匠心的设计风格，以国际化视野平衡文化、社会、功能、生态、经济的多方需求，在城市规划、商业综合体、办公建筑、酒店、文化建筑、住宅、室内设计、桥梁设计等多领域开展可持续性设计。NEXT 在中国享有很高的声誉，是在中国发展的外籍建筑设计事务所中最具代表性的事务所之一。近几年，NEXT更是受到荷兰王室的青睐。2015 年，中方合伙人蒋晓飞受到荷兰国王特邀接见；2018 年，荷兰王后到访NEXT 建筑事务所北京公司做主题交流。

地址： 北京市海淀区北三环中路44号院产业园A座101室
电话： 010-86223693
传真： 010-53942568
网址： www.nextarchitects.cn
邮箱： next@nextarchitects.cn

LUCKY KNOT BRIDGE

中国结步行桥

项目业主：梅溪湖投资（长沙）有限公司　　建设地点：湖南 长沙
建筑长度：桥长185米，总宽11.5米　　建筑功能：交通建筑
设计时间：2014年
项目状态：建成
设计团队：蒋晓飞、John van de Water、周童、Wopke Tjipke、芮中娜、吴丹丹
获奖情况：被DESIGNBOOM评选为2016“世界十大与自然完美结合建筑”

该桥被CNN评为世界最性感的建筑之一，从梅岭公园横跨支路九、龙王港河、梅溪湖路至银杏公园，全长185米。这座桥设计灵感源于西方的“莫比乌斯环”和中国传统的手工编织“中国结”，给桥梁创造无限循环的空间，没有起点，也没有终点。该桥设计有3条步行道、5个节点，由直线形"漫步道"和拱形"登山道"交叉。行人在桥上穿梭，可以自由地去任何地方，随时随地都能发现这座桥所带来的美景。如今，这座桥不仅仅是两个点之间的连接桥梁，更是人们争相到访的旅游目的地。

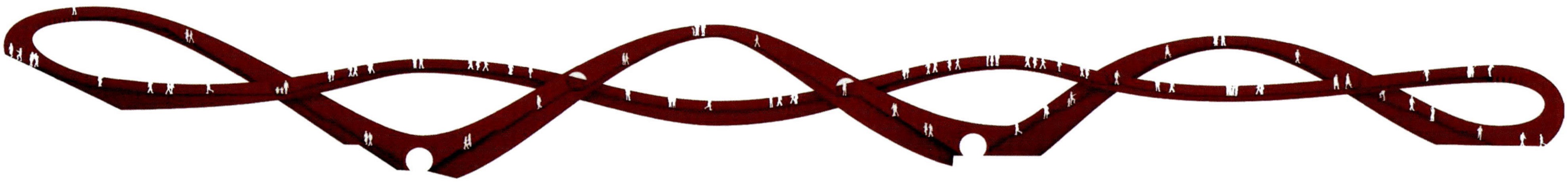

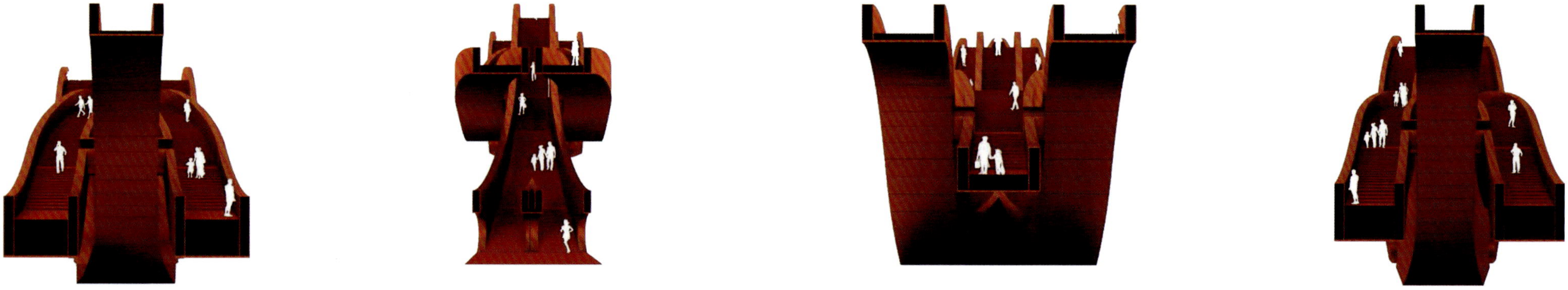

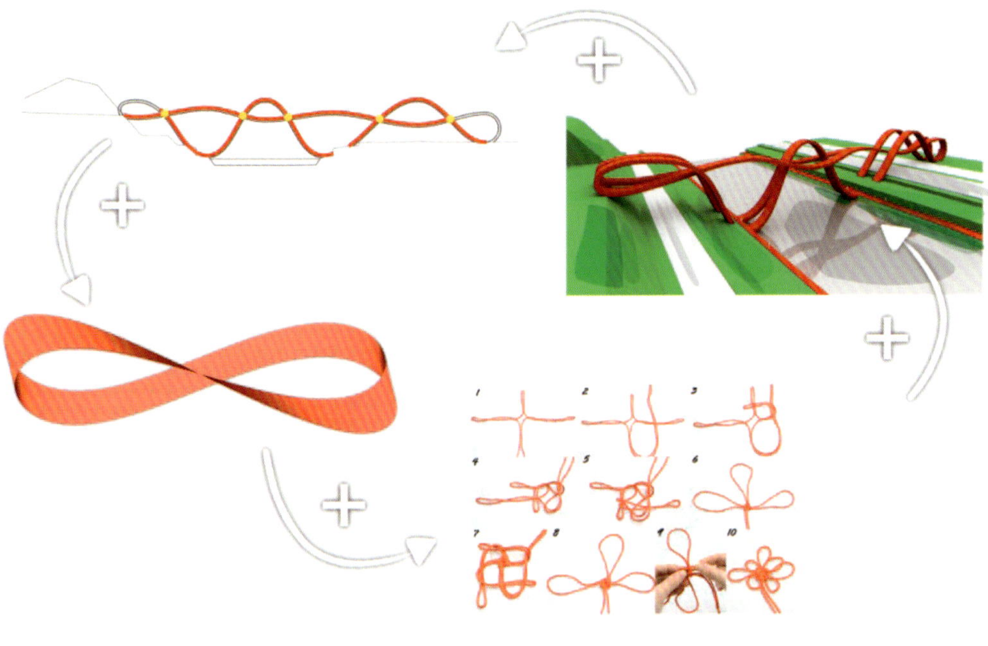

BEIJING ROSE MUSEUM

北京月季博物馆

项目业主：大兴区政府
建设地点：北京
建筑功能：公共建筑
建筑面积：8 340平方米
设计时间：2013年—2014年
建设状态：建成
设计团队：John van de water、蒋晓飞、王岩、高爽、姜来、沈尧森
获奖情况：被DESIGNBOOM评选为2016全球最具影响力博物馆

月季博物馆坐落在北京的“龙脉”——一条穿越紫禁城的城市南北中轴线上。月季博物馆外表皮以金属不锈钢打造，但曲线的造型设计使建筑形体呈现流动之美。月季花的雕刻纹样更使得建筑宛如丝绸般华美，让月季花绽放在自然之中。镂空的外立面设计增加了空间通透性，并给阳光铺设了一条灵性的路，使灰空间形成了独特的视觉效果。同时，建筑的外表皮与实体内表皮之间形成四个半开放式的庭院。这些庭院的功能多样，可作为户外展览和活动的场所。

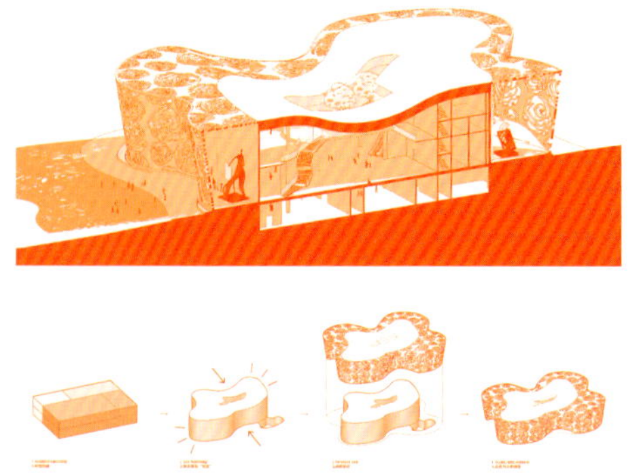

BEIJING TIMES SQUARE

北京时代广场

项目业主：北京房开控股集团
建筑功能：办公、住宅、商业建筑
建设地点：北京
设计时间：2014年—2015年
建筑面积：139 058平方米
项目状态：建成
设计团队：蒋晓飞、John van de water、王吉飞、王岩、高爽、任婉婷、刘丰琴
摄 影 师：肖凯雄

项目坐落在北京房山区良乡大学城，集文化创意、科技研发、智能化办公、饮食娱乐、商业元素为一体，引领文化创意的前沿风尚。该项目拥有北京最大的IMAX巨幕影院，京西最独特的下沉式广场开放空间，还有较世贸天阶更具科技感的炫彩天幕。建筑立面设计以水彩调色板为理念，建筑结构形态选用构图取景手法，打造颇具个性化而又色彩斑斓的建筑风格，彰显年轻人尽情挥洒青春的活力。

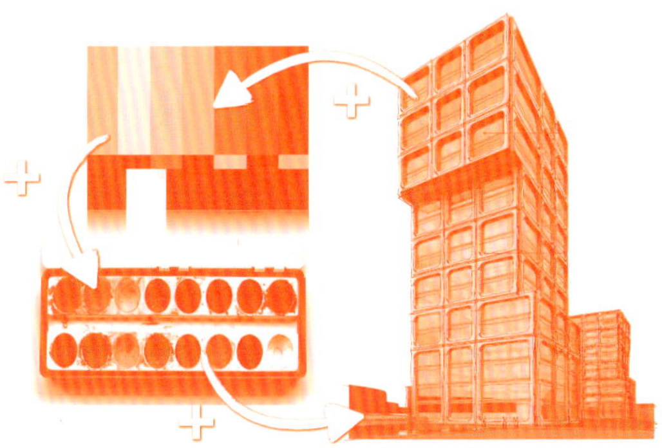

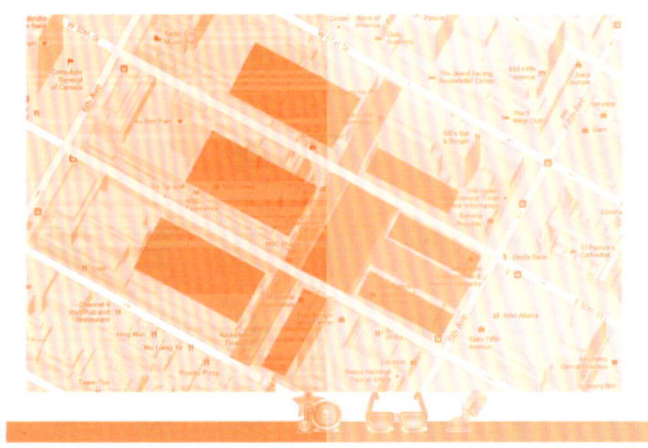

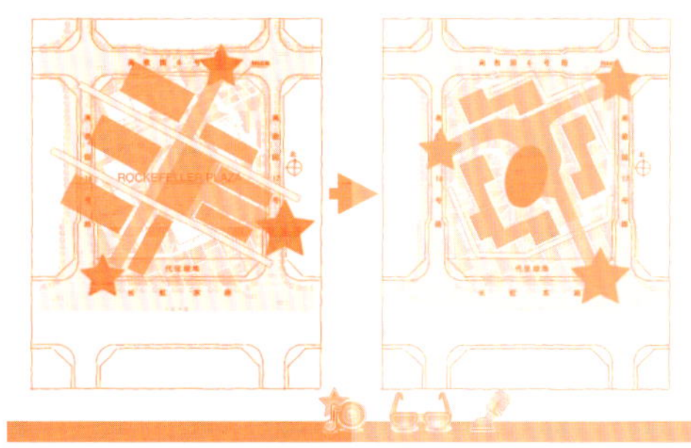

SHANGHAI STATE GRID WORLD EXPO BUILDING

国家电网世博园办公楼

项目业主：鲁能集团
建设地点：上海
建筑功能：办公建筑
建筑面积：160 000平方米
设计时间：2013年—2015年
建设状态：建成
设计团队：蒋晓飞、John van de water、余鹏、刘丰琴、任婉婷、高楠
摄 影 师：肖凯雄

这个项目坐落在上海世博园旧址，上海市新CBD的一部分，国内二十强企业的总部将进驻该项目。设计策略是建造一个看上去“纤瘦”、内部空间却很宽阔的建筑。设计师简单而有效地将大楼的转角“切割成片”，形成双层的共享空间。在这些转角处能够更好地享受这座城市的风景。与此同时，这些“切片”也让整栋大楼看上去十分“纤瘦”，直冲云霄。独特的设计让这座建筑从周围的建筑群体中脱颖而出。首层的层高是一般层高的两倍，这让入口显得更加宏伟，给到访者一种恢宏大气的感觉。

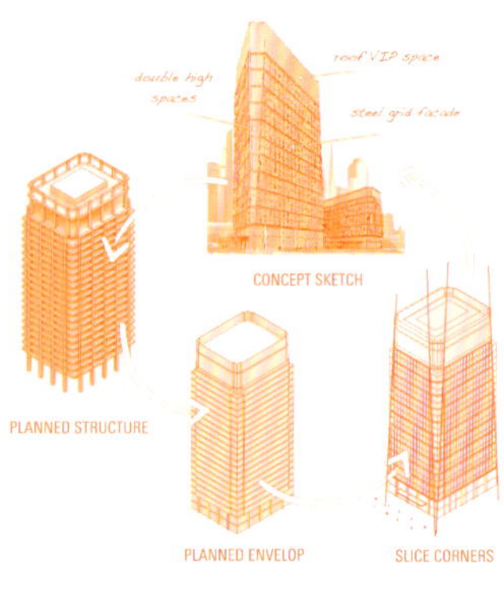

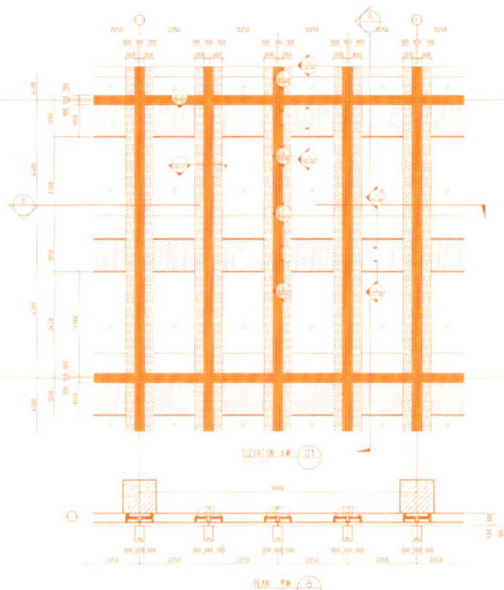

FUZHOU BUTTERFLY SPRING BAY

福州蝶泉湾

项目业主：福建宏汇置业有限公司
建设地点：福建 福州
建筑功能：住宅建筑
建筑面积：120 000平方米
设计时间：2010年—2012年
项目状态：建成
设计团队：蒋晓飞、John van de water、王博、
余鹏、马云峰

该项目位于福州市连江县，周边风景怡人。设计的亮点是充分利用周边的河流，以“手指轻触水面”为设计理念打造独特的“流水别墅”。设计师将江水引进项目，配合地势形成活水环绕的设计，做到“户户临水”，在家中即可享受山水美景。别墅的设计理念是相同的“家庭”，但具有不同的空间，别墅的楼层被转移到创造最大的舒适空间。每一幢别墅都在不同的方向上变换楼层，形成不同的视角，同时创造更多私密空间。

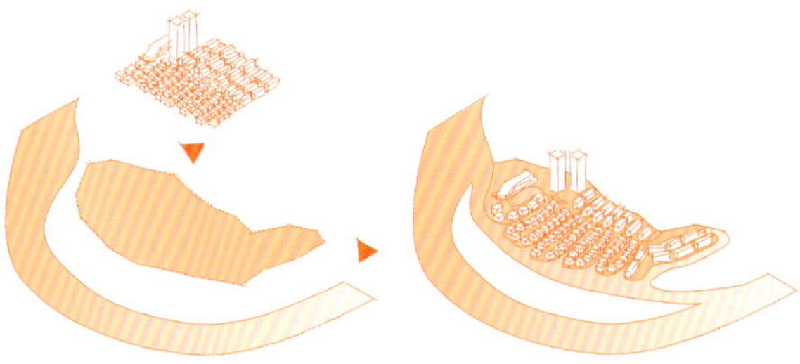

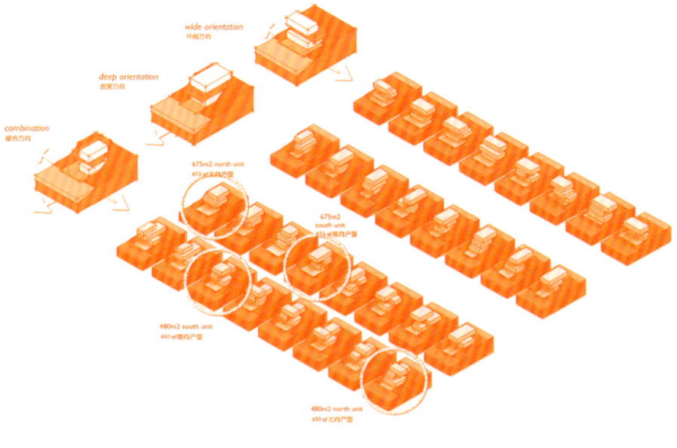

   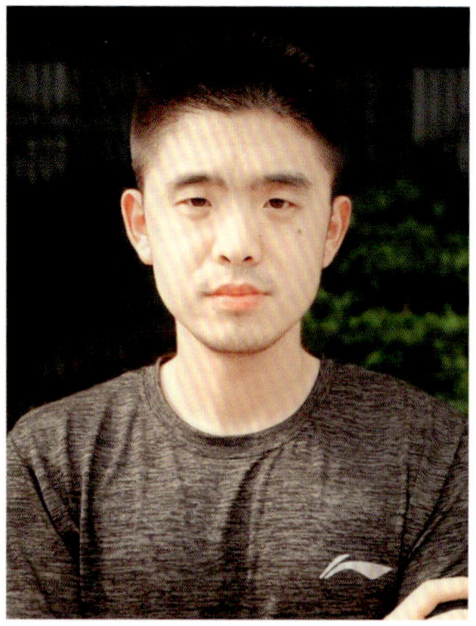

季科

职务： 河北九易庄宸科技股份有限公司首席建筑师

教育背景

2002年—2007年　浙江大学建筑学学士

工作经历

2007年—2015年　河北北方绿野建筑设计有限公司

2015年至今　河北九易庄宸科技股份有限公司

主要设计作品

石家庄正定新区赞城
铂悦府
滨湖玖號院
献县初级中学
四十三中东南智慧城分校区
河北师大新校区综合教学楼
正定新区微电影主题乐园
石家庄高新区法院

创作思想

创作是一个不断向未知进行探索的过程，所以设计是一件会令人愉悦的事情。建筑师作为沟通资本与城市建设之间的桥梁，应该更加积极主动参与到中国的城市化进程当中，留下经得起时间考验的作品。

任学春

职务： 河北九易庄宸科技股份有限公司建筑创作二室主任

职称： 工程师

教育背景

2002年—2007年　河北工业大学建筑学学士

工作经历

2007年至今　河北九易庄宸科技股份有限公司

主要设计作品

石家庄市植物园花卉展览温室
石家庄亿城上山间三川艺术馆
石家庄鸿昇商务广场
石家庄想象国际

创作思想

关注建筑的地域性、实用性、经济性，通过专业能力服务客户、创造价值，同时通过设计让世界美好一点点。

苏宝玉

职务： 河北九易庄宸科技股份有限公司建筑创作一室主任

职称： 高级工程师

教育背景

2001年—2006年　河北工业大学建筑学学士

工作经历

2006年—2007年　河北九易营造建筑设计有限公司

2007年至今　河北九易庄宸科技股份有限公司

主要设计作品

石家庄市上山间项目
云南普洱市旅投十号院（悦澜山居）项目
石家庄市二监狱警示中心
石家庄市桥西公安分局业务技术用房
石家庄市国山宾馆
石家庄市大者别墅区
辛集市澳森温泉度假区
邢台市清河县昆仑城

创作思想

建筑应该融入“大环境”之中。建筑创作应该因地制宜，不光要有建筑师的个人思想，更要结合业主需求、国家法律法规需求、项目地形地貌需求、周边城市环境需求，综合进行建筑创作。建筑创作其实就是建筑师利用自己的思想满足各方面需求，融入这个“大环境”的过程。只有这样的设计才是有灵魂的设计，才是独一无二的设计。

赵烨超

职务： 河北九易庄宸科技股份有限公司主创建筑师

职称： 工程师

教育背景

2006年—2011年　石家庄铁道大学建筑学学士

工作经历

2011年至今　河北九易庄宸科技股份有限公司

主要设计作品

东南智汇城8#地办公综合体
上庄科技产业中心
紫竹锦江二期
正基九宸
新源燕府

创作思想

建筑是各方需求的复杂综合体，也是梦想与现实的矛盾体，城市、市场、管理方、建设方、业主等各方的需求并不是相互对立的矛盾，而是一个复杂的“线球”，如何去找到一个“线头”，理清各种关系满足各种需求，如何坚定不移地把现实塑造成梦想，是建筑师一直要做的事情。

地址：石家庄市建华南大街215号万达广场C座21层
邮编：050031
电话：0311—85895291
传真：0311—85815291
网址：www.jyzc.net
服务热线：18633939191
电子邮箱：ir@jyzc.net

河北九易庄宸科技股份有限公司成立于2002年，现有人员460余人，其中正高级、高级及工程专业技术人员219人，河北省建筑大师、河北工程设计大师、河北省突出贡献中青年专家共5人。

公司具有建筑设计甲级、景观设计甲级以及规划、市政、工程咨询等多项资质，可为客户提供规划设计、建筑设计、景观设计施工、空间设计、市政设计、工程咨询的设计一体化服务。在大规模设计、快速设计、BIM应用、绿色建筑方面具有区域领先优势。

近年来，公司荣获多项荣誉，其中包括全国建筑设计行业诚信单位、全国勘察设计行业创优型企业、石家庄企业文化建设示范单位、重质量守信誉单位、河北省第五届环境艺术设计大赛最佳组织奖。公司始终致力于向社会提供高品质的设计作品，其中荣获河北省优秀工程勘察设计一等奖7项、二等奖12项、三等奖15 项，荣获国家优秀工程勘察设计三等奖1项。

2016年，公司成功挂牌新三板（股票代码：835960），正式进军资本市场。目前，已初步构建起顾问、设计、管理、总包、资本的全过程服务平台。在传统住宅、商业、酒店、产业园之外，发力文化、旅游、养老、健康医疗建筑领域。

BOYUE MANSION

铂悦府

项目业主：河北方亿志城房地产开发有限公司
建设地点：河北 石家庄
建筑功能：居住建筑
用地面积：49 498平方米
建筑面积：154 336平方米
设计时间：2018年
项目状态：在建
设计单位：河北九易庄宸科技股份有限公司
主创设计：孔令涛、季科
参与设计：张创业、隋文丽

项目位于石家庄高新区环城水系旁，西侧面向大型城市公园，绝佳的用地区位决定了项目的高端定位。规划中将多层花园洋房置于西侧临河处，将高层置于东侧，争取每种产品都能获得良好的景观视野。花园洋房均为一梯两户，争取尽可能好的采光、通风，提高居住舒适度。3.15米层高，底层6米高架空大堂和庭院及小区内景观融为一体。立面采用现代风格，干挂石材，细节精雕细刻，打造高端品质感。

ZAN CITY, SHIJIAZHUANG

石家庄赞城

项目业主：安鼎河北房地产开发有限公司
建筑功能：住宅、办公建筑
建筑面积：36 221平方米
项目状态：建成
主创设计：孔令涛、季科
建设地点：河北 石家庄
用地面积：13 333平方米
设计时间：2016年
设计单位：河北九易庄宸科技股份有限公司
参与设计：张创业、吕金羽

基于以“历史—现代—未来”为主题的设计理念来塑造建筑形体，通过“扬帆远航”的立意进行建筑语言的描绘，形成优美流畅的建筑主体。主体建筑为三栋13层公寓，沿太行大街辅路平行排列，使每栋办公主楼都能获得最大的景观视野。建筑外立面材质为埃特板及玻璃幕墙，底部深灰色铝板作为基座，衬托出上部轻盈的浅灰色埃特板的主体建筑。结合建筑形体要求，在三栋主楼部分露台下部分别选用橙红、草绿、明黄三种颜色埃特板，对三栋主楼立面进行差异化处理，用细腻优美的细部构造体现建筑的个性与唯美。

XIAN COUNTY JUNIOR HIGH SCHOOL

献县初级中学

项目业主：献县教育局
建设地点：河北 沧州
建筑功能：教育建筑
用地面积：68 588平方米
建筑面积：58 560平方米
设计时间：2016年
项目状态：待建
设计单位：河北九易庄宸科技股份有限公司
主创设计：孔令涛、季科
参与设计：马兆龙、隋文利

项目坚持“书香、典雅、厚重、永久”的理念和“适用、经济、美观”的原则，打造优美宜人的校园环境，体现献县悠久的历史和文化底蕴。项目规划充分利用现有优势，加强环境保护，做成真正的健康、环保项目。根据功能不同，合理布置教学区、办公区、实验区，同时通过延展的大平台，充分扩大学生活动场地。按照安全疏散的原则，根据功能和人流量的不同，合理安排主次出入口，保证出入口位置的畅通性以及与道路及周围环境的关系。

SHIJIAZHUANG HONGSHENG BUSINESS PLAZA

石家庄鸿昇商务广场

项目业主：石家庄骏才房地产开发有限公司
建设地点：河北 石家庄
建筑功能：商业、住宅建筑
用地面积：50 000平方米
建筑面积：150 000平方米
设计时间：2016年
项目状态：一期建成
设计单位：河北九易庄宸科技股份有限公司
主创设计：任学春
参与设计：刘迎雪、李仕贤、王晓宁

项目位于石家庄主城区核心，属于棚户区改造项目，基于对所在区域的深刻理解展开设计。项目由两栋写字楼、一栋商业及住宅部分组成。设计从城市的视角来审视建筑的形体，通过形体的切削处理，加强建筑的雕塑感和可识别度，同时减小对城市空间的压迫感。在沿街界面上进行建筑语言的统一化处理，塑造极具活力的城市空间。住宅部分将中国传统文化提炼融入现代风格的建筑当中，营造具有传统中式风格的生活居住区。

SHIJIAZHUANG BOTANICAL GARDEN FLOWER EXHIBITION GREENHOUSE

石家庄市植物园花卉展览温室

项目业主：石家庄市植物园管理处
建设地点：河北 石家庄
建筑功能：展览建筑
用地面积：5 000平方米
建筑面积：3 000平方米
设计时间：2017年
项目状态：建成
设计单位：河北九易庄宸科技股份有限公司
主创设计：任学春
参与设计：郑致纲、刘迎雪

设计师充分考虑场地因素对展览馆布局的影响，让建筑呈现出一种在大地上自然生长出来的状态。基地原有的长达200米的步步叠水景观强化了场地的轴线关系，建筑顺应此关系进行了积极的回应。建筑的创作灵感源于花篮的造型，平面造型取意为两片对称的花瓣，通过中间的构筑物进行空间上的衔接与过渡。建筑通过对形体的切削处理与周边的茂密树林呈现友好的关系，二者相互掩映，相得益彰。设计主要采用钢、玻璃和少量的铝板，呈现出晶莹剔透的轻盈造型，削减庞大建筑体量的同时，强调了建筑内外的空间渗透与对话。

SHIJIAZHUANG SHANGSHANJIAN

石家庄市上山间

项目业主：石家庄市亿城房地产开发有限公司
建设地点：河北 石家庄
建筑功能：别墅、洋房
用地面积：345 800平方米
建筑面积：343 900平方米
设计时间：2008年
项目状态：建成
设计单位：河北九易庄宸科技股份有限公司
主创设计：苏宝玉
参与设计：路凡、孟婷婷

项目设计依山就势、顺势而为，充分利用山地的高差起伏，使建筑顺应山势，保留自然原貌，与自然融为一体。在最大化保证山地原始风貌的情况下，尽量减少施工土方量，最少挖切山体，减少维护成本，同时合理分配景观资源，注重不同产品类型的搭配，满足业主需求。在景观规划方面，内景与外景充分结合。小区西侧为南北向的休闲性山体公园，保持山体地形地貌的原生态状态。山体公园延伸出多条指状的绿化带，穿行在小区住宅组团之间，连通山水，成为重要的“显山露水”山水通廊。项目东侧与山前旅游大道景观带充分融合，使各色建筑在沿路的绿植之中若隐若现，充分丰富山前大道的沿街景观。

YUNNAN PU'ER TRAVEL INVESTMENT NO. 10 (YUELAN MOUNTAIN RESIDENCE)

云南普洱旅投十号院（悦澜山居）

项目业主：普洱旅投房地产开发有限公司
建筑功能：文化、旅游建筑
建筑面积：120 200平方米
项目状态：在建
合作设计：法国ADAU设计事务所、云南省建筑工程设计院
主创设计：苏宝玉、孟婷婷

建设地点：云南 普洱
用地面积：152 600平方米
设计时间：2014年
设计单位：河北九易庄宸科技股份有限公司

项目位于普洱市思茅区东部，东环线东侧，佛莲山隧道以西1 000米，与市区直线距离约2.3千米，交通便利。项目东、北、南三面环山，山地坡度总体小于35°，为低丘缓坡。项目依托良好区位优势与生态景观资源，以民族文化、普洱茶文化为基础，以旅游娱乐为特色，以休闲养生为核心，打造集旅游休闲、生态娱乐、度假养生、居住生活等功能为一体的山地旅游、休闲、度假、养生小镇。

SHANGZHUANG TECHNOLOGY INDUSTRY CENTER

上庄科技产业中心

项目业主：河北科瀛房地产开发有限公司
建设地点：河北 石家庄
建筑功能：展览、会议、办公建筑
用地面积：139 319平方米
建筑面积：275 850平方米
设计时间：2013年
项目状态：在建
设计单位：河北九易庄宸科技股份有限公司
主创设计：孔令涛、宋雪雅、赵烨超

基地位于河北省石家庄市西三环以外，周围配套资源丰富，环境优美，功能健全，交通便利。在规划中采用因地制宜的设计手法，创造尊重自然环境的魅力园区，通过步移景异的视觉转换，体现山水园林的人文意境，同时节约能源。强调中国和谐文化，将圆、曲线和方形作为规划设计的主线，使整体规划的空间多变而丰富，形成一轴两区、一中心四地块的规划形式，构筑结构清晰、中心明确，并具有当地文化特色的产业园区。

ZHONGXIN TIMES SQUARE

中鑫时代广场

项目业主：石家庄新东方房地产开发有限公司
建设地点：河北 石家庄
建筑功能：商业建筑
用地面积：10 800平方米
建筑面积：86 000平方米
设计时间：2016年
项目状态：方案
设计单位：河北九易庄宸科技股份有限公司
主创设计：孔令涛、赵烨超

项目由一座33层超高层写字楼及5层裙房组成，建筑在形体上通过“斜切”“扭转”的手法形成丰富的形体关系，并在底部退让出入口广场。超高层立面呈“H”形布局，由中间的阳光大堂连接两侧办公体量，办公体量采用玻璃幕墙结合纵横向金属杆件，两侧分别采用两层和四层的肌理变换形成丰富的韵律，结合中间通透的阳光大堂，塑造出时尚现代的建筑形象。

建筑裙房采用石材幕墙和玻璃幕墙，材质的虚实对比产生渐变的立面肌理，屋顶采用玻璃体块与主楼进行形体穿插。整个建筑稳重而不失活泼，塑造出一个城市地标性的建筑综合体。

雷晓明

职务：中国中元国际工程有限公司总建筑师
职称：教授级高级工程师
国家一级注册建筑师

教育背景

1989年—1994年　清华大学建筑学学士
1994年—1997年　清华大学建筑学硕士
2002年—2003年　美国宾夕法尼亚大学建筑艺术硕士

工作经历

1997年—2002年　中元国际工程设计研究院(机械工业部设计研究院)
2004年—2005年　北京翰时国际建筑设计有限公司
2006年至今　中国中元国际工程有限公司

个人荣誉

2016年第十一届中国建筑学会青年建筑师奖

主要设计作品

黎巴嫩国家音乐厅及高等音乐学院
南宁市图书馆
也门国家大图书馆
坦桑尼亚达累斯萨拉姆大学图书馆
中科合成油技术有限公司北京实验楼
海航集团首都机场新华航空基地
老挝玛霍索综合医院
牙买加西部儿童医院
巴布亚新几内亚国际会议中心
巴中友谊中心
莫中文化中心
伊泰集团新疆伊犁伊南工业园区
伊泰集团新疆甘泉堡工业园区
纳米比亚毛泽东中学

地址：北京市海淀区西三环北路5号
电话：010-68732688
传真：010-68732688
网址：www.ippr.com.cn
电子邮箱：office@ippr.net

中国中元国际工程有限公司是集工程咨询、工程设计、工程总承包、项目管理、设备成套、装备制造和技工贸为一体的大型工程公司。

公司具有工程设计综合资质甲级、建筑工程施工总承包一级、专业承包一级（电子与智能化工程、建筑装修装饰工程、消防设施工程、建筑机电安装工程）及对外承包工程资格证书及其相关资质，可以承接全行业、各等级的工程设计业务和从事工程设计资质标准划分的建筑、机械、医药、船舶、兵器、市政、商业、化工、能源、建材、轻工等21个行业的工程总承包、项目管理等业务及境外工程承包等业务；承接建筑工程施工总承包一级资质范围内的施工总承包、工程总承包和项目管理业务。

公司具有城乡规划编制、工程监理、工程咨询、工程造价咨询甲级资质；具有压力管道设计资格；具有独立的进出口经营贸易权、对外经济合作资格证书、进出口企业资格证书、自理报关单位注册登记证书、工程招标代理机构资质证书、施工图设计文件审查许可证书及建筑装饰工程设计与施工资质证书；公司具有市政行业（载人索道）工程甲级设计资质证书、工程咨询单位（索道工程）、工程咨询单位（索道工程）项目管理和索道工程评估咨询资格证书。

公司现拥有工程技术人员2 900余人，各学科博士、硕士等630余人，各类注册工程师560余人。公司的组织机构设置有13个直属生产单位、3个技术支撑部门、10个职能管理部门，在北京、海南、厦门、上海、长春、南京设有10个二级法人单位，在深圳、珠海、山西、青海、四川等地设有分公司，在乌兹别克斯坦设有办事处。

公司秉承“质量是生命，精心设计、创优工程、诚信服务，保护环境、珍爱生命，是我们对顾客、社会、员工始终不渝的承诺”的管理方针，质量、环境、职业健康安全管理体系健全，数十年来一直跻身于全国勘察设计综合实力、工程承包和项目管理百强单位的行列。

公司历年均被评为中国十大建筑设计公司之一，在众多设计领域创造了大量的精品，确立了在行业中的地位。在民用建筑工程方面，中元致力于将城市规划、城市设计、建筑创作、建筑技术、环境景观及室内设计贯穿到项目的全过程之中，为业主提供高品质的服务，业务涵盖多种建筑类型。尤其在科研、信息中心、超高层建筑等技术综合要求较高的民用建筑领域具有行业领先的优势。在医疗和养老领域，中元始于设计并通过前后业务的延伸，已成为医院建设全过程咨询国内最大的服务团队，引领着该领域技术进步及发展。在物流与工业工程领域，中元拥有全国实力最强、规模最大的全过程服务团队，在机场行李系统、航空货运与快件、航空食品、智能仓储与配送、工业工程等方面处于国内领先地位。主编及参编多项技术及行业规范，完成物流与工业工程规划、建筑设计、专业承包和工程总承包项目千余项。

同时，中国中元累计完成数百项境外项目，项目遍布全球六大洲近百个国家，业务类型涵盖可行性立项研究、勘察设计、工程总承包、项目管理、设备成套，业务领域涉及公共建筑、医疗建筑、体育场馆、居住建筑、学校、工业工程等，承担了如中华人民共和国驻美国大使馆、老挝国际会议中心、柬埔寨国家体育场、中白工业园等多项具有重大国际影响力的项目。

此外，中国中元在工程总承包、专业承包、项目管理、工程监理等行业有较高的实施能力和管理水平，实施的工程项目多次获得鲁班奖、詹天佑土木工程奖等全国性工程大奖，是全国勘察设计行业工程项目管理和工程总承包双百强单位的前五十强，也是国家援外工程的核心骨干企业。

PAKISTAN-CHINA FRIENDSHIP CENTER

巴中友谊中心

项目业主：巴基斯坦文化部及中国商务部
建筑功能：会议、展览、学术交流等
建筑面积：24 000平方米
项目状态：建成
设计团队：雷晓明、王欢、王金智
获奖情况：2013年度全国优秀工程勘察设计建筑工程一等奖
第六届中国建筑学会建筑创作奖佳作奖
北京市第十六届优秀工程设计二等奖
中国机械工业科学技术奖二等奖
机械工业优秀工程设计一等奖

建设地点：巴基斯坦 伊斯兰堡
用地面积：35 000平方米
设计时间：2006年—2011年
设计单位：中国中元国际工程有限公司

援巴基斯坦巴中友谊中心项目是一座集会议、展览、学术交流、文艺演出、经贸往来于一体的多功能综合建筑。

建筑设计采用极为现代的手法，简洁有力，强调富于雕塑感的体量。建筑上以金属镂空的手法再现了伊斯兰建筑表面精美装饰的特征。建筑外立面主体采用5 247块975毫米×975毫米的镂空金属遮阳板拼接而成，铝板单元采用四联拼合的图案，组合出不同的解读方式，呈现伊斯兰传统装饰图案和中国古代窗格纹样的特征。镂空的表面覆盖了庭院和开窗的部分，提供遮阳效果的同时，为内部空间带来神奇梦幻的感受。建筑银色的主体漂浮于暗红色的基座之上，犹如中国古代“鼎”的形象，象征着两国坚定的友好关系。

伊斯兰建筑中的庭院有其强烈的特色。庭院通常是内向、封闭的，有泉水在中央，以柱廊或实墙围合，成为人们休憩的绝好场所。园林也是中国建筑的重要组成部分。矩形的相互套叠的园林作为组织空间的手段，从空间上让人们感受到中国和伊斯兰文化共有的特色。人们在建筑间行走时有园林伴随，犹如在园林中穿行。

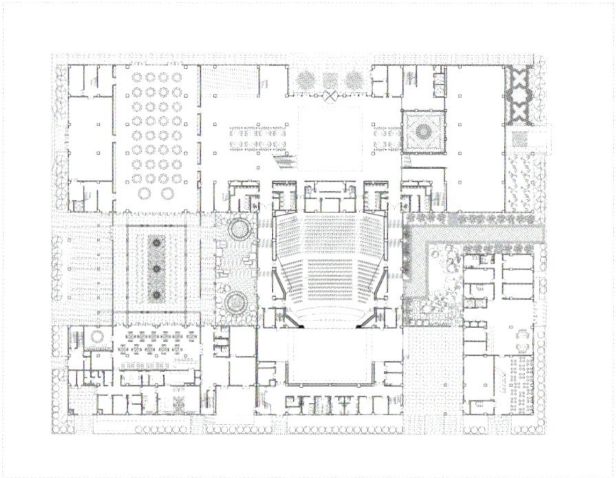

一层平面图

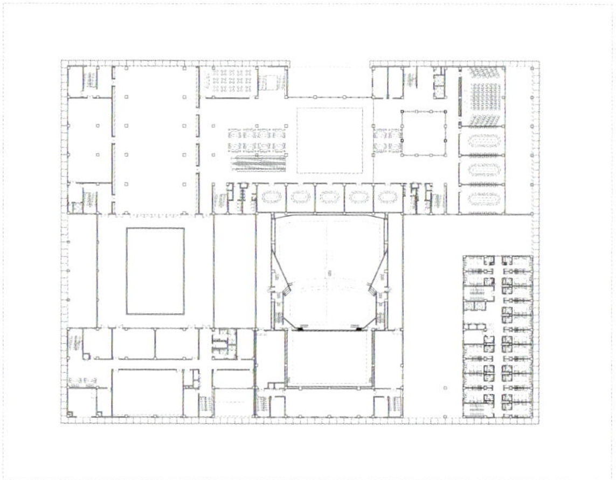

二层平面图

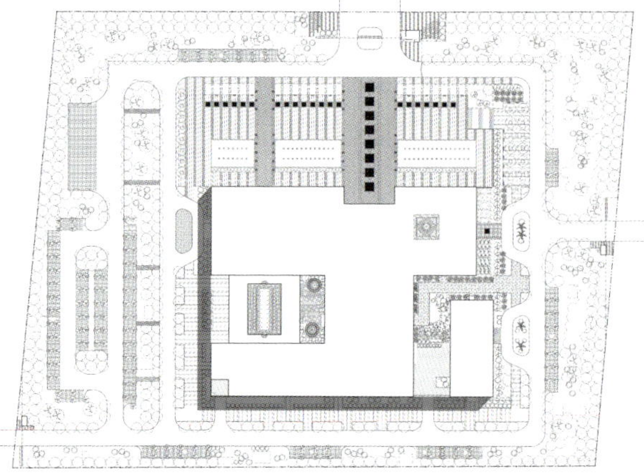

总平面图

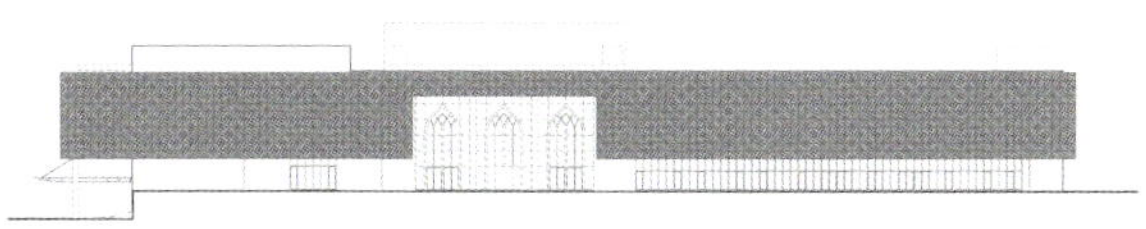

立面图

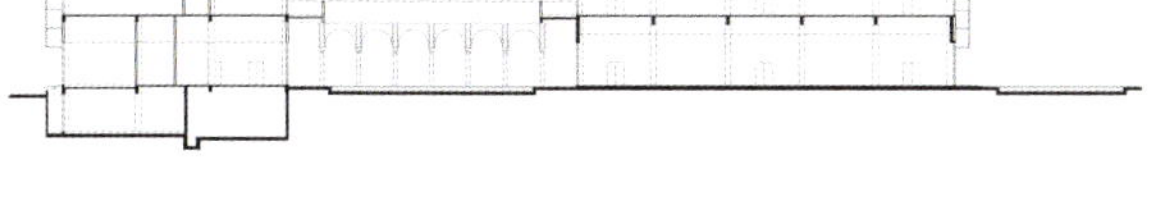

剖面图（一）

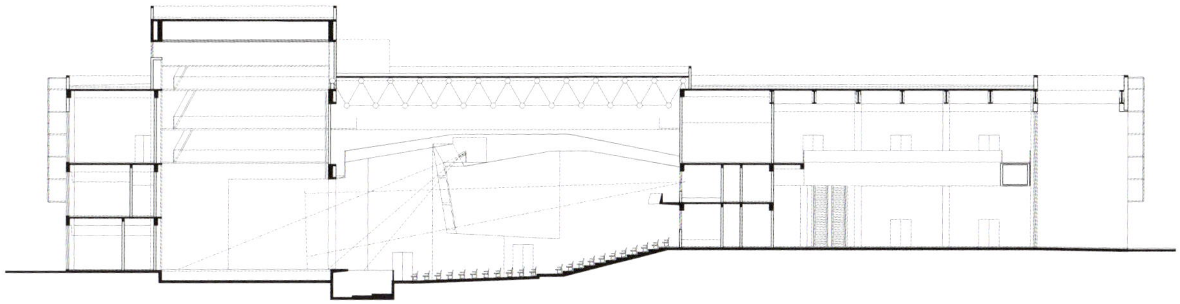

剖面图（二）

THE INTERNATIONAL CONFERENCE CENTER IN PAPUA NEW GUINEA

巴布亚新几内亚国际会议中心

项目业主：巴布亚新几内亚文化部及中国商务部
建筑功能：会议中心
建筑面积：12 000平方米
项目状态：建成
设计单位：中国中元国际工程有限公司
设计团队：雷晓明、曹罡、程娜
建设地点：巴布亚新几内亚 莫尔兹比港
用地面积：33 500平方米
设计时间：2009年—2015年

项目主体建筑内设有可容纳700人的主会议厅、300人的中会议厅、48人的圆形小会议厅，还有小会议室若干、400人宴会厅兼多功能厅、新闻发布厅、记者工作站、贵宾室、总理临时办公及休息室、办公室等。

建筑分为中心会议区、宴会区、办公区三大功能组团，建筑外围椭圆连廊相互连接，完整单纯的几何形体构成体现了当地原始文化的特色。

建筑的四个庭院象征着巴布亚新几内亚的四个主要地区，中央的圆顶象征着国家的统一。宏伟的壁画从大厅贯穿到室外，形成鸟嘴的传统形状，色彩鲜明的壁画表达了强烈的巴新特色。装饰细节运用了大量土著文化的图案，配以材质的对比，形成强烈的效果。主会议厅特色顶面造型如同天堂鸟展开翅膀飞翔。建筑外墙面采用了当地的带肋混凝土砖砌筑，有着粗犷原始的自然美。设计尽力让建筑更有巴新的特色，让艺术和雕塑融入建筑。

HAND-OVER CEREMONY FOR THE UPGRADING AND RENOVATION PROJECT OF INTERNATIONAL CONVENTION CENTER
中国政府援巴新国际会议中心升级改造项目移交仪式

NANNING LIBRARY

南宁市图书馆

项目业主：南宁市图书馆
建设地点：广西 南宁
建筑功能：文化建筑
用地面积：30 000平方米
建筑面积：36 000平方米
设计时间：2016年—2018年
项目状态：建成
设计单位：中国中元国际工程有限公司
设计团队：雷晓明、王金智、魏宏源、冯雨晴、尚维

设计旨在将传统图书馆功能与图书销售、文化纪念品销售、展览、教育、儿童活动等结合，提供更开放灵活的空间，容纳更丰富的活动内容，增强吸引力，打造图书休闲中心。

建筑从外到内提供了层次丰富的阅读和交流空间。从室外展场、室内阶梯阅读展示空间、屋顶草坡、挑廊空间，到内部变化多端的中庭和每层的休息交流空间，随处可阅读，每处都有不同的环境体验。空间的开放性、视觉的通透性和绿色庭院内外融合，让阅读体验充满愉悦，极大促进了交流的愿望和可能。

造型借用了广西风雨桥的意象。立面密檐的做法提供了遮荫的同时，也传达了广西传统建筑的神韵。

建筑利用自然地形，采用草坡柔化了建筑和地景的界限，并成为起伏地形的一部分。它也像是广西常见的山地梯田景观，如同从大地中生长出来又融入大地，也象征着知识的阶梯。

建筑的内外环境设计融入民族服饰图案元素、铜鼓元素等，创造属于南宁的地方特色图书馆。

BEIJING LABORATORY BUILDING FOR SYNFUELS CHINA TECHNOLOGY CO., LTD.

中科合成油技术有限公司北京实验楼

项目业主：中科合成油技术有限公司
建筑功能：实验室、办公、库房
建筑面积：24 000平方米
项目状态：建成
设计团队：雷晓明、王金智、李斌、宋永诚
获奖情况：2016年中国建筑设计奖
中国建筑学会优秀工业建筑设计一等奖

建设地点：北京
用地面积：35 000平方米
设计时间：2009年—2015年
设计单位：中国中元国际工程有限公司

项目的1号实验楼为“回”字形布局，融合了数个厂房式实验室。高大空间的厂房式实验室之间以交通辅助及休息交流空间串联，建筑中部布置景观庭院。项目的2号实验楼在场地的西北部，“一”字形平面，南北两侧是灵活分隔的实验室及办公培训教室，中间的辅助空间内布置了讨论室、开敞楼梯、错动的小庭园和休息交流空间，创造有利于实验人员交流聚会并产生灵感的机会。

整体设计规则、理性、大方、简洁，体现了科学实验的精确和严谨的风格。深灰色陶土板和铝板的组合显现严谨稳重而又有科技感的意向。“U”形玻璃的运用为高大的实验室提供了柔和的自然光线，有利于实验环境和节能。立面语言干净利落，体现科研建筑的性格。休息交流空间的精心设置增添了实验环境的舒适性。庭院景观提供了宜人的环境体验。灵活开放的格局满足未来变化的实验需求。

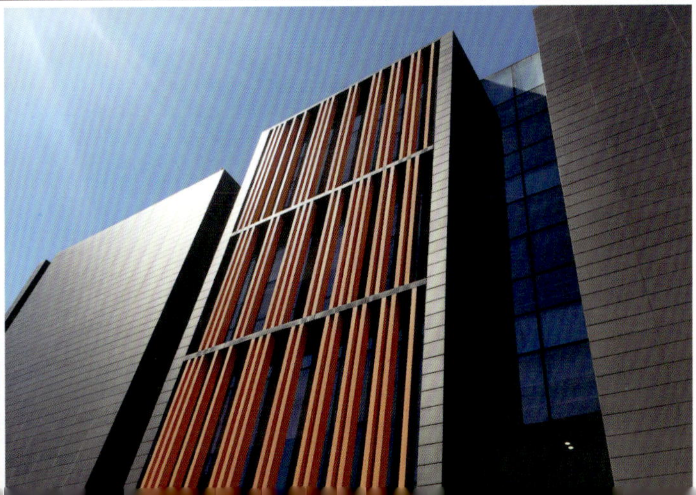

LQS Architects
陆启水建筑设计事务所

陆启水

职务： 陆启水建筑设计有限公司创始人
宁波大学设计与艺术学院工作室主任
中国建筑学会会员
宁波市建筑师学会理事
职称： 副教授
高级建筑工程师
国家一级注册建筑师

教育背景
1998年　浙江工业大学建筑学学士

工作经历
1998年—2003年　安道景观与建筑设计有限公司（杭州）合伙创始人、设计总监
2003年—2013年　宁波市建筑设计研究院有限公司主任建筑师
2013年至今　宁波大学设计与艺术学院副教授、工作室主任
2014年至今　陆启水建筑设计有限公司创始人

个人荣誉
2011年　浙江省建设工程钱江杯奖优秀勘察设计奖
2010年　四川省工程勘察设计表扬奖
2016年　“谷雨杯”全国大学生可持续建筑设计竞赛被评为优秀指导教师

主要设计作品
2000年　浙江丽水学院规划
2002年　南京江南青年城
2004年　江西财经大学公共教学楼
2004年　宁波华信国际大酒店
2005年　宁波江南一品
2005年　宁波稻语间私人住宅
2006年　浙江峰景湾度假酒店街区
2007年　河北迁安天波大酒店
2009年　宁波鄞州出入境检验检疫局
2009年　青川广电中心
2010年　宁波市急救中心
2010年　宁波逸夫剧院改造
2012年　宁波大学法商学院
2013年　东钱湖精品酒店
2014年　宁波1884当代艺术中心
2014年　宁波东钱湖陶公巷改造设计
2014年　河北辛集私人会所
2015年　慈溪私人会所
2015年　宁波易中禾仙草园健康服务中心
2016年　江西九江精品度假酒店设计
2017年　舟山和鸿集团总部

媒体报道
2009年8月《扬州晚报》报道
2009年8月《新闻晨报》报道
2010年3月《商界时尚》杂志专访
2011年3月《钱江晚报》报道

学术研究
2011年第1期《建筑知识a+a》发表《星辰》
2010年第9期《建筑知识a+a》发表《对舟宿夜江的一次误读》
2009年第3期《建筑知识a+a》发表《图控建筑》
2008年第6期《建筑知识a+a》发表《林荫大道上的璀璨钻石》

**地址：宁波市江东北路375号和丰创意广场
丰庭楼706室**
邮编：315000
电话：0574-87748966
网址：www.lqs-a.com
电子邮箱：lqs@lqs-a.com

陆启水建筑设计事务所

2014年，陆启水在宁波大学建筑系任教期间，创立了个人建筑设计事务所。

20年的建筑实践过程中，设计师不断追问：什么是建筑？可以解决什么问题？如何去解决？营造什么场所及空间？使用什么材料？如何建造？如何控制光线？

没有一个建筑是孤立的，它或是一个城市的片段，或是一个群体的寄托，也可能是一种行为的一个舞台。而建筑师，是链接者，链接政府，链接业主，链接场地、空气、光和水。

事务所参与的项目丰富多样，有城市规划、城市综合体、大学、美术馆、剧院、酒店、会所、独立住宅、改造等项目的设计。落成的项目遍布杭州、宁波、南京、南昌、舟山、唐山、西安等数十个城市。

团队特别注重建筑项目的落地性，目前已经组建从规划到建筑、室内、景观、灯光、软装、施工等一系列的优秀配合团队。

QINGCHUAN RADIO AND TELEVISION CENTER

青川广电中心

项目业主：青川广电局
建设地点：四川 青川
建筑功能：文化建筑
用地面积：5 000平方米
建筑面积：3 999平方米
设计时间：2009年
项目状态：建成
设计单位：宁波市建筑设计研究院有限公司
设计团队：陆启水、徐晓萍、杨浩波
获奖情况：2011年度浙江省建设工程钱江杯奖优秀勘察设计奖
　　　　　2010 年四川省工程勘察设计表扬奖

项目是援助任务之一，建设地点位于青川县乔庄镇，镇上大部分的房子已经毁坏，规划部门在乔庄的南部划出了部分土地，用来重建住宅、学校、医院、法院、文化中心和广电中心。

建筑师从自然的随机性中寻找建筑体的构成方式，基本确定建筑为一个不规则的曲环，在俯瞰时与地块的肌理相呼应，首层部分与山地相接，流线型的上层建筑部分则更像水域，润泽而柔美，建筑与地块的肌理融为一体，具有一种儒雅的韧性。

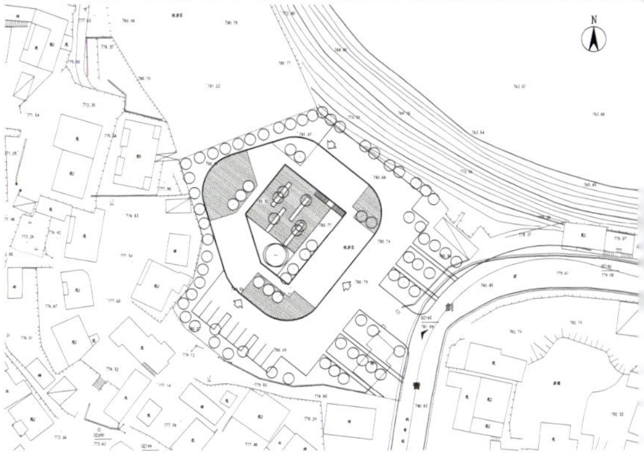

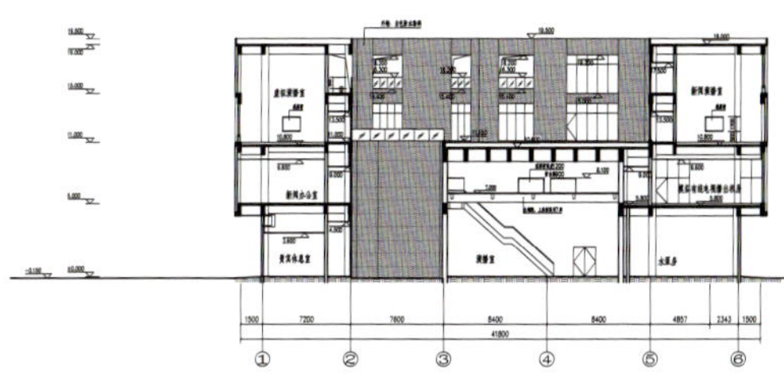

1－1剖面图 1:120

NINGBO YIFU THEATRE RECONSTRUCTION

宁波逸夫剧院改造

项目业主：宁波剧院　　建设地点：浙江 宁波
建筑功能：文化建筑　　用地面积：3 000平方米
建筑面积：2 800平方米　设计时间：2010年
项目状态：建成
设计单位：宁波市建筑设计研究院有限公司
主创设计：陆启水

项目立面改造设计希望能够传承历史的同时体现时代特征，而不是完全颠覆。因此，建筑师用扩张铝板网把整个建筑保护起来，远看建筑是一个完整的整体。而透过铝板网的空隙，我们依然能够看到以前剧院的样貌。由于铝板网的特性，在裙房3.2米以下为白色彩釉玻璃，光洁而且不易损坏；主入口大门的门斗为灰白色混凝土板。不同材质和质感的白色材料营造出现代建筑风格。

通过灯光设计，在晚上，照亮老建筑的外墙，呈现在大家面前的将是一个绚丽而且富有层次和历史内涵的全新的建筑形象。现在灯光安装已经完成，基本能够达到之前设想的效果。

DONGQIAN LAKE BOUTIQUE HOTEL

东钱湖精品酒店

项目业主：宁波市东钱湖文旅公司
建设地点：浙江 宁波
建筑功能：酒店建筑
用地面积：2 000平方米
建筑面积：1 800平方米
设计时间：2014年
项目状态：在建
设计单位：陆启水建筑设计事务所
设计团队：陆启水、王梦阳、张晨、朱力

项目位于宁波市东钱湖景区，临近韩岭村。地块原为自来水厂，项目保留了原有的一栋1层、一栋2层小楼和一个水塔，原有建筑面积约690平方米。地块中间有3棵大树，沿湖有一圈树木，地块主入口隐秘，整个老建筑隐匿于树林之中。地块三面环湖，拥有绝佳的湖景。考虑东钱湖的众多旅游资源，于是将项目定位为高端精品酒店。

新的方案中，尽可能地保留原有建筑，通过局部加建一栋2层建筑，使建筑面积增加到1 200平方米左右。另外增加约300平方米的连廊和通道面积。

设计师希望这是一个隐匿的酒店，通过更换原来建筑的马赛克材质，使用自然质朴的木材、片石和本色的金属、玻璃材质，与保留的建筑相呼应。精致、本质、具有时代和地域特征的属性是设计师赋予这个设计的关键词。

NINGBO 1844 CONTEMPORARY ART CENTER

宁波1844当代艺术中心

项目业主：宁波企赢资产管理有限公司
建设地点：浙江 宁波
建筑功能：商业建筑
用地面积：10 000平方米
建筑面积：1 500平方米
设计时间：2014年
项目状态：建成
设计单位：陆启水建筑设计事务所
设计团队：陆启水、王梦阳、吴政轩

CIXI PRIVATE CLUB

慈溪私人会所

建设地点：浙江 慈溪
建筑功能：私人会所
用地面积：6 000平方米
建筑面积：600平方米
设计时间：2015年
项目状态：建成
设计单位：陆启水建筑设计事务所
设计团队：陆启水、王梦阳、马卿

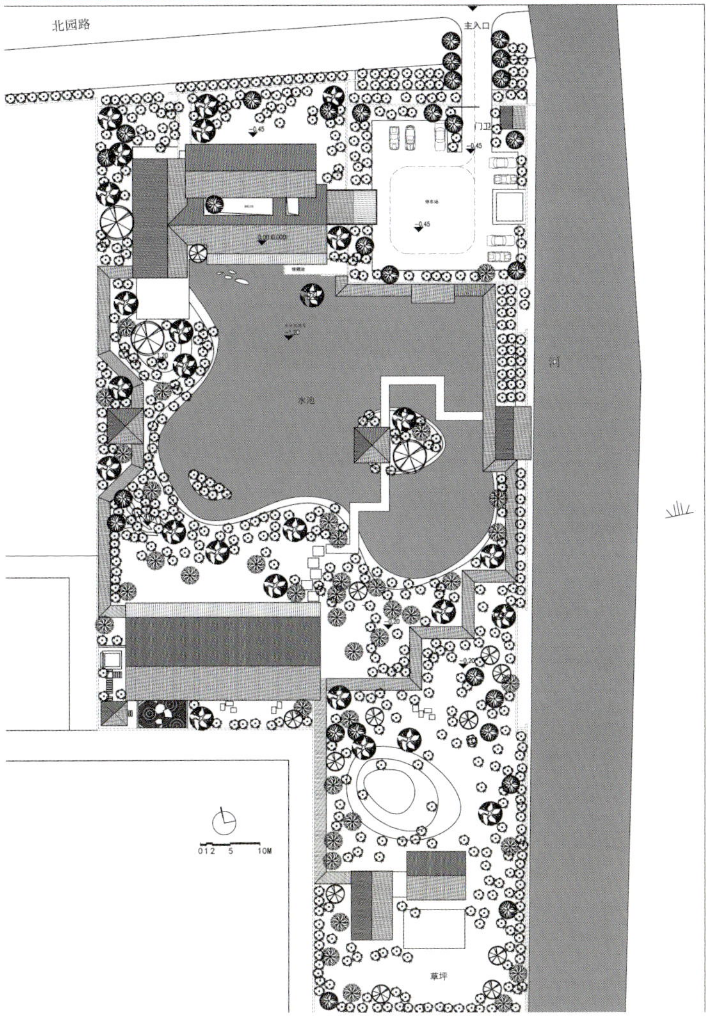

JIUJIANG WUNING WILD LUXURY HOTEL

九江武宁奢侈酒店

建设地点：江西 武宁
建筑功能：酒店建筑
用地面积：130 000平方米
建筑面积：3 000平方米
设计时间：2016年
项目状态：建成
设计单位：陆启水建筑设计事务所
设计团队：陆启水、马卿、李国斌

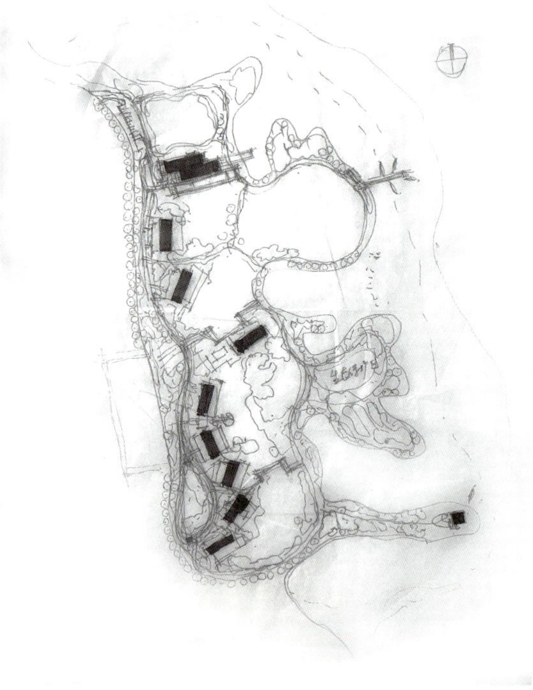

HEHONG GROUP HEADQUARTERS, ZHOUSHAN

舟山和鸿集团总部

项目业主：舟山和鸿集团
建设地点：浙江 舟山
建筑功能：办公建筑
用地面积：5 000平方米
建筑面积：12 000平方米
设计时间：2017年
项目状态：建成
设计单位：陆启水建筑设计事务所
设计团队：陆启水、李国斌、李梦萌

梁绿荫

职务：深圳和华国际工程与设计有限公司董事长、首席设计师
职称：国家一级注册建筑师

教育背景
1993年—1998年　华南理工大学建筑学学士

工作经历
1998年9月—2000年7月　深圳市筑博工程设计有限公司建筑设计师
2000年8月—2011年3月　华阳国际工程设计有限公司设计副总裁
2011年5月至今　深圳和华国际工程与设计有限公司董事长、总建筑师

个人荣誉
2004年荣获“中国优秀设计师”称号
被“中国房地产细节展”评为“中国房地产建筑设计专家奖”
2012年荣获首届深圳市优秀项目负责人奖（国家一家注册建筑师）
2018年被评为“深圳市杰出青年建筑师”

圣淘沙·骏园　荣获中国金房奖及深圳西岸人居经典奖
合肥百协大溪地　荣获2004年全国人居经典建筑规划设计方案建筑金奖
纯海岸　荣获2006年深圳市优秀工程勘察设计二等奖
2007年深圳市优秀设计二等奖
深圳市侨香村经济适用房住宅区　荣获2011年第四届华彩奖金奖
深圳市第十四届优秀工程勘察设计一等奖
万科第五园五期 12#楼　荣获2011年第四届华彩奖金奖
深圳市第十四届优秀工程勘察设计一等奖
佛山九鼎国际城　荣获2011年第四届华彩奖银奖
深圳市第十四届优秀工程勘察设计二等奖
宝能太古城花园　荣获2011年第四届华彩奖铜奖
深圳市第十四届优秀工程勘察设计二等奖
曦湾华府　荣获2011年第四届华彩奖铜奖
深圳市第十四届优秀工程勘察设计三等奖
中粮隆玺壹号　2012年“第九届中国人居典范建筑规划设计竞赛”中被评为“绿色宜居住宅”
宝能城花园东区　2015年全国人居经典建筑规划设计方案竞赛活动中荣获建筑金奖
荣获2018年第四届深圳建筑设计奖未建成项目铜奖
宝能城市公馆　2015年全国人居经典建筑规划设计方案竞赛活动中荣获建筑金奖
恒大天璟大厦　2016国际人居生态建筑规划设计方案竞赛活动中荣获建筑金奖
荣获2018年第四届深圳建筑设计施工图金奖

主要设计作品
深圳中航城
深圳华润大冲旧城改造规划
深圳宝能太古城
深圳市侨香村经济适用房住宅区
恒大天璟大厦
宝能城花园东区
香蜜湖宝能公馆

建筑思想
建筑设计在创造令人愉悦的环境的同时，还需注重建筑的文化表达和公共服务的人性化建设。优秀的建筑设计源于生活，高于生活，引领未来生活。

深圳和华国际工程与设计有限公司成立于2005年，是集建筑甲级、规划乙级二者为一体的工程设计公司。现主要业务包括城市规划设计、居住建筑、城市综合体、大型商业、旧城更新改造、室内设计等。公司总部位于深圳，同时设立厦门、长沙、广州分公司，合作伙伴有恒大、远洋、宝能、深业、中粮等知名开发商。公司拥有一大批年富力强、锐意进取的设计师，其中国家一级注册建筑师6人、国家一级注册结构工程师4人。本着“专业化、精细化、高品位、高品质”的设计理念，作品广受业主的好评。和华国际坚持“设计创造价值”，凭借丰富的城市规划设计与建筑理论实践，近年来迅速将业务范围拓展至中国的各个地方。

地址：深圳市南山区三湘海尚E座12楼
电话：0755-86692029
网址：www.wowa.cc

陈楠

职务：董事副总经理、首席建筑师
职称：中级建筑工程师

教育背景
华南理工大学建筑学学士

工作经历
1998年7月—2000年7月　深圳左肖思建筑师事务所
2000年7月—2004年3月　深圳职业技术学院建筑工程系
2004年3月—2011年3月　深圳建筑设计研究总院有限公司
2011年3月至今　深圳和华国际工程与设计有限公司

个人荣誉
2010年　河源东江首府一期
荣获深圳市第十四届优秀工程勘察设计评选（住宅建筑）三等奖
河源市职工文化活动中心
荣获深圳市第十四届优秀工程勘察设计评选（公共建筑）三等奖
2012年　中粮隆玺壹号
"第九届中国人居典范建筑规划设计竞赛"中被评为"绿色宜居住宅"
2018年　泉州洛江世茂璀璨天城（01~02地块）
荣获第四届深圳建筑设计奖未建成项目铜奖
润恒都市茗荟花园（二期）
荣获第四届深圳建筑设计施工图银奖、第四届深圳建筑设计奖未建成项目金奖
世茂璀璨星城二期
荣获第四届深圳建筑设计奖未建成项目铜奖

主要设计作品
润恒·都市茗荟花园（二期）
香蜜湖宝能公馆
康利工业园城市更新项目
潜溪酒店
河源东江首府
河源市职工文化活动中心

建筑思想
生长在城市环境中的建筑也将成为城市的背景。高密度下的城市发展中，建筑亦如原始森林中的植物，掠夺着阳光、绿地、河流。围绕着城市中各种有利的、不利的资源因素，生长出各种相似而又不同的建筑，随着时间的推移，它们也将被淹没在城市中，成为背景。

赵文浩

职务：董事副总经理

教育背景
厦门大学建筑学学士

工作经历
2003年7月—2011年7月　深圳华阳国际工程设计有限公司
2011年7月至今　深圳和华国际工程与设计有限公司

个人荣誉
2006年　纯海岸
荣获深圳市优秀工程勘察设计二等奖
2007年　纯海岸
荣获深圳市优秀设计二等奖
2010年　曦湾华府
荣获深圳市第十四届优秀工程勘察设计三等奖
2011年　曦湾华府　荣获第四届华彩奖铜奖
2012年　中粮隆玺壹号
"第九届中国人居典范建筑规划设计竞赛"中被评为"绿色宜居住宅"
2014年　曦湾天馥
荣获"中国掌柜风雨榜"深圳十大品质豪宅
2015年　宝能城花园东区
荣获全国人居经典建筑规划设计方案竞赛建筑金奖
2016年　恒大天璟大厦
荣获国际人居生态建筑规划设计方案竞赛建筑金奖
2017年　深圳中航城
荣获第十七届优秀工程勘察设计一等奖
2018年　宝能城花园东区
荣获第四届深圳建筑设计奖未建成项目铜奖
恒大天璟大厦
荣获第四届深圳建筑设计奖施工图金奖

主要设计作品
宝能城花园东区　恒大天璟大厦
中粮隆玺壹号
宝安区福永街道凤凰第三工业区
曦湾天馥
深圳中航城

建筑思想
强调"以人为本"的设计思想，满足设计的舒适性、安全性、耐久性和经济性，创造一个布局合理、功能齐全、交通便捷、环境优美的建筑设计。
充分利用周边环境，积极营造人、建筑与自然和谐的户外空间，尽力挖掘空间潜力，发挥土地的最大经济效益。
针对项目所处地块的要求、规划的用地布局及空间组织，以人的需求为依据，充分考虑人的可达性、便捷性和舒适性，同时非常注重建筑物形体和立面处理，使建筑物展现简洁和大气，注重建筑物整体比例和材料组合以及主要细部的刻画。

黄继铭

职务：常务副总经理
职称：高级建筑师

教育背景
广州大学建筑学学士

工作经历
2002年—2014年　广东省建筑设计研究院深圳分院
2014年至今　深圳和华国际工程与设计有限公司

个人荣誉
2009年　海运中心
荣获广东省优秀工程勘察设计一等奖、全国优秀工程勘察设计二等奖
新怡景商业中心
荣获广东省优秀工程勘察设计一等奖、全国优秀工程勘察设计二等奖
2011年　武汉光谷中心花园
荣获广东省优秀工程勘察设计二等奖、全国优秀工程勘察设计三等奖
2014年　海上世界广场船后广场
荣获深圳市第十六届优秀工程勘察设计一等奖
2015年　海上世界广场船后广场
荣获广东省优秀工程勘察设计三等奖
2016年　恒大天璟大厦
荣获国际人居生态建筑规划设计方案竞赛金奖
2017年　昆明西山万达广场双塔
荣获广东省优秀工程勘察设计二等奖、全国优秀工程勘察设计二等奖
昆明西山万达广场文华酒店
荣获广东省优秀工程勘察设计二等奖
2018年　恒大天璟大厦
荣获第四届深圳建筑设计施工图金奖

主要设计作品
恒大天璟大厦
兆鑫汇金广场
华润深圳湾综合发展项目南区
昆明西山万达广场（双塔、文华酒店）
海上世界广场
新怡景商业中心
深圳远洋新干线
武汉光谷中心花园
武汉融众国际广场
保定万博广场

建筑思想
建筑是一个多元素、综合的、社会性的一门科学，建筑创作构思和设计实践，需要建筑师进入到整个设计里面，要有匠人的精神把它完成。注重细节研究，追求品质，通过创作去挖掘一个建筑的社会价值。

松下大辅

职务：建筑设计、监理、教学
职称：建筑师、教授

教育背景
1998年—2000年　京都大学建筑学科工学士、硕士
2003年　京都大学工学博士

工作经历
2000年—2001年　ＯＭＡ亚洲地区办事处
2010年—2017年　ANO合同会社一级建筑师事务所
2017年至今　ANO合同会社一级建筑师事务所
日本大阪市立大学松下教授(和华国际)工作室

个人荣誉
1998年　京都大学工学部建筑学科毕业设计，"Resonance"，学内2位优秀奖，日本建筑学会全国大学·高专毕业设计展出展
1998年　第5回空间设计大赛"发挥玻璃质感的建筑"佳作
1999年　第1回日本路灯设计大赛"21世纪的街道设施"最优秀奖
2000年　《酒店业务利润与容积模式之关联性的可行性研究》荣获第11回日本建筑学会优秀硕士论文奖
2007年　日本感性工学协会奖、大会优秀项目演说奖
2009年　日本Good Design Award优秀设计奖
2012年　八幡滨卫生间设计建筑设计竞赛提名入围、第四等奖
2012年　第17回冈山研究园创新育成中心研究·专题介绍会产学官合作推广奖
2015年　日本建筑学会奖励奖

主要设计作品
深汕特别合作区鲘门展厅
首尔华克山庄Ｗ酒店
梅园町之家
天王寺区私人住宅
八幡滨卫生间设计

建筑思想
当设计概念追求优先满足客户及地基等特定条件时，其设计的任意性和设计者的特性将变小，并形成融入环境的无记名建筑。

XIANGMI LAKE BAONENG MANSION

香蜜湖宝能公馆

项目业主：宝能地产股份有限公司
建设地点：广东 深圳
建筑功能：集中商业、国际公寓、住宅建筑
用地面积：36 269平方米
建筑面积：306 756平方米
设计时间：2013年—2014年
项目状态：建成
设计单位：深圳和华国际工程与设计有限公司
合作单位：北京中外建建筑设计有限公司深圳分公司
设计团队：梁绿荫、陈楠、郭潮水、龚明、王绍箕、黄继铭、史楚林、林碧憧、肖波、徐培基、罗刚、黄良华
获奖情况：2015年全国人居经典建筑规划设计建筑金奖

项目位于深圳福田区香蜜湖传统豪宅区，项目定位为香蜜湖片区豪宅名片，作为典型的国际化高档社区，宝能公馆依靠着十分迷人和纯正的国际建筑语言吸引各界名流的目光。规划设计中追求自然景观和人文景观的和谐并存，充分利用地块边界条件，建筑面向景观空间采用围合式布局，建筑围合的开敞庭院和外部景观形成递进的多层次景观形态。为满足不同类型住户的要求，本案提供了多样化的户型产品，户型考虑每一个家居生活细节，尝试多元生活空间的整合，通过大面积凸窗和景观阳台的设置，将社区景观资源渗透到细微生活。建筑立面上通过运用古典建筑设计语言来阐述现代生活的乐趣，错落有致的立面线条通过对称的构图原则有序设置，形成层次分明、极富变化的立面空间，同时配合窗户和外墙的分段处理，使建筑整体充满向上的张力，尽显现代都市风情。采用底部架空处理将景观延伸到建筑内部，丰富了建筑微环境，活跃了空间层次，同时将架空层作为休闲娱乐空间，是居民日常活动和邻里交流的绝佳场所。

BAONENG CITY GARDEN EAST DISTRICT

宝能城花园东区

项目业主：宝能城有限公司
建设地点：广东 深圳
建筑功能：住宅、酒店式公寓、商业、酒店建筑
用地面积：75 849平方米
建筑面积：626 597平方米
设计时间：2012年
项目状态：在建
设计单位：深圳和华国际工程与设计有限公司
设计团队：梁绿荫、赵文浩、肖斌、黄靖、史楚林、
周仁程、钟海斌、叶喜荣、杨宪涛
获奖情况：2015年全国人居经典建筑规划设计建筑金奖
2018年第四届深圳建筑设计奖未建成项目铜奖

宝能城地处深圳南山区西丽大学城片区，与5号线塘朗站接驳。项目定位为超大型人文智慧综合体，以“自由、开放、包容”的设计理念，融合了“绿色、科技、人文、艺术、品质”五大元素，打造集高档住宅、大型商业、白金酒店、高档公寓于一体的超大型人文智慧综合体，一座开放共融活力之城。宝能城坐拥深圳关内生态绿肺资源——塘朗山原生山脉、西丽湖、人文学府、西丽高尔夫绿地等，成为深圳绿色生态住区。项目东区由11栋150米高的超高层住宅、2栋200米高的超高层及酒店、4层大型商业组成。

总平面图

EVERGRANDE TIANJING BUILDING

恒大天璟大厦

项目业主：前海君临实业发展（深圳）有限公司
建设地点：广东 深圳
建筑功能：商业、办公建筑
用地面积：10 448平方米
建筑面积：151 700平方米
设计时间：2015年
项目状态：在建
设计单位：深圳和华国际工程与设计有限公司
设计团队：梁绿荫、赵文浩、黄继铭、肖斌、史楚林、
钟海斌、叶喜荣、王嘉辉、赵鸿儒
获奖情况：2016年国际人居生态建筑规划设计方案竞赛金奖
2018年第四届深圳建筑设计施工图金奖

恒大天璟大厦是世界500强恒大集团（2016年《财富》杂志发布世界500强排行榜）于南山半岛的重点作品，项目位于深圳市南山中心区，是蛇口城市更新板块与后海片区的核心枢纽，也是南山地标南油大厦城市更新项目。建筑由两栋45层办公塔楼及4层商业裙房组成，建筑总高度220米。办公塔楼单体设计考虑项目的整体性、标志性，立面采用现代简约的设计风格，以平整干净的玻璃幕墙为主要设计元素，形体上配以连续的凹凸变化，并穿插空中绿化元素，彰显建筑高耸挺拔，具有现代气息，符合城市更新的设计理念。

项目占据蛇口自贸区、前海国际金融区、后海总部基地和深圳科技园四大区域的资源；临近城市发展主轴南海大道，将周边的陆路交通整合成一个内循环，北接滨海大道、深南大道，南连跨海大桥、蛇口港，经京港澳高速可抵达深圳宝安国际机场，临近地铁2号线、9号线和11号线，尽享立体交通体系。

ZHAOXIN HUIJIN SQUARE

兆鑫汇金广场

项目业主：深圳市兆鑫房地产开发有限公司
建设地点：广东 深圳
建筑功能：商业、办公、公寓、住宅建筑
用地面积：16 189平方米
建筑面积：230 240平方米
设计时间：2016年
项目状态：在建
设计单位：深圳和华国际工程与设计有限公司
合作设计：凯达环球建筑设计咨询（北京）有限公司
设计团队：黄继铭、赵文浩、林世杰、杨宪涛、
章安苏、段伟、章志勇、邓普荣

项目位于深圳市罗湖区深南东路与建设路交会处，是罗湖区城市更新重点项目。由一栋250米高办公塔楼、一栋150米高办公塔楼、一栋150米高住宅塔楼及3层商业裙房组成城市综合体，三期规划1栋180米高酒店塔楼。其中，250米高的塔楼将成为本项目及片区的地标建筑，立面设计立意以“汇流成金”的概念展开设计，塔楼犹如瀑布水帘的玻璃外皮在塔楼下部开始摆动，营造出流水自然的形态，建筑角部错落的退台设计，创造出灵活多变的空间，有如瀑布下方被水击打而展露出来的岩石。传承“水落石出、点石成金”的设计主题概念，契合项目“汇金广场”的寓意。

RUNHENG URBAN GARDEN (PHASE II)

润恒都市茗荟花园（二期）

项目业主：深圳润恒房地产开发集团有限公司
建设地点：广东 深圳
建筑功能：住宅建筑
用地面积：32 920平方米
建筑面积：203 979平方米
设计时间：2016年
项目状态：在建
设计单位：深圳和华国际工程与设计有限公司
设计团队：陈楠、龚明、黄继铭、沈时吟、阮汉斌、史楚林、
彭飞禹、胡金星、向兴卫
获奖情况：2018年第四届深圳建筑设计施工图银奖
2018年第四届深圳建筑设计奖未建成项目金奖

本案定位为宝安中心区城市高端精品住宅，集商业、住宅及幼儿园于一体，为当地市民的生活、购物、商务社交、休闲娱乐提供至尊体验。设计在商业街内部广场打造城市会客厅，是市民会客交际、休闲漫步的场所，也是集休闲、商务、娱乐、购物于一体的文化广场。住宅布局采用开敞式围合布局，通过严格的视线分析，确定建筑朝向，让每栋住宅获得最好朝向并能远眺前海湾，饱览无敌海景。户型设计强调获得最大的海景面宽，形成独特的滨海住宅风格。围合布局在裙房屋顶形成大尺度的中央屋顶花园，是住户日常休闲活动的场所。

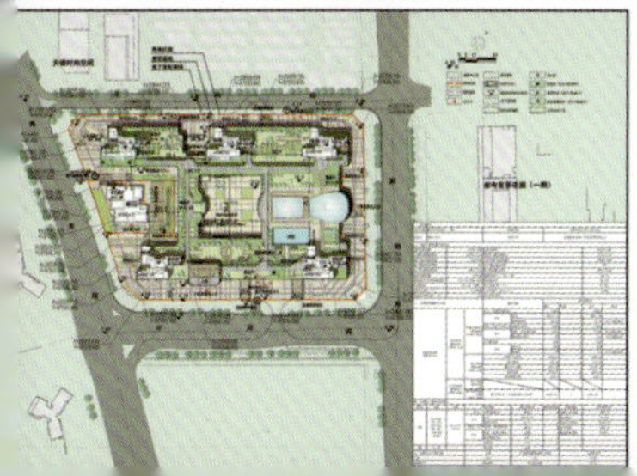

SHENZHEN DERUN GLORY MANSION

深圳德润荣君府

项目业主：深圳市德润创展房地产开发有限公司
建设地点：广东 深圳
建筑功能：住宅、公寓、配套商业建筑
用地面积：19 093平方米
建筑面积：145 254平方米
设计时间：2013年
项目状态：建成
设计单位：深圳和华国际工程与设计有限公司
设计团队：梁绿荫、刘栩科、蒙琪君、黄继铭、林碧懂、
史楚林、肖波、徐培基、罗刚、黄良华
获奖情况：2018年第四届深圳建筑设计奖已建成项目铜奖

本项目通过全方位分析研究和多种方案的比较，规划方案得出以下几个方面的构思理念：

1. 个性内敛的外观视觉

个性内敛而富有韵律感的外立面处理，体现了本项目对品质的要求。

2. 内涵丰富的附加值

加入露台花园、双层空间、台地园林、架空长廊等设计元素，以丰富的内涵提升社区的品味，实现附加值的最大化。

3. 多元文化交融共享的社区环境

本项目地理位置交通十分优越，但外部景观资源有限，布局上尽量做大面积的集中绿化，将建筑退线布置，创造出丰富、有个性的社区庭院，以营造出年轻的休闲城市生活气氛，提高项目档次。

SHENSHAN SPECIAL COOPERATION ZONE HOUMEN EXHIBITION HALL

深汕特别合作区鲘门展厅

建设地点：广东 汕尾　　建筑功能：展览馆
用地面积：7 066平方米　　建筑面积：4 000平方米
设计时间：2015年　　项目状态：建成
设计单位：ANO合同会社一级建筑师事务所、深圳和华国际工程与设计有限公司
设计团队：松下大辅、黄继铭、钟彩燕

项目作为开发地区的展示设施，要有象征性的外观。

为了兼具先进的现代性和中国的传统性，使用了钛合金和玻璃等建材，采用了从三方包围水池的建筑物配置和缓慢的坡屋顶连续的立面设计手段。垂直的外壁与坡屋顶形成的连续变化部分是可展曲面，以一般的平面建材覆盖。

COFCO LONGJING

中粮隆玺壹号

项目业主：中粮地产集团有限公司
建设地点：辽宁 沈阳
建筑功能：住宅建筑
用地面积：160 000平方米
建筑面积：490 001平方米
设计时间：2012年
项目状态：建成
设计单位：深圳和华国际工程与设计有限公司
设计团队：梁绿荫、赵文浩、颜贵、叶喜荣

项目建筑设计为新古典主义风格，采用西方文化与中国传统文化相结合的方式，建筑外墙的厚重石材透着内敛高贵的气韵。在立面设计中加入了一些中式图腾的符号，也是与北陵公园的建筑风格遥相呼应的。园林设计强调传统庭院的空间序列感，规划概念与北陵龙脉相匹配，将园区分为五组院落、九重景观，寓意皇室的“九五至尊”。为使在楼座排布中突出私密性，项目公共景观与组团景观进行有效分隔，动静分离互不干扰，同时每个组院的设计主题都有所侧重，各有主题，真正做到了园中有院、院中有景、内外有别、层层有序。

CONLEY INDUSTRIAL PARK URBAN RENEWAL PROJECT

康利工业园城市更新项目

项目业主：深圳康利工艺石材有限公司
建设地点：广东 深圳
建筑功能：办公建筑
用地面积：41 607平方米
建筑面积：371 400平方米
设计时间：2018年
项目状态：方案设计阶段
设计单位：深圳和华国际工程与设计有限公司
设计团队：梁绿荫、陈楠、郭潮水、王绍箕、赵政、栾魏、杨垚、莫晓东

康利工业园城市更新项目是作为“工改工”类的城市更新项目。在2014年，经深圳市经济技术贸易和信息化委员会批复，康利项目升级为文化创意产业园，2017年被列为龙岗区重大项目。本项目区域优势明显，作为康利集团在龙岗打造的第二个城市综合体项目，未来有机会成为康利集团品牌“工改工”项目的品质标杆。

SEOUL WALKERHILL VILLA W HOTEL

首尔华克山庄 W 酒店

项目业主：Whotels
建筑功能：酒店建筑
设计时间：2000年
设计单位：OMA亚洲地区办事处
建设地点：韩国 首尔
建筑面积：33 500平方米
项目状态：建成
主创设计：松下大辅

酒店位于综合型度假区Seoul Walkerhill内。

Whotels的营销部门要求设计符合年轻人的诉求。设计一边融合周围的自然环境，一边制作有象征性的外观。窗前使用丝绸屏幕打印玻璃，加上客房内窗边的照明，照射不锈钢丝线窗帘，形成昼夜反转的动态外观设计。

不同概念的多样的客房、SPA、餐厅等，以提供华丽的住宿体验为目标。

PLUM GARDEN HOUSE

梅园町之家

项目业主：个人
建设地点：日本 京都
建筑功能：个人住宅
用地面积：271平方米
建筑面积：186平方米
设计时间：2009年
项目状态：建成
设计单位：ANO合同会社一级建筑师事务所
主创设计：松下大辅
获奖情况：优秀设计奖Good Design初步筛选合格

本项目是服饰设计事务所兼住宅。

与正面公园及幽静住宅街调和的同时，追求现代、朴素的设计。

为了把事务所和住宅区分相融合，设计采用统一而有象征性的临街墙面。

宽广的车库与私人中庭连接，满足业主研究汽车和摩托车的兴趣要求。

此外，应对将来生活要求的变化，设计考虑了两个孩子独立后，将孩子房间转换为客厅或夫妻用房的灵活性。

AUBE

欧博设计

李媛琴

职务：副总建筑师、ARD中心副总经理、设计总监
职称：高级工程师
国家一级注册建筑师

教育背景
1995年—2000年　河北建筑工程学院建筑学学士
2000年—2003年　深圳大学建筑学硕士

工作经历
2003年—2010年　悉地国际设计顾问有限公司
2010年—2014年　何显毅香港建筑事务所
2014年至今　深圳市欧博工程设计顾问有限公司

主要设计作品
兰将山地花园一期
荣获2015年广东省优秀工程勘察设计奖二等奖
水贝珠宝总部大厦
荣获2016年第三届深圳市建筑工程施工图编制质量金奖
深湾汇云中心
荣获2016年第二届深圳建筑创作奖铜奖
2016年第三届深圳市建筑工程施工图编制质量银奖
卡塔尔多哈超高层办公楼
荣获世界高层都市建筑学会2012年最佳超高层建筑提名奖

建筑思想
从前期策划到设计落地再到项目运营，全程地参与是建筑师成长的必经之路。将美好的愿景构思实现为精美实用的建筑群体，是建筑师一直追求和努力的目标。建筑是空间和技术碰撞的产物，将材料、技术与空间、效果完美结合，在可控成本和时间周期内将建筑完美呈现，是建筑师的职责所在。

林文波

职务：设计总监
职称：初级

教育背景
1997年—2002年　深圳大学建筑学学士
2007年—2009年　法国规划学院（IFU）规划学硕士

工作经历
2002年—2006年　深圳市欧博工程设计顾问有限公司
2008年—2010年　法国巴黎奥戴勒德克（ODBC）建筑师事务所
2010年至今　深圳市欧博工程设计顾问有限公司

主要设计作品
深圳国际会展中心会展湾休闲广场
珠海横琴易方达大厦
贵阳未来方舟F2地块IMAX影城
城建观澜仁山智水天际会所
摩洛哥坦几亚国家航运中心
摩洛哥哈巴办公集群
法国巴黎西北片区仓储集群改造
法国里尔社会保障住宅

建筑思想
在中国经济急速发展的年代，城市形态变化引起社会群体重构，对当代建筑和城市产生深远的影响，建筑的价值观走向更多元、复合的状态。但建筑的核心价值应该始终关注人本主义的精神感受，而不是单纯形式主义的追求。

卢东晴

职务：设计室总监
职称：初级

教育背景
1999年—2004年　南昌大学建筑学学士

工作经历
2004年—2007年　美国爱普斯顿国际公司
2007年至今　深圳市欧博工程设计顾问有限公司

主要设计作品
贵阳国际会议展览中心国际会议中心
荣获第八届中国人居典范建筑规划设计方案竞赛建筑设计金奖
贵阳201大厦
荣获2012年深圳市建筑工程施工图编制质量银奖
南方科技大学会堂
荣获第二届深圳建筑创作奖（未建二等奖）
深圳地铁竹子林车辆段改扩建
荣获第二届深圳市建筑工程施工图编制质量铜奖
第十七届深圳市优秀工程勘察设计三等奖（公建）

建筑思想
十余年的建筑实践，建筑自创意诞生直至落地建成，期间多感叹于因时代的节奏以及自身的能力而多有遗憾。愿，未来能重拾工匠精神，让建筑成为可共欣赏和品味的景观。

地址：深圳市南山区华侨城创意文化园北区B1栋4-6楼
电话：0755-26930800转8688
传真：0755-26918376
网址：www.aube-archi.com
商务洽谈：marketing@aube.cc
人力资源：aube@aube.cc
品牌推广：branding@aube.cc

AUBE欧博设计1997年创立于巴黎，1998年进入中国，是一家以集成一体化理念提供建筑、规划、工程和景观设计服务的专业型公司。设计团队由极具设计创意和专业技能、熟知中国市场规律的中外设计师300余人共同组成，他们具有不同的文化背景，同时又接受了多重文化熏陶，拥有多国执业经历。

截止到目前，AUBE参与和完成的中国重大设计项目600余个，并始终坚持倡导“国际化视野，地域化实践，设计提升价值”的设计理念以及“按国际水准提供专业化服务”的客户宗旨。

十余年间AUBE已成功在珠三角、长三角、西南地区、华中地区等的重要城市树立起项目口碑和品牌影响力。

SHENZHEN BAY HUIYUN CENTER

深湾汇云中心

项目业主：深圳地铁万科投资发展有限公司
建筑功能：酒店、办公、商业、商务公寓建筑
建筑面积：600 000平方米
项目状态：在建
设计负责：丁荣、李媛琴
参与设计：王晓洁、巫志强、郭旺、易启华、谢雨清、向凯、黄煜、许少良、廖晓华、卢婷婉、张艳、彭志鹏、刘喜文等
获奖情况：2016年第二届深圳建筑创作奖铜奖
2016年第三届深圳市建筑工程施工图编制质量银奖

建设地点：广东 深圳
用地面积：54 000平方米
设计时间：2014年
设计单位：AUBE欧博设计、 AREP Ville
主创设计：李媛琴

深湾汇云中心项目是深圳湾总部基地的起点。在设计上本着打造智慧城市和立体城市的原则，创造出影响并带动整个区域的焦点。将350米高主塔灯光设计为如同白昼的珍珠，夜晚的灯塔向周围区域展现出其独有的面貌与光芒，为周围区域照亮道路。

项目是国内第一个毗邻三条地铁线的深基坑工程。北与地铁2号线毗邻，与2号线站厅无缝连接；南与9、11号线叠合，三条地铁线通过本项目的地下商业公共通廊达到“非付费区”换乘的交通方式。设计以地铁换乘便利作为设计的重要元素，将地铁换乘通道与商业主动线有机结合，倡导公共交通出行，项目内部配建公交首末站。

商务公寓集中布置于西侧用地，设置地上停车库及专有架空公园；350米高酒店加办公超高层以塔顶“白色灯塔”为设计理念，塔身采用了颜色渐变，运用7种灰色玻璃，使塔身由下到上由浅到深，反射由弱到强。在实现节能效果的同时，用沉稳的灰色反衬出塔冠之白。

全区总平面图

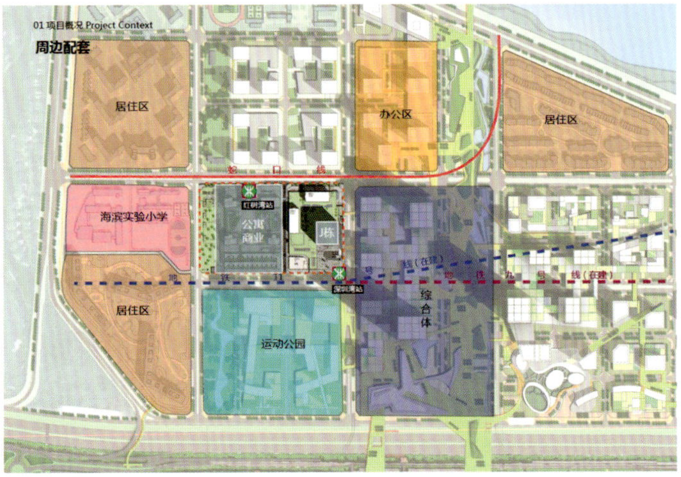

区位图

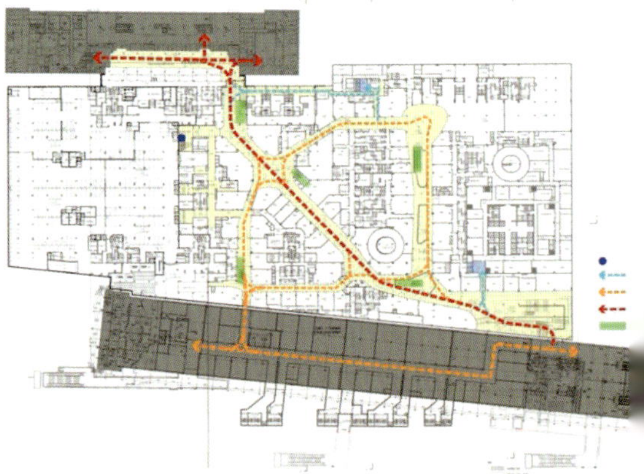

地下二层地铁换乘设计图

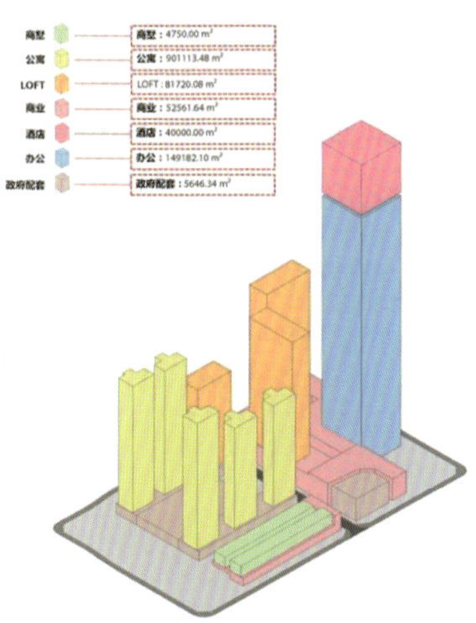

立体功能分区示意图

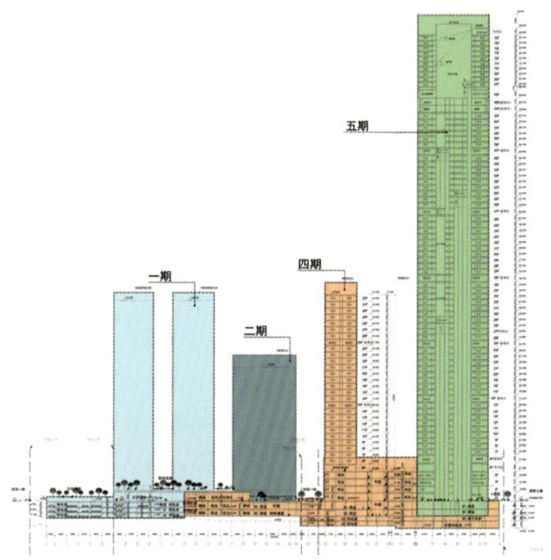

竖向分析示意图

商务公寓户型图

EXHIBITION BAY LEISURE PLAZA

会展湾休闲广场

项目业主：深圳市招华国际会展发展有限公司
建筑功能：商业建筑、公共交通枢纽、公共公园
建筑面积：281 043平方米
项目状态：在建
设计单位：AUBE欧博设计
主创设计：杨光伟、林文波、卢东晴、董孜孜
建设地点：广东 深圳
用地面积：84 241平方米
设计时间：2016年—2018年

项目作为深圳国际会展中心的配套项目，承担了复杂而多样的功能，包括地铁站厅连接，公交车、出租车站台设施，二层人行的公共公园以及片区二层立体慢行系统连接点。

方案将公共设施设置在首层，上方覆盖二层开放式平台，作为公共开放的线性公园。长达1.7千米的公园按城市功能分段界定为不同主题，包括音乐、休闲、活力、运动；针对不同主题，公园内提供各类对应的活动设施，室外音乐舞台、屋顶观景平台、儿童运动场地、有机农场等，为片区市民提供空中的活动场所。

从城市尺度来看，该公园是会展中心与周边常规尺度城市空间之间的过渡，既可作为会展必要设施的载体，又可消除会展日常运作时对城市产生的不利影响，同时也为周边居民提供新形态的公共生活，是将产业功能与城市功能高度集约、整合、优化的一次尝试。

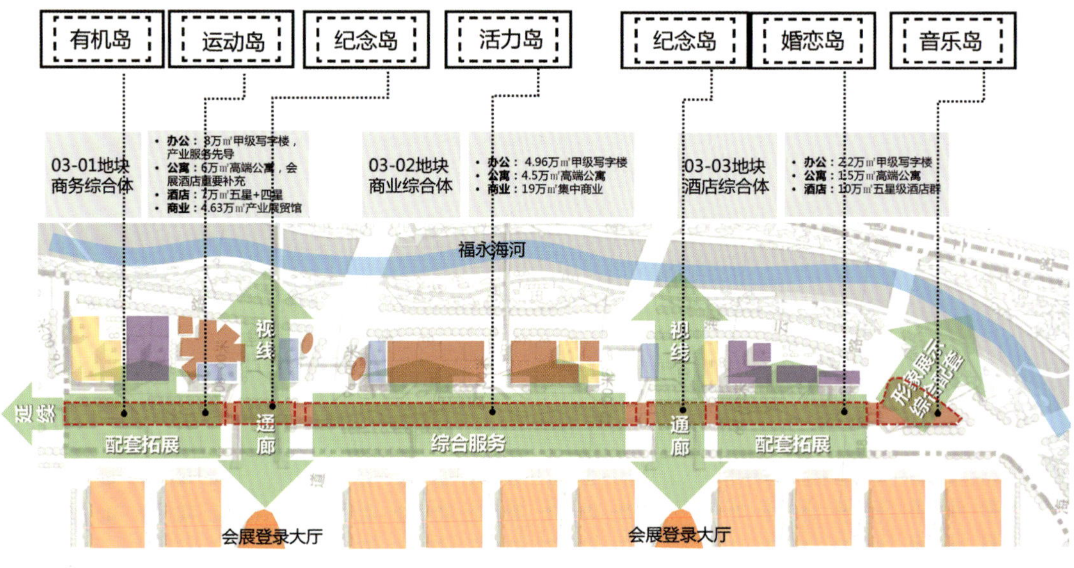

平台层总体规划——概念生成

2-01(有机岛)首层平面图

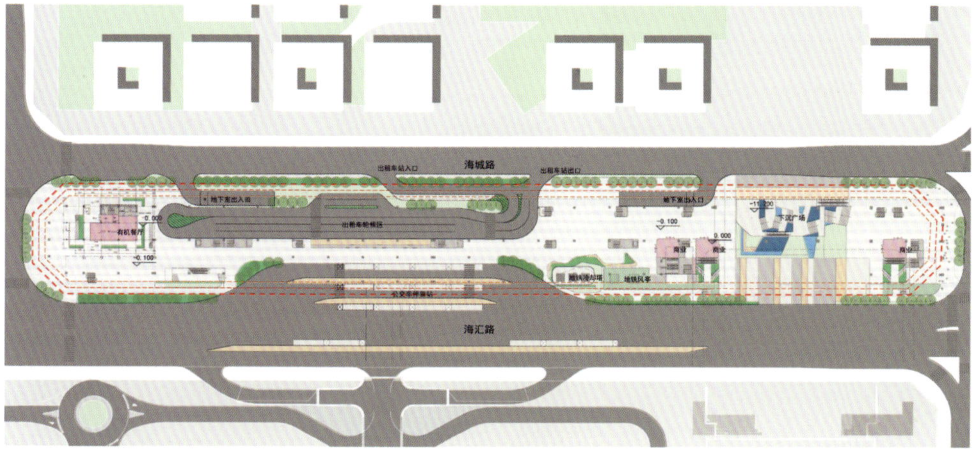

(有机岛)首层平面图

整体概念

纪念岛 **叠绿山谷**

将登陆大厅形象延伸至滨河，绿色至上而下流淌。

婚恋岛 **浪漫红绳之路，串联故事场景**

市民的情境公园，酒店群的后花园，主题活动的可租赁场地。

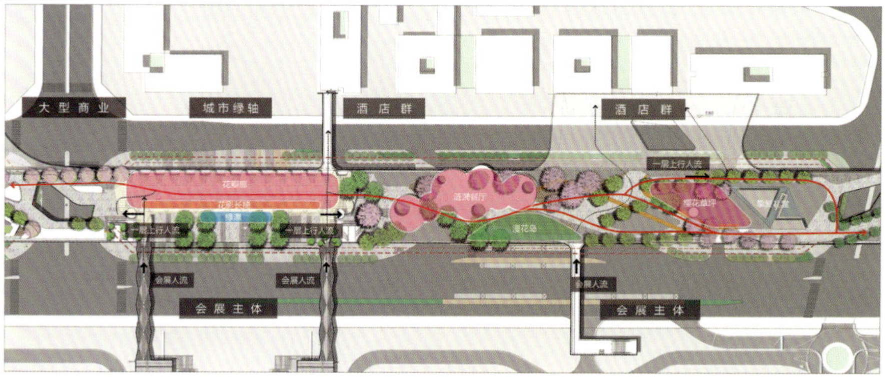

整体概念图

材料参考

1 白色铝板

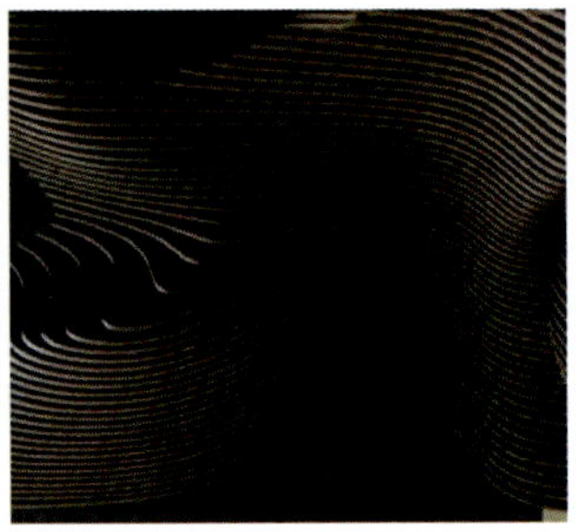

2 深灰色金属百叶

3 隐框玻璃幕墙

4 灯光

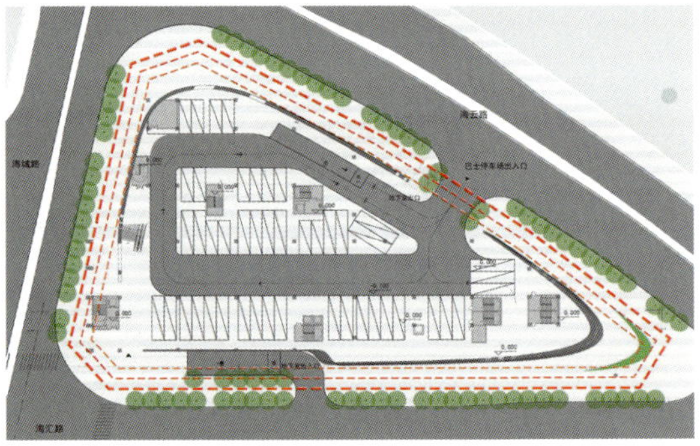

（音乐岛）一层平面图

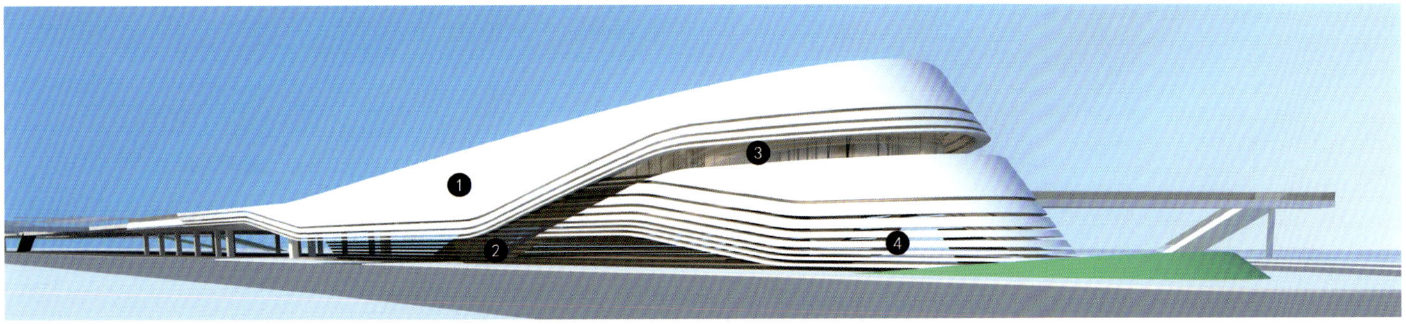

整体概念

活力岛　绿色街市漫游

一街＋三场＋五岛，创意市集，思维碰撞，城市活力

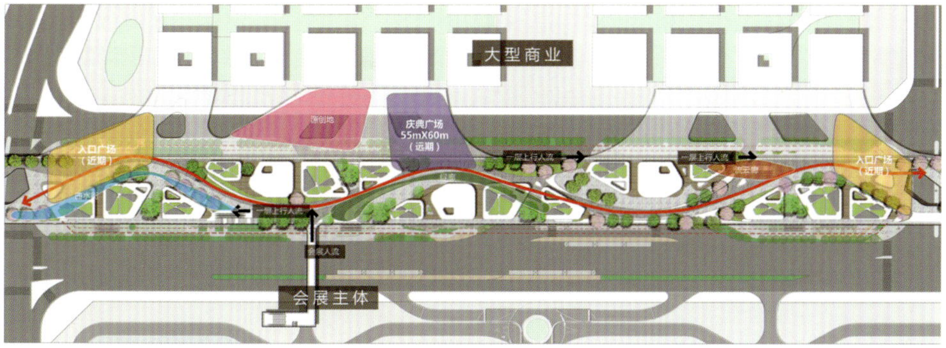

活力岛建筑概念图

整体概念

有机岛　自然互动，认知体验

有机农田种植，稻田餐厅，户外绿色学堂

运动岛　社区运动活力场地

家庭亲子活动，嬉闹奔跑，主题运动

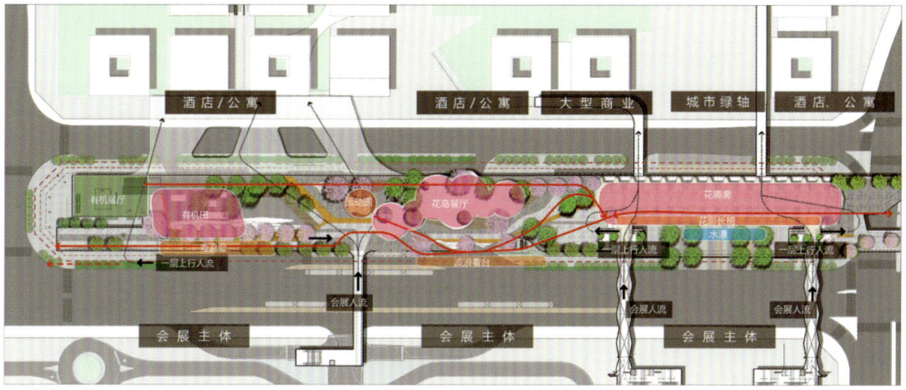

有机岛和运动岛整体概念图

李浵

职务： 上海中建建筑设计院有限公司副总经理
上海中建建筑设计院有限公司西安分公司总经理
职称： 高级工程师

教育背景
1995年　长安大学（原西北建筑工程学院）建筑系建筑学学士
2009年　香港理工大学工商管理学硕士

工作经历
1995年—2006年　中国建筑西北设计研究院
2007年至今　上海中建建筑设计院有限公司

个人荣誉
1997年　陕西省优秀青年建筑师
1999年　中国建筑画优秀奖
2017年　中国特色小镇十佳规划设计奖

主要设计作品
西安交大博源大厦
空港国际商务中心
空港新城运动中心
空港幸福里小学
陕西人保大厦
兰州市全民健身中心
陕西国际体育之窗
泰华·金贸国际
西安兰博基尼中心
西安节能环保产业创新示范基地项目
浐灞生态区自贸中心

上海中建建筑设计院有限公司
Shanghai Zhongjian Architectural Design Institute Co., Ltd.

地址：上海市浦东新区东方路989号中达广场12楼
电话：021-68758810
传真：021-68758813
网址：www.shzjy.com
电子邮箱：csaashzjy@163.com

作为《财富》全球百强企业——“中国建筑”旗下的综合性建筑设计公司，上海中建建筑设计院有限公司拥有建筑工程设计甲级、城乡规划编制甲级、风景园林设计乙级资质，是中国勘察设计协会、上海市勘察设计协会、上海市规划协会、上海市工程咨询协会会员单位，2011年被中国勘察设计协会授予首批“诚信单位”称号。

公司现有员工近600人，其中国家一级注册建筑师、一级注册结构工程师、注册规划师、注册设备工程师、注册电气工程师等各类注册人员共计100余人。公司下设6个综合设计院、3个专项设计院、包括BIM应用中心在内的5个研究中心和5个职能管理部门，同时在国内多个省、市、自治区设有多家分公司，并设有负责EPC项目经营管理的工程总承包事业部。

公司致力于为客户提供项目策划、投资分析、规划编制、建筑设计、装饰设计、景观设计和项目管理等多方位、全过程的专业服务。近年来，公司完成各类设计业务建筑面积近亿平方米，项目类型涉及商业综合体、高级酒店、综合办公楼、学校、医院、住宅小区、体育场馆、物流中心、科技园区和城市设计。

公司长期面向海内外开展设计业务，先后与美国、英国、荷兰、香港等国家和地区的著名设计公司合作设计了多项工程，设计作品遍及国内20多个省、市、自治区及海外的俄罗斯、泰国、柬埔寨等国家。公司有多项设计作品荣获住建部、科技部、上海市及其他各类奖项，已连续多年居“中国民用建筑设计市场排名”前50名，并获评“最具品牌影响力企业”。

公司较早通过了ISO9000质量体系认证。2002年至今，公司先后与中国太平洋保险公司和中国人民财产保险股份有限公司签订了建筑工程设计责任保险合同。

公司将本着敬业、诚信、协作、创新的企业精神，为提升客户价值呈现专业服务，为改善人类居住环境描绘美好蓝图。

AIRPORT INTERNATIONAL BUSINESS CENTER PHASE II

空港国际商务中心二期

项目业主：陕西省西咸新区空港新城开发建设集团有限公司
建设地点：陕西 咸阳
建筑功能：商业建筑
用地面积：34 700平方米
建筑面积：106 500平方米
设计时间：2017年
项目状态：在建
设计单位：上海中建建筑设计院有限公司
主创设计：李彤、李璇、侯文妮、张文

项目是由空港规划展厅、档案馆、礼堂、政务服务、办公等功能区组成的综合体。内部道路以延展的建筑体块轮廓为母线做退线，环线联通形成场地内的环线交通。外环为机动车通行线路，内环与一期相连为步行线路，构成了内部交通组织网路，在场地内实现有限度的人车分流，以提高场地的交通安全性和交通效率。

建筑风格与一期呼应，材料选择与一期相同的卡拉麦里金石材与玻璃幕墙结合。外立面设计源于飞机发动机涡轮叶片，寓意项目承载着空港新城不断创新发展的动力源泉。

总平面图

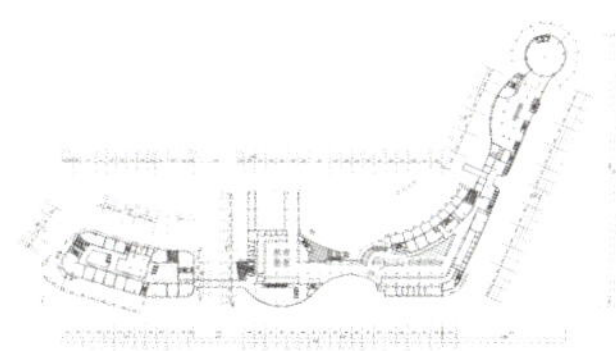

平面图

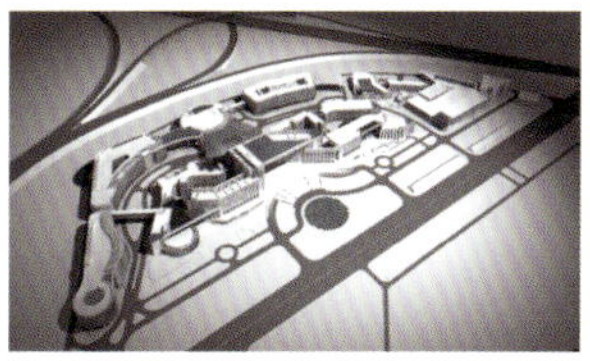

模型图

剖面图

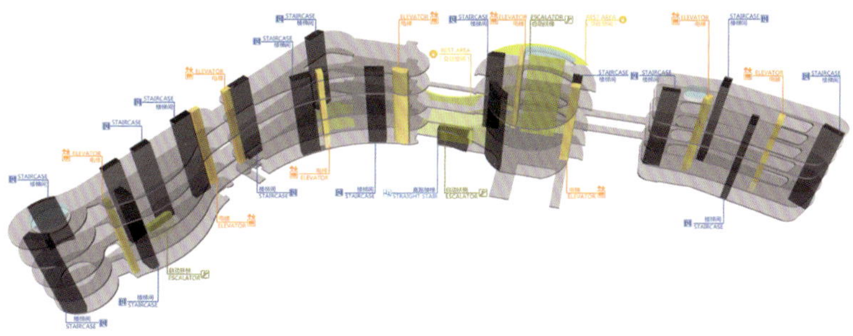

分析图

SHAANXI INTERNATIONAL SPORTS WINDOW

陕西国际体育之窗

项目业主：陕西体育产业集团
建设地点：陕西 西安
建筑功能：办公建筑
用地面积：38 618平方米
建筑面积：308 246平方米
设计时间：2017年
项目状态：在建
设计单位：上海中建建筑设计院有限公司
主创设计：李澎、李朝阳、王国梁、王筱雪

项目地处西安高新技术产业开发区的南北主干道——唐延路，主建筑为两幢140米高的双子塔超高层，并依据城市道路，错位布置，不同城市来向具有不同的视觉感受，形成区域建筑群落的独特性，谓之“唐延之笋，体育之窗”。

裙房进行围合式布局，内部形成内庭院，庭院中心区域下沉至地下一层，提升整个内庭院的舒适性，同时挖掘地下室部分的商业价值，在两主楼间裙房一层局部架空，使内外空间相互渗透，提升内庭院的通透性。

整个建筑群主要以玻璃幕墙为主，超高层用灰色竖向金属杆件均匀分割幕墙，转角处采用平板玻璃拼接，以降低造价，在顶部和底部竖向金属杆件错位交叉，底部显稳，顶部有收，屋面女儿墙高度20米，弧形处理，让建筑显得更为挺拔，体量更为丰富。

总平面图

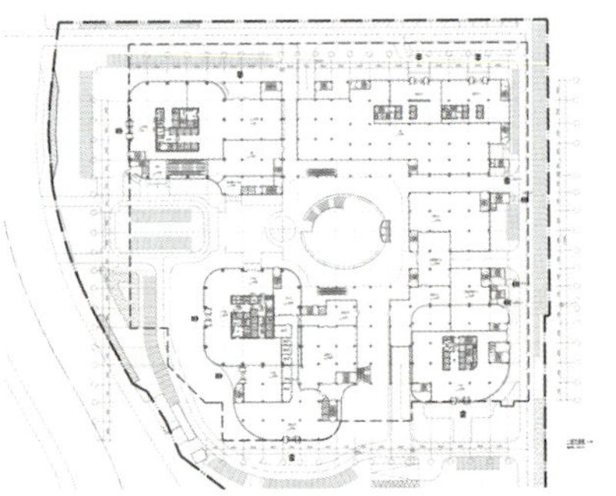

一层平面图

立面图

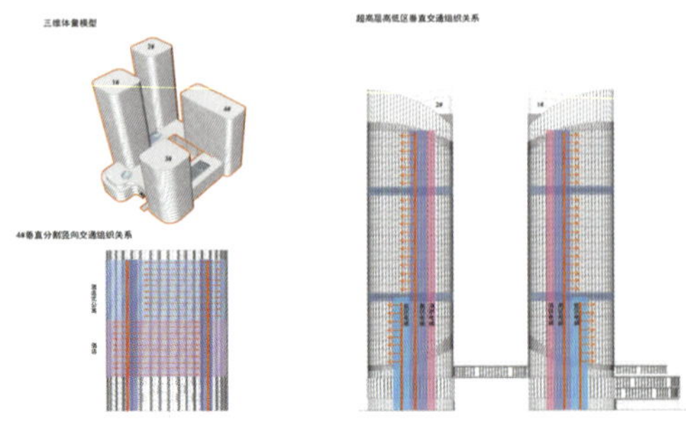

关系图

AIRPORT HAPPINESS PRIMARY SCHOOL

空港幸福里小学

项目业主：陕西省西咸新区空港新城开发建设集团有限公司
建设地点：陕西 咸阳
建筑功能：教育建筑
用地面积：22 621平方米
建筑面积：15 000平方米
设计时间：2016年
项目状态：在建
设计单位：上海中建建筑设计院有限公司
主创设计：李彤、李朝阳、王筱雪

空港幸福里小学为36个班的小学，规划布局以传统四合院的建筑形式，运用现代手法，形成三进院落及后院的空间结构及景观轴线，并分别为之命名为“集贤苑”“进德苑”“四箴苑”“尚书苑”。教学区采用整体式、一体化建筑布局，采用连廊作为建筑与环境的过渡空间，形成建筑与环境的自然过渡与融合，建筑外廊与内廊连接，为提供课余时间的观景和活动空间。

外立面采用两种元素组合方式，在辅助用房采用具有韵律感的窗墙体系，而在教学用房则采用更有亲和力的格构化处理，这样使不同建筑的功能一目了然，也能更好地控制成本。屋顶采用关中建筑美化的坡屋顶，使屋面更丰富且具有地方特色。

总平面图

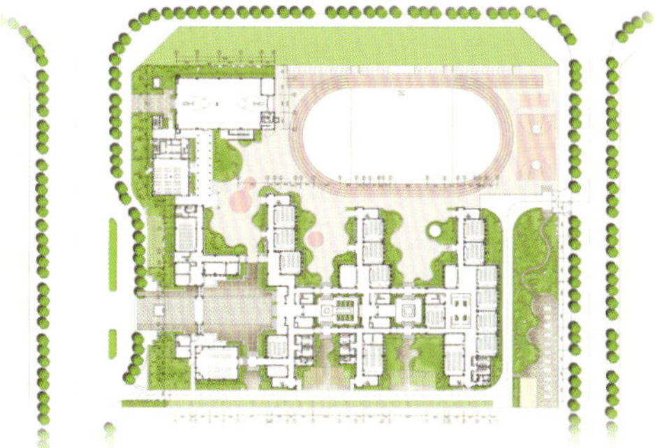

一层平面图

LANZHOU NATIONAL FITNESS CENTER

兰州市全民健身中心

项目业主：兰州市城市发展投资有限公司
建设地点：甘肃 兰州
建筑功能：体育建筑
用地面积：19 390平方米
建筑面积：19 107平方米
设计时间：2016年
项目状态：建成
设计单位：上海中建建筑设计院有限公司
主创设计：李浵、王靖、王筱雪

项目设计立意中，借助载体“扇子”的形状，截取中国文化中“引秋” “藏月”的意境，有“引秋生手里” “藏月入怀中”之境，形中有画，画中有情，既有现代体育建筑的形态表现，又蕴含中华悠久的历史文化。

项目功能涵盖了标准泳池、半标准泳池、羽毛球场、乒乓球场及其服务用房。游泳场馆位于用地中部，总高度为23.65米，总层数3层，一层布置有游泳池、乒乓球区、健身器械区和配套服务用房，二层布置有乒乓球区和自由泳训练区，三层为羽毛球训练区。

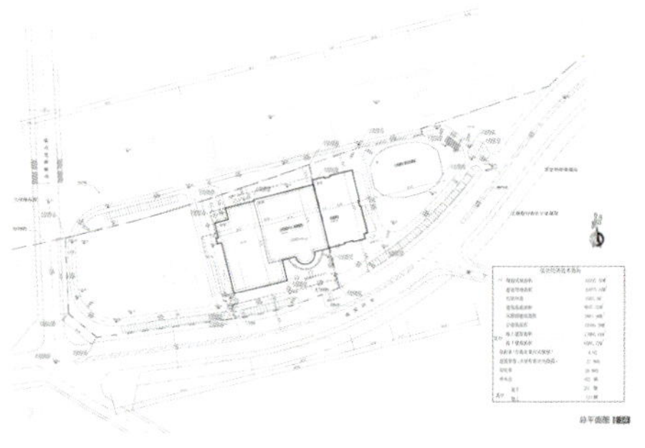

总平面图

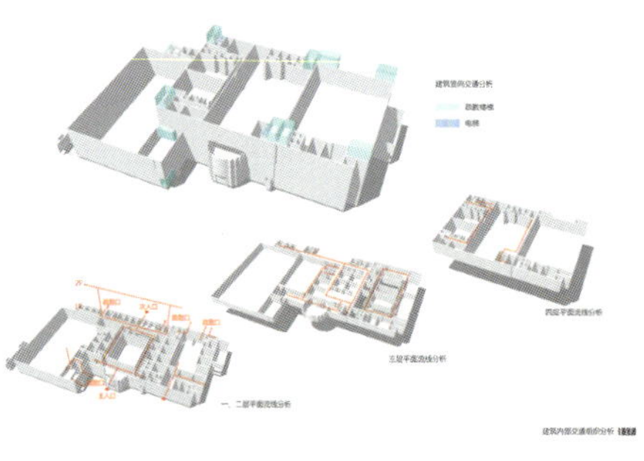

交通组织分析图

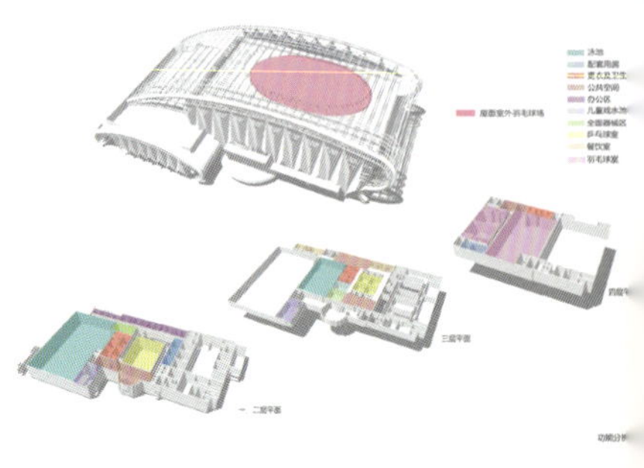

功能分析图

XI'AN ENERGY SAVING AND ENVIRONMENTAL PROTECTION INDUSTRY INNOVATION DEMONSTRATION BASE PROJECT

西安节能环保产业创新示范基地项目

项目业主：西安高新区双创环保园建设发展有限公司
建筑功能：办公建筑
建筑面积：171 900平方米
设计时间：2017年
项目状态：在建
设计单位：上海中建建筑设计院有限公司
主创设计：李澎、李朝阳、李璇、张文、王国梁、王筱雪

建设地点：陕西 西安
用地面积：80 267 平方米

节能环保产业创新项目主要针对节能环保科技企业，为他们提供实体支持、孵化服务及相关资源平台。园区内融入海绵城市理念，在雨水收集、过滤、净化、代谢、二次使用过程中体现绿色环保理念以及导光筒、太阳能光伏、楼宇喷雾系统等环保、绿色理念，使其成为立足西安，辐射全国、国内一流的环保产业聚集区及环保技术创新园区。

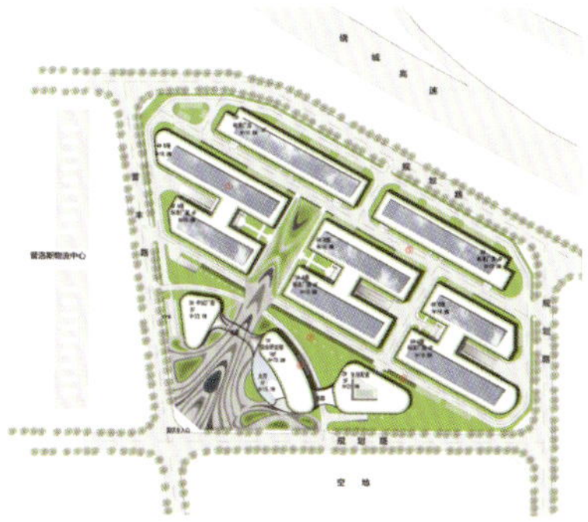

总平面图

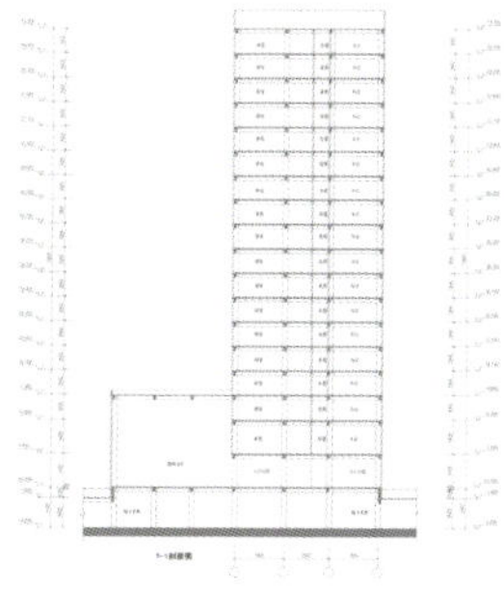

剖面图

AIRPORT NEW CITY SPORTS CENTER PHASE II PROJECT

空港新城运动中心二期项目

项目业主：陕西省西咸新区空港新城开发建设集团有限公司
建设地点：陕西 咸阳
建筑功能：体育建筑
用地面积：2 874平方米
建筑面积：6 099平方米
设计时间：2016年
项目状态：建成
设计单位：上海中建建筑设计院有限公司
主创设计：李澎、王靖

项目位于空港新城商务中心内的体育中心西侧，目前商务中心一期项目已建成使用，由于项目用地所限，致使二期规划将与运动中心一期进行联建，建成之后使得一期和二期建筑从外观上看为一栋建筑，所以本次的设计原则总结为三点：融合原则、市场导向原则、挖掘特色原则。

空港运动中心一期建筑功能主要涵盖了羽毛球、篮球、网球、乒乓球等球类运动项目，通过本次二期建设，将补充游泳馆、健身中心，丰富空港运动中心原有体育项目，使其运动项目更为齐全，在未来更能满足周边人群的使用需求。

在外立面设计上，本次设计是在一期立面设计基础上做延伸及深化，整体采用竖向线条，造型简洁、大气，局部沿用空港商务中心的折板手法，但进行简化设计，风格统一但又不失美感。泳池顶部弧形壳体造型既美观，又便于屋顶排水。

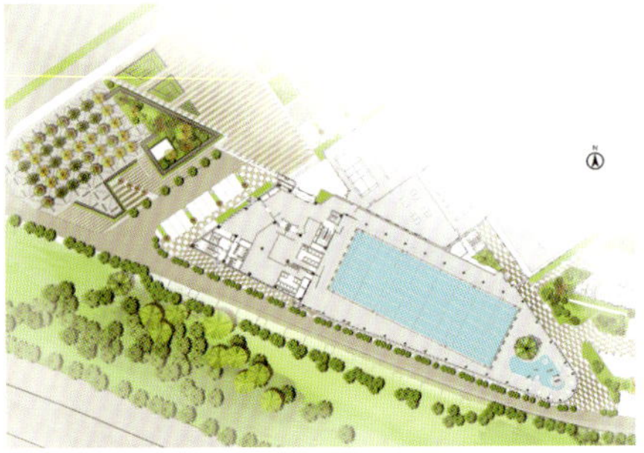

总平面图

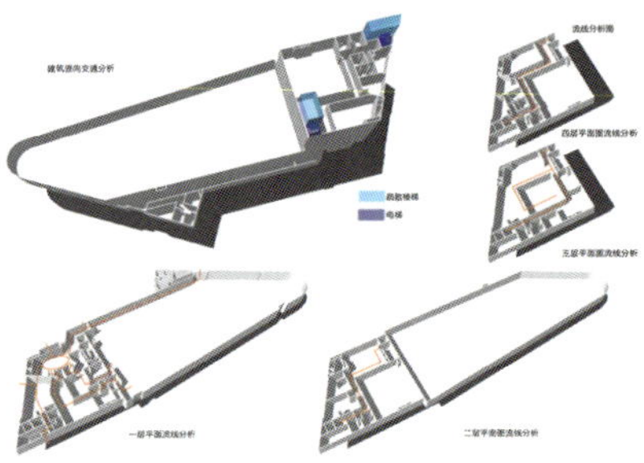

分析图

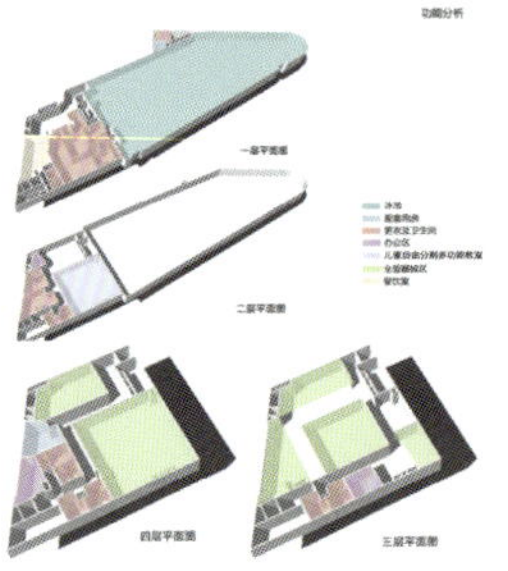

功能分析图

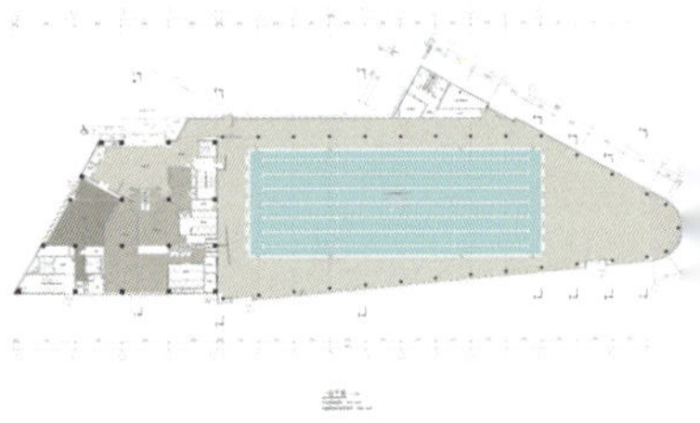

一层平面图

XI'AN CHANBA ECOLOGICAL ZONE FREE TRADE CENTER

西安浐灞生态区自贸中心

项目业主：西安世园投资（集团）有限公司
建设地点：陕西 西安
建筑功能：酒店、办公建筑
用地面积：41 555平方米
建筑面积：285 584平方米
设计时间：2018年
项目状态：方案
设计单位：上海中建建筑设计院有限公司
主创设计：李溯、李朝阳、赵绒、李璇

考虑到用地呈平行四边形，且主要城市方向为西南方向，加之限高100米，若全部为百米高塔楼，未来天际线不好处理，所以在方案中采用一塔多板的体型设计。塔楼为五星级酒店，塔楼主体高度98.4米，顶部最高为130米，板楼多在50米到85米，这样形成了主体突出的天际线效果。

建筑表皮材料采用褶皱型竖向线条玻璃幕墙，以增加建筑的挺拔感。为使其视觉感官丰富，再以流畅的曲线将其分割，挺拔而不失飘逸，符合浐灞生态区的风格。同时褶皱型的幕墙也能让人联想到中国的折扇，时尚而带有中国韵味。建筑的顶部均采用斜向弧线切割，使天际线更为丰富。

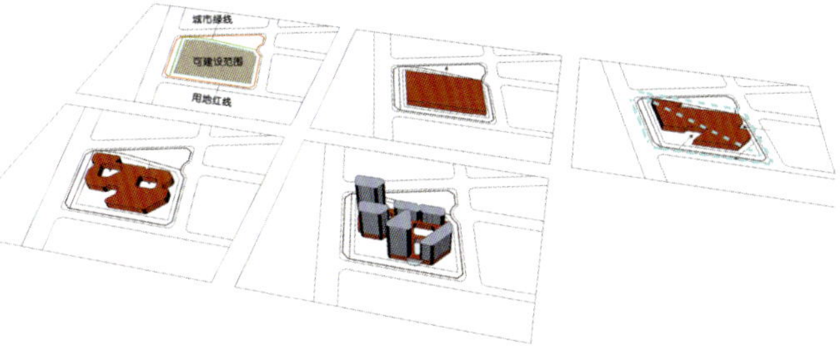

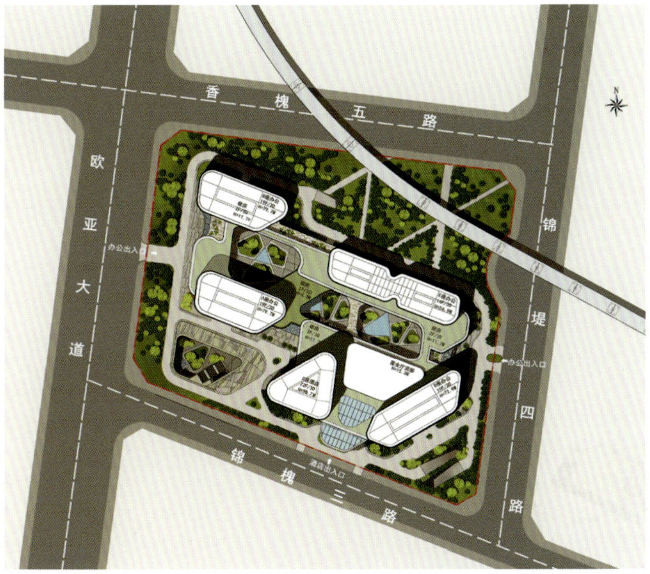

总平面图

ARCHITECTS

李犁

职务： 中国建筑上海设计研究院有限公司
李犁工作室主持、创作中心总监
第九设计院副院长
职称： 高级建筑师

教育背景
1987年　东南大学建筑学学士

工作经历
2008年至今　中国建筑上海设计研究院有限公司

个人荣誉
2011年被《建筑时报》杂志评为上海建筑十大领军人物
《建筑细部》杂志编委
《建筑技艺》杂志理事
东南大学上海校友会副会长

主要设计作品
上海南汇体育中心
上海车市（大跨钢构）
荣获中国当代杰出青年建筑师奖
安徽宣城体育中心方案
荣获2009年上海国际青年建筑师奖方案类三等奖
大连甘井子区行政中心
荣获2007年上海国际青年建筑师奖建成类三等奖
宁夏国宾馆

刘志勇

职务： 中国建筑上海设计研究院有限公司
副总经理、总建筑师
职称： 教授级高级建筑师
国家一级注册建筑师

教育背景
1986年　清华大学建筑学学士
1991年　清华大学建筑学硕士

工作经历
2006年至今　中国建筑上海设计研究院有限公司

主要设计作品
上海浦东惠南民乐大型居住社区
荣获上海市设计勘察协会优秀奖
西安融侨曲江观邸项目
荣获中国建筑优秀工程勘察设计奖二等奖
上海市优秀住宅小区设计奖三等奖
苏州恒业铂金大厦
荣获中国建设工程鲁班奖
上海市白玉兰奖
上海市优秀设计二等奖
周庄铂尔曼度假酒店
石狮荣誉国际大酒店
泉州荣誉国际大酒店
新城地产西安吾悦广场
瑞金荣誉国际大酒店
上虞中城建大厦
桐庐万豪度假酒店
云南保山全域旅游规划及温泉度假旅游项目

林叶

职务： 中国建筑上海设计研究院有限公司
主创设计
职称： 初级工程师

教育背景
2010年　上海大学建筑学学士

工作经历
2010年—2013年　上海现代建筑设计集团都市院
2013年—2016年　上海尤安建筑设计事务所
2016年至今　中国建筑上海设计研究院有限公司

主要设计作品
河南安阳吉信御翠园
上海虹口区彩虹湾住宅小区
合肥高速商业综合体
保利翡丽甲第住宅小区
合肥太子龙产业园规划
河北正定规划
江西赣商家园规划
青岛保税区商业综合体

师任远

职务： 中国建筑上海设计研究院有限公司
主创设计师
职称： 中级工程师

教育背景
2007年　山东大学建筑学学士
2011年　同济大学建筑学硕士

工作经历
2011年—2016年　上海建筑设计研究院有限公司
2016年至今　中国建筑上海设计研究院有限公司

主要设计作品
山东省乳山市体育综合体
山东省乳山市实验中学
山东省乳山市文化综合体
山东省淄博市高新区文体中心方案
西安市人民体育场改造项目方案

中国建筑上海设计研究院有限公司——农文旅产业研究中心
CHINA SHANGHAI ARCHITECTURAL DESIGN & RESEARCH INSTITUTE CO.,LTD

地址：上海市普陀区云岭东路235号2号楼5楼
电话：021-52559739-8153
网址：www.shin.cscec.com
电子邮箱：283573933@qq.com

中国建筑上海设计研究院有限公司是国内少数具有城市规划甲级、建筑设计甲级、园林景观甲级、市政行业乙级和施工图审查(含超限) 资质的国家大型综合建筑设计院，是中国建筑工程总公司的核心成员企业。在“2017年度全球150强工程设计企业”排名中，中建设计集团工程设计总营业收入名列第37位，居于中国建筑设计类企业之首。

公司现有员工2 000余人，其中教授级高级建筑师、教授级高级工程师80余人，高级建筑师、高级工程师300余人，国家一级注册建筑师、国家一级注册结构师、注册设备工程师、注册电气工程师300余人 。

DOHA PORT SPORTS CENTER COMPLEX

多哈港体育中心综合体

项目业主：世界杯足球赛组委会
建设地点：卡塔尔 多哈
建筑功能：2022年足球世界杯体育场馆
用地面积：835 423平方米
建筑面积：839 766平方米
设计时间：2016年
项目状态：方案
设计单位：中国建筑上海设计研究院有限公司
主创设计：李犁、师任远、林叶

2010年12月2日，原国际足联主席布拉特在苏黎世会展中心正式宣布，卡塔尔获得2022世界杯主办权。这是首次在冬季举办世界杯。6月至8月平均气温高达41摄氏度的卡塔尔曾经承诺，如果赢得2022年足球世界杯举办权，将为球迷和球员送上一份清凉。为了2022年世界杯，卡塔尔已决定投资570亿美元，建造12座体育场。

我们的投标项目位于多哈市区，是世界杯足球小组赛和八分之一决赛的场地。西北角为城市主要海岸线，东北面是波斯湾。

项目入选了2022年卡塔尔世界杯体育场馆的国际竞赛方案评比，并持续在招标过程中处于领先地位，后因投资方减少投资额而选择了赛事后可拆除的集装箱方案。

设计遵循可持续性原则，在设计初始便制定了在赛事结束后将场馆改造为海洋馆的设计策略。建筑包含多样、复合的功能，承载酒店、体育场馆、市民公园等，满足不同人群的需求。

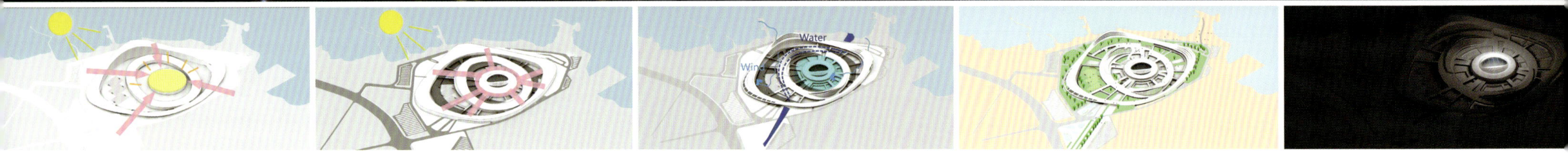

设计思路：

问题——设计的切入点

问题1

如何用4万人规模的足球场控制80余万平方米的用地?

策略：中心化的环状城市

基地区位和规模决定了本项目不仅为多哈增加一座专业球场，还要以世界杯为契机，为世界献上一份大礼。

世界杯后，要保证基地对世界人民的长久吸引力，必须引入多样功能，打造复合型的城市空间。

传统的城市空间，线性分割各功能空间，而目的地的可达性不良。而环状的城市布局，人们可便捷地由各处到达目的地。相应地也提升了经过的空间的价值。

新型的环形城市根据基地形态做调整，其中，由西至北沿海展开，有良好的景观资源，这部分体量增高，可有效地利用场地的优势。

问题2

如何能让人在炎热的环境下愉快地到达球场?

策略：平台—遮盖—阴影

未来的建筑将以一个整体化的形象展示在世人面前。平台延伸、扩展，成为人们行进途中的屋盖，提供了大量的阴影。

并且，建筑内部引入水系，建筑处处设置的天井和架空空间，可有效地组织风向，能打造出宜人的局部小气候。

问题3

如何保证足球场赛后的建筑价值?

策略：功能转换

足球场内部看台和罩棚形成的球形空间是足球场赛后的最大遗产。将此空间效果加强，可打造出梦幻般的“水族星球”，足以成为基地的最大亮点，吸引全世界的目光。

入口

酒店

可开合屋顶

室内水族馆

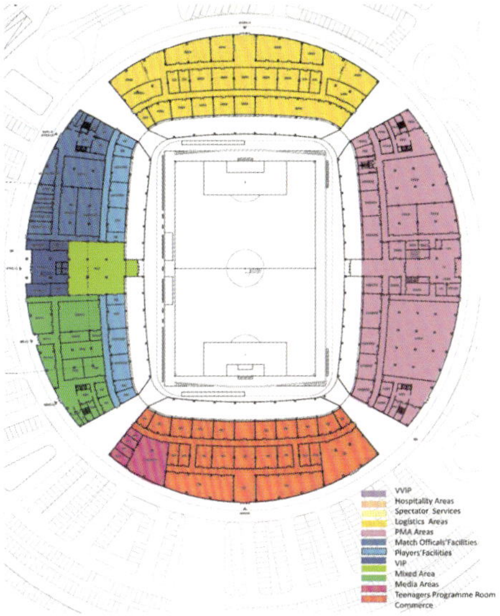

一层平面图

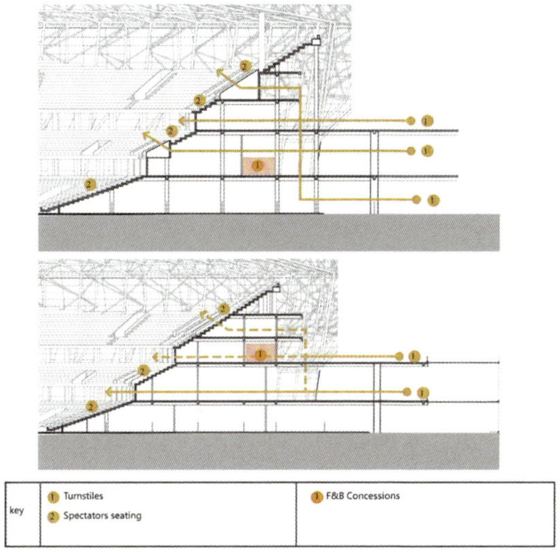

剖面图

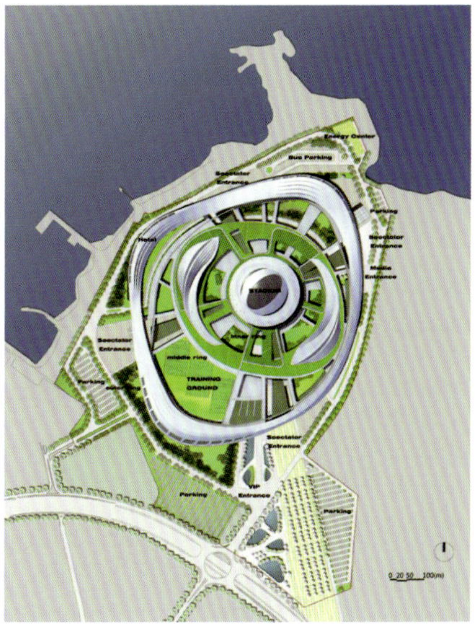

总平面图

GUANGXI LEYE SPACE BOAT AND SPACE ELEVATOR PROJECT

广西乐业天舟天梯工程

——【大石围天舟西峰悬挑观景平台】+【白洞天梯垂直观光电梯】

项目业主：广西乐业大石围旅游发展有限公司
建设地点：广西百色天坑群
建筑功能：文旅建筑
建筑结构：钢梁结构
设计时间：2016年
项目状态：在建
设计单位：中国建筑+南大建筑+同基钢构+沅力构
方案设计：钟华颖、袁鑫、刘洪樟
方案与施工图技术集成平台：中国建筑上海设计研究院李犁工作室

【观景平台】

项目数据：长：80米，宽：10米、悬挑段长：34米，后缘亭段长：35米。

世界之最：打破悬挑长度吉尼斯世界纪录。

1. 场地特点

作为地质遗产，要求观景平台对环境破坏最低，故新建建筑与岩体采用有限数量的点接触，虽然这会增加一层平台的造价，但也获得收益。

（1）不破坏建筑下的植被；

（2）点接触对地基要求低，避免复杂地质情况带来的风险，尤其是开挖后的未知带来设计调整引起的工期延长。

2. 操作手段

（1）咖啡馆大厚度出挑；

（2）收腰处外侧下设超细柱支撑，提供大形支点，超细柱直径可小于场地树木直径，使它在视觉上被忽略。

3. 超大悬挑对自重和跨度敏感

观景平台在结构上有抗倾覆、根部弯矩、悬挑端变形、自振周期、扭转等多个控制指标。建筑师用不倒翁的造型、跨峰顶布置天然解决了抗倾覆。结构长度打破了当时的吉尼斯世界记录。

【观光电梯】

项目数据：白洞天坑最大深度380米，冒气洞大厅最大高度365米。

世界之最：为世界上内部高度最高的地下大厅。

白洞天坑是目前排名世界第十二位的超大天坑，最大深度380米，坑底常年雾气弥漫，坑内植被丰富多样。白洞坑底有一洞，与数百米开外的冒气洞相连。冒气洞大厅最大高度365米，为世界上内部高度最高的地下大厅。

TONGLU MARRIOTT RESORT

桐庐万豪度假酒店

项目业主：圆通速递集团有限公司　建设地点：浙江 桐庐
建筑功能：酒店建筑　用地面积：104 126平方米
建筑面积：70 661平方米　设计时间：2017年
项目状态：在建
设计单位：中国建筑上海设计研究院有限公司
主创设计：刘志勇

项目位于浙江省桐庐市阳明山的富春江畔，西接黄山、千岛湖，东连钱塘江、西湖，是三江两湖黄金旅游的中心地段，酒店和度假区分别位于两个山谷之中，隔S23省道与富春江相望。

酒店为一层至三层，依山而下依次为中式园林客房区、标准客房区、酒店大堂、酒店大宴会厅，地块中部为酒店城堡（商务中心）。度假区员工宿舍为3层，共有2幢，位于山谷的最顶端。高端低层度假别墅为2层，共有42幢，沿山谷伴着溪流依山而下。

酒店设在地块的西部山谷中，由S23 省道进入，依次经过宴会区、酒店大堂区、酒店标准客房区，最后到达中式园林客房区。所有建筑依山傍水，顺溪而上，景随步异。

度假区设在地块的东部山谷中，由S23省道进入。一路经过中央景观区、低层别墅区，最后到达员工宿舍。

酒店城堡（商务中心）设在两个山谷之间的核心位置，越过中央景观区的水景与大草坪，可直视富春江。

"CHINA ORGANIC UALLEY" EXPO CENTER,ELECTRICITY SUPPLIERS TRADING CERTER BUILDING DESIGN

“中国有机谷”博览中心、电商交易中心建筑设计方案

项目业主：湖北襄阳中国有机谷南漳管理委员会
建筑功能：商业建筑
建筑面积：36 300平方米
项目状态：方案
设计单位：中国建筑上海设计研究院有限公司
主创设计：李犁

建设地点：湖北 南漳
用地面积：45 081平方米
设计时间：2013年

2013年，“中国有机谷”概念的提出为整个湖北西北部未来的发展指明了方向。“中国有机谷”以南漳西南河谷地区的巡检、肖堰、东巩三镇为核心区，以南漳其他地区和保康、谷城、老河口为拓展区。依托襄阳市生态资源、交通区位、特色产业和人文古韵，按照有机农业生产方式和现代农业经营管理模式，形成集精品生产、精深加工、科技创新、休闲旅游、美丽乡村和生态保护为一体的有机农业聚集区。

南漳县是有机生产最集中区域，也是综合性展示“中国有机谷”的核心区域。湖北襄阳中国产业发展服务中心将起到功能优先发展、区域示范带动作用。

ARCHITECTS

李忠全

职　　务：西安市建筑设计研究院有限公司副总建筑师
建筑设计研究院三所所长兼所总建筑师
第十二设计部主持建筑师
职　　称：高级工程师
国家一级注册建筑师

教育背景
1986年—1990年　西安交通大学建筑与结构工程系建筑学学士

工作经历
1990年—1999年　西安市建筑设计研究院厦门分院
2000年—2007年　西安市建筑设计研究院第十二设计部主持建筑师
2008年—2011年　西安市建筑设计研究院副总建筑师、第十二设计部主持建筑师
2011年至今　西安市建筑设计研究院有限公司副总建筑师
在美国Michael Sorkin 建筑设计事务所学习，与美国Michael Sorkin 建筑设计事务所长期合作。
现任西安索金建筑设计与城市规划咨询有限公司总建筑师。

主要设计作品
2000年　西安博物院文物库馆
2002年　西安市话剧院新城剧场　荣获2007年陕西省第十四次优秀工程设计评选二等奖
2003年　“风烟如往日”——胡亥墓周边城市设计　荣获2003年曲江规划项目金奖第一名 第三届百年建筑优秀作品奖
2004年　柏树林历史街区详细规划设计
2004年　都市桂苑　荣获2007年陕西省第十四次优秀工程设计评选三等奖
2004年　“千里之行”——小寨东路、西影路、雁塔南路街景整治工程
2004年　西安宏迪科研生产楼　荣获2011年陕西省第十六次优秀工程设计评选三等奖
2004年　唐南中学教师公寓楼　荣获2005年陕西省第十三次优秀工程设计评选三等奖
2005年　西安市电影公司商住楼　荣获2011年陕西省第十六次优秀工程设计评选三等奖
2005年　西安市食品厂职工住宅　荣获2011年陕西省第十六次优秀工程设计评选表扬奖
2005年　师大高层住宅
2006年　北大街街景改造城市设计
2006年　西安太白盛世广场　荣获2011年陕西省第十六次优秀工程设计评选二等奖
2008年　东七八路棚户区改造项目安置楼　荣获2011年陕西省第十七次优秀工程设计评选二等奖
2009年　雨润全球采购农副产品采购中心
2011年　开元第一城（超高层住宅社区）
2013年　空港新城事务服务办理中心
2015年　光华路中心花园
2016年　金旅・南璟台别墅
2016年　欧罗巴小镇二期
2017年　千阳大剧院
2017年　沣西白马河规划设计

西安市建筑设计研究院有限公司

地址：西安市碑林区环城南路东段58号
电话：029-82234896/82232667
传真：029-82251372
网址：www.xajzsj58.com
电子邮箱：jsc@xajzsj58.com
jyc@xajzsj58.com
ywc@xajzsj58.com

西安市建筑设计研究院有限公司（以下简称公司）系西安建工集团旗下的大型勘察设计企业，具有甲级设计资质、甲级勘察资质、乙级市政资质、风景园林资质。公司成立于1952年，隶属于市规划局的自收自支事业单位。2005年6月，按照市事业单位分类改革要求改制为国有企业。2009年7月，按照市委、市政府的决策部署划归西安建工集团有限公司，成为西安建工集团旗下全资子公司。2017年11月，西安建工集团有限公司与绿地集团达成战略合作，公司完成混合所有制改制，成为绿地集团成员企业。公司主要从事大中型工业与民用建筑设计、装饰工程设计、园林景观设计、岩土工程设计、工程地质勘察和建设监理等，2001年首次通过ISO9001-2000国际体系认证，2017年通过质量管理体系、职业健康安全管理体系、环境管理体系认证。公司全面贯彻工程设计、技术咨询国际标准，确保向业主提供合格满意的产品，以适应国内外市场的需要，2004年在行业中率先参加建设工程保险，用先进的经营理念贯穿工作始终，确保合作双方利益共赢。

公司技术力量雄厚。现有职工200余人，其中：享受国务院政府特殊津贴专家1名、省优秀勘察设计师3人、国家各类执业注册人员50余人、中高级技术人员110余人，拥有一批在行业内有较高学术造诣和社会影响力的专业技术带头人，设计水平和实力在行业中名列前茅。公司长期坚持“质量第一、信誉第一、服务第一”的经营理念，遵循精心设计、创新为本的设计理念，创作了一批文化底蕴深厚、科技含量较高的优秀建筑设计项目，先后荣获部、省、市级优秀设计、勘察奖百余项，申请专利4项。在陕西省勘察设计行业享有较高的声誉，也为省市的城市建设作出了积极的贡献。

公司综合实力强大。为适应市场变化，公司采用现代组织模式进行优化生产，积极整合内部资源，推行扁平化管理。管理团队包括：行政管理、人力资源、财务管理、项目管理、技术质量、市场开发等六个部门，生产团队包括：名人工作室、建筑设计、结构设计、水暖电设计、勘察监理、绿建景观、EPC总承包等各类部门，以及西北首家建筑产业标准化设计所，形成了以注册建筑师为主体具有项目运营职能的建筑设计专业所和以结构、水、暖、电、造价专业人员组成的配套专业所。

公司始终致力于打造一支实力强大的设计团队，技术上严格执行国际认证标准，市场上崇尚顾客为上的服务理念，管理上坚持效率至上的原则，逐步成长为中国勘察设计协会为数不多的“优秀勘察设计单位”和“诚信单位”。

CULTURAL RELICS MUSEUM OF XI'AN MUSEUM

西安博物院文物库馆

项目业主：陕西省统建管理办公室
建设地点：陕西 西安
建筑功能：文化建筑
用地面积：11 000平方米
建筑面积：23 000平方米
设计时间：2000年
项目状态：方案
设计单位：西安市建筑设计研究院
主创设计：李忠全、王旭红

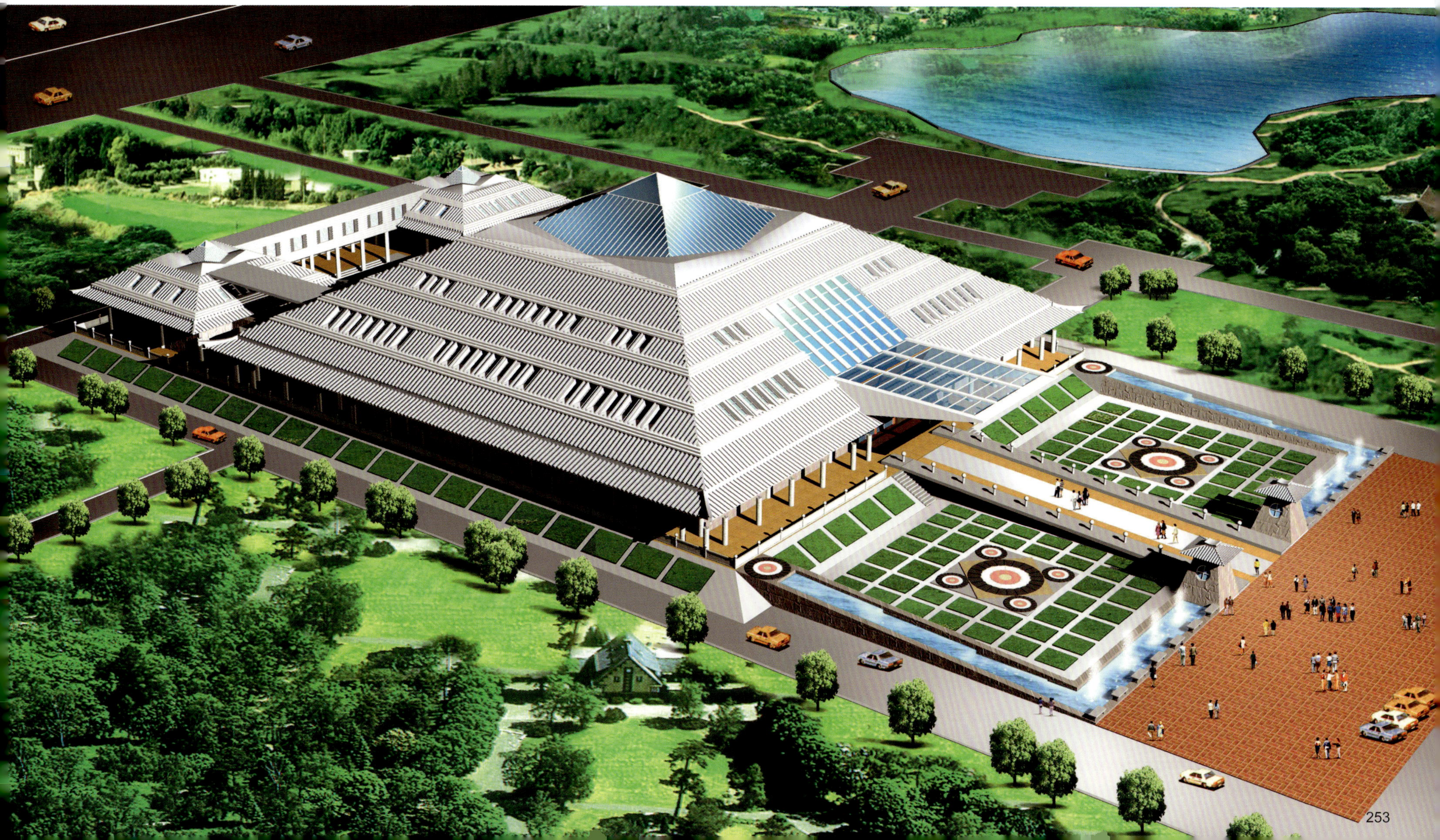

"THE WIND IS LIKE THE PAST" URBAN DESIGN AROUND HU HAI'S TOMB

“风烟如往日”——胡亥墓周边城市设计

项目业主：曲江管委会
建设地点：陕西 西安
建筑功能：文化休闲建筑
用地面积：512 282平方米
建筑面积：30 000平方米
设计时间：2003年
项目状态：方案
设计单位：西安市建筑设计研究院
主创设计：李忠全
获奖情况：2003年曲江规划项目金奖第一名
第三届百年建筑优秀作品奖

秦二世胡亥墓属于省级重点文物保护单位，也是曲江新区内历史文化积淀之一。周边为公共绿地，南临西安市南三环路，北临曲江池南湖，东为唐城绿带，西为二类居住用地。其周边环境是小区域生态系统的重要组成部分，结合该用地性能，将秦二世胡亥墓周边作为一个为市民开放的、为旅游服务的文化、休闲的公园。

文化、休闲公园是该特定场所的休憩用地。使人们在休闲、娱乐的同时，能给人以警醒、反思历史的作用。文化公园将保护秦二世墓，不作任何修饰，使其作为园内一处自然、人文景观，在此基础上，对其周边环境进行分析构图，使其形成五大部分，寓意在于对秦朝的思考，反映秦朝的文化内涵。

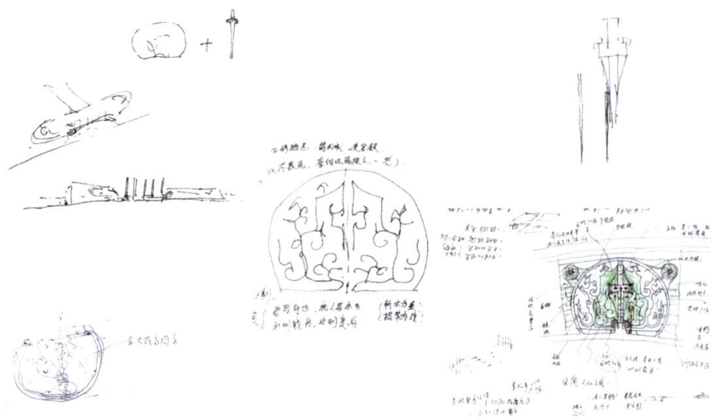

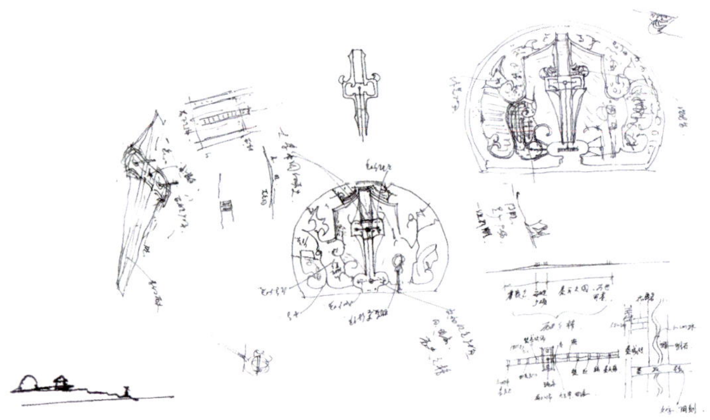

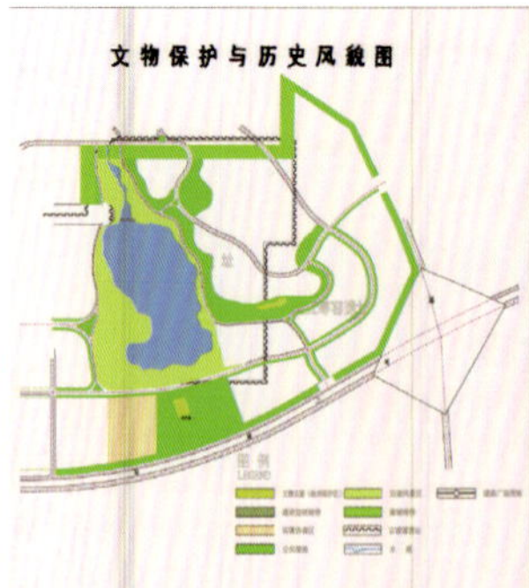

总平面区域位置图

XI'AN NEW CITY THEATRE

西安市话剧院新城剧场

项目业主：陕西省统建管理办公室
建设地点：陕西 西安
建筑功能：文化建筑
用地面积：4 332平方米
建筑面积：4 860平方米
设计时间：2001年
项目状态：建成
设计单位：西安市建筑设计研究院
主创设计：李忠全
获奖情况：2007年陕西省第十四次优秀工程设计评选二等奖

项目为西安市重点工程，610座的小型精品剧场，旋转升降舞台、升降乐池，技术、功能要求复杂，也是西安市重要的城市文化景观建筑。

项目位于西安市新城广场西南角，在第八届全国戏剧节期间投入使用，取得了显著的社会效益和经济效益。现已成为西北地区设施全面的精品剧场。

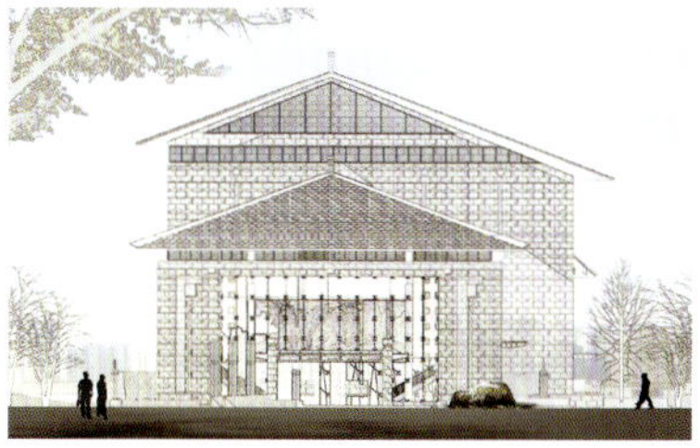

立面图

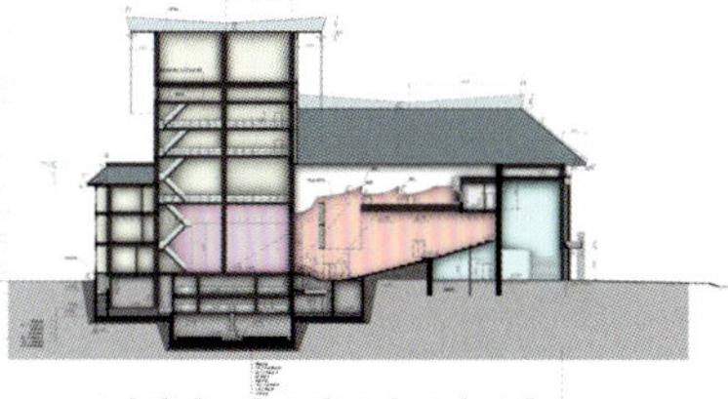

剖面图

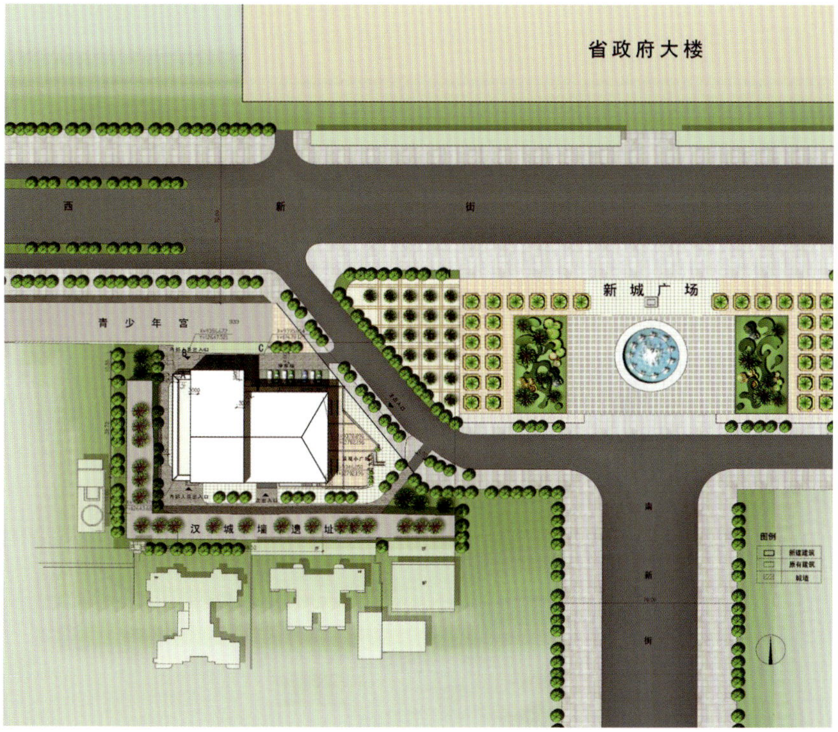

总平面图

DESIGN OF THE CIVIL AIR DEFENSE ENGINEERING AND LANDSCAPE ARCHITECTURE, GUANGHUA ROAD GREEN SQUARE

光华路绿地广场人防工程建筑及景观设计

项目业主：陕西丰盛悦秀城有限公司
建设地点：陕西 西安
建筑功能：地下大型商业建筑
用地面积：18 400平方米
建筑面积：44 758平方米
设计时间：2015年06月—2016年12月
项目状态：方案
设计单位：西安市建筑设计研究院
合作设计：西安索金建筑设计与城市规划咨询有限公司
主创设计：李忠全、王旭红、仇吉萍

项目为光华路绿地广场人防工程。战时为人员掩蔽；平时为购物、休闲、文化娱乐等。

1. 项目定位：为高端人群打造生活体验式购物中心——第四代商业购物中心模式，即LSC（Life Shopping Center）模式。

2. 休闲第一：将传统的消费模式向休闲的“生活方式”倾斜和功能侧重。

3. 环境第一：追求消费阶层生活品位与消费习惯相匹配。注重环境、景观与施工质量，露天开放与良好的室外环境。

4. 业态专精：集百货店、大型超市、专业店、专卖店等店铺零售业与休闲、餐饮、娱乐服务等为一体，注重消费者对“生活方式”的精神享受和追求。

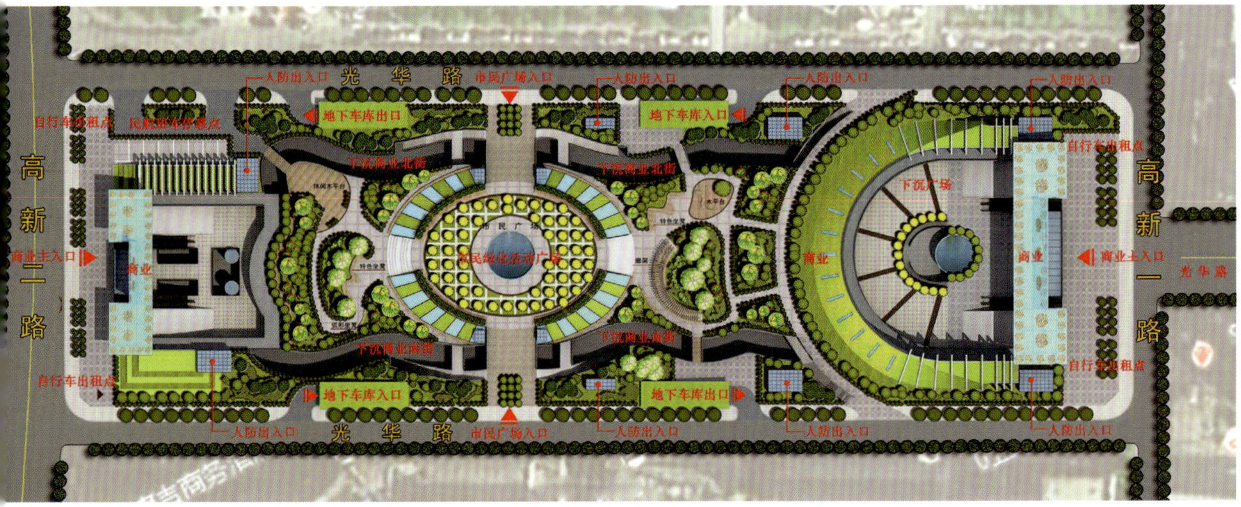

总平面图

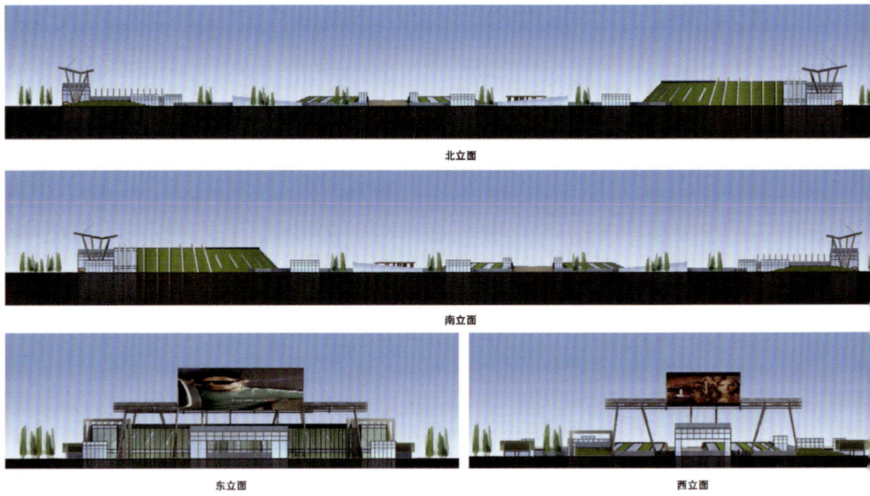

立面图

AIRPORT NEW CITY AFFAIRS SERVICE CENTER

空港新城事务服务办理中心

项目业主：陕西省空港综合保税区投资有限公司
建设地点：陕西 咸阳
建筑功能：办公建筑
用地面积：44 595平方米
建筑面积：73 000平方米
设计时间：2012年
项目状态：建成
设计单位：西安市建筑设计研究院
合作设计：美国Michael Sorkin事务所
主创设计：Michael Sorkin、岗琦实、李忠全、孙彦青
获奖情况：空港新城最美建设者奖

建筑形体是由基本的几何体：球体、圆锥、圆柱、圆环交错相切，然后倒角修正而得到。整个形体是球面的一部分，圆锥相切形成内庭园，圆环相切形成内街，所有的曲面均可定位。

项目一期，空间形体的产生基于紧临机场的得天独厚的基地条件，使其在城市正交的道路网格中成为卓尔不群的地标或形象，同时增加建筑的趣味，缓解了传统城市路网重复的几何形式的束缚，使地面行人，尤其是起落于空港的乘客过目不忘。

项目二期，形体为玻璃包裹的矩形立方体，与一期形成强烈的对比，圆与方、曲与直、实与虚、繁与简，使一、二期在整体布局上达到对比统一，烘托主体的和谐效果。

GOLDEN BRIGADES · NANJINGTAI VILLA

金旅·南璟台别墅

项目业主：西安金古置业有限公司
建设地点：陕西 西安
建筑功能：居住建筑
用地面积：33 950平方米
建筑面积：26 163 平方米
设计时间：2015年07月—2016年12月
项目状态：方案
设计单位：西安市建筑设计研究院
合作设计：西安索金建筑设计与城市规划咨询有限公司
主创设计：李忠全、金莉萍、杜强

1. 天人合一，回归自然，与自然和谐共生

基于对中国传统居住文化“天人合一、回归自然”的理解，将“隐、幽、静、逸、合、雅”等居住理念和项目相结合，同时将关中地区传统民居布局方式、街巷组织和庭院营造，通过空间分隔与联系，形成类型多样、层次丰富的庭院空间。

2. 健康、舒适的使用空间，宁静恬淡的田园生活

建筑造型上，汲取中国古典传统建筑元素“廊、亭、檐、院”，“亭台楼阁”等构成手法，使空间层次产生变化，形成分而不隔、多方胜景、咫尺山林的韵味。

建筑朝向内院，立面多门窗，少实墙，既传达了中国传统建筑的气质神韵，又通过现代技艺的改进实现了功能和审美的突破。

3. “庭院空间”——增加家庭的内聚力，领悟人类生活的真谛

户型设计上，以庭院为中心，恢复了中国传统居住生活以内院作为核心的精神实质。通过建筑庭院及空间的有机组合，为住户营造了幽雅、私密、融合的居住单元，充分感受中国传统庭院生活的魅力。

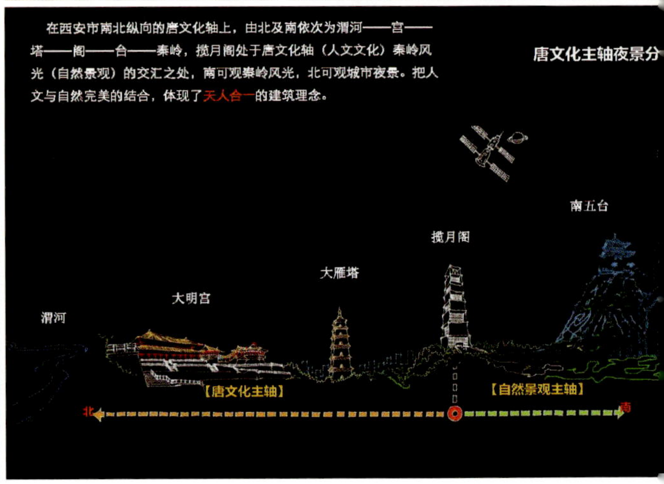

总平面图

合院方案A 首层平面图

合院方案A 二层平面图

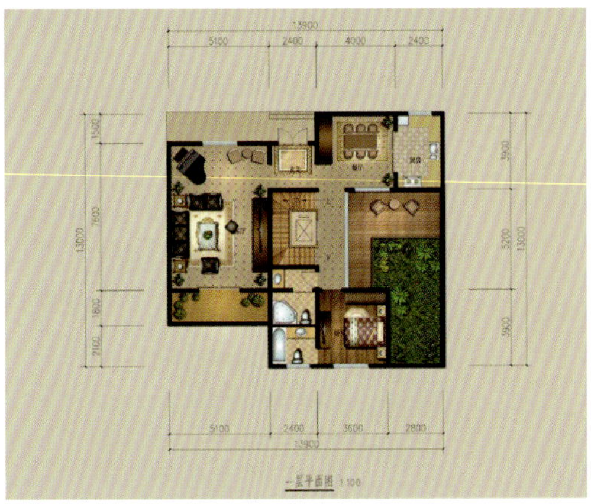

双拼方案 二层平面图

独栋方案 一层平面图

独栋方案 二层平面图

FENGXI BAIMA RIVER PLANNING AND DESIGN

沣西白马河规划设计

项目业主：陕西省西咸新区沣西新城管理委员会
建设地点：陕西 咸阳
建筑功能：城市中心区功能配套
用地面积：1 530 000平方米
设计时间：2017年
项目状态：在建
设计单位：美国Michael Sorkin事务所、西安建大城市规划设计研究院
主创设计：Michael Sorkin、谷杰、刘莹、李忠全、王建成

设计理念 “沣河绿岛”

方案设计旨在渭河、沣河三角洲地带营造一个景观生态格局良好的城市片区。得益于基地处在一个得天独厚的临水地带，方案在此基础上通过在基地中部设置一个中央公园，以灵活、自由的结构布局形态，将城区建筑组团以集中式的中央绿色公共开放空间网络融入东侧沣河广阔的碧水绿野之间，形成都市中的绿色浮岛——沣河绿廊，不仅最大程度地实现公园绿地人工环境与沣河自然环境的巧妙融合，而且在沣河与白马河景观林荫大道之间建立起东西向的绿色廊道联系。

规划从整个沣西新城着眼，结合周边的资源条件，对上位规划进行局部调整和优化，在原有九宫格路网基础上，叠加了一个中央公园和东西向贯通的绿廊，从而形成了“一心、一廊、九宫格”的总体空间结构。

李宏伟

职务：为道建筑事务所创始人、主持建筑师

教育背景

2009年　内蒙古科技大学建筑学

2016年　清华大学适老居住空间与环境设计

工作经历

2009年—2013年　中国建筑科学研究院主创建筑师

2013年—2015年　美国BeeryRio建筑事务所（百瑞来）设计室主任

2015年至今　为道建筑事务所执行董事

主要设计作品

对外经济贸易大学留学生综合楼

清华大学石门山庄

石家庄裕翔产业园

北京思创厚德商务中心

齐河科技金融中心

河北涉县滨河老年颐养康复中心

涉县润亲源养护院

阳泉市养老公益苑

北京万科幸福家社区养老中心

贵阳中铁国际生态城太阳谷

北京市东城区青少年科技馆

北京市第五中学新校区规划

泗阳县博物馆

北京万科幸福汇

乌海市新天地住宅小区三期

北京白塔寺再生·庆丰胡同改造

新锐建筑师、规划师、为道建筑事务所创始人、主持建筑师。2008年于清华大学建筑学院王路工作室专注于地域性建筑的研究及本土创新实践，2015年创立为道建筑事务所（WEDO Architccts）。其实践在于寻找一种城市与自然的平衡，塑造充满人文精神和人文关怀的城市空间。基于空间与环境的秩序观，重新思考建筑的“场所精神”内涵，探索当代城镇化与建筑设计的可能性，并围绕建筑学最核心的问题“材料、构造、空间”展开一系列建筑实践。李宏伟的建筑作品，现代而且自然，有一种对当下的洞见，作品中往往能感知到一种“社区参与”与“人文关怀”的情感，从而促进人居环境和生活品质的提升。著有论文《基于差异性的全龄社区建设研究》《再论“山水城市”》《养老设施的空间结构与行为环境构建研究》等。

WEDO

ARCHITECTS

为道设计

地址：北京市顺义区军营北街16号金地未未来2#528

电话：010-84504700

网址：www.wedoarch.com

电子邮箱：wedoarch@163.com

为道建筑事务所（WEDO Architects）由建筑师李宏伟于北京创立，是一所以研究和创新为特色的国际化建筑设计事务所。WEDO设计和研究包括建筑、规划、景观和室内，执着于高完成度的项目和创造性地解决城市问题。

WEDO关注当今城镇化中建筑类型的进化和变异，通过对建筑类型的把握来完成连贯而互通的思考与尝试。从建筑策划开始介入到规划、建筑、景观、室内形成一体化设计策略，并综合经济平衡、管理运营等以实现项目的全过程掌控，为客户更好地实现设计价值。近年来围绕“本土与创新”展开一系列建筑实践，将现代语境及感受和谐舒适地融入本土建筑传统，试图重新思考建筑的“场所精神”内涵，让空间和事物以及环境之间达到一种默契。业务领域涉及文化、教育、办公、酒店度假、商业休闲、养老医疗、产业园区、特色小镇、城市设计、城市更新改造及高端社区规划等，已完成逾100万平方米的工程设计。

WEDO团队的创作以李宏伟及其合伙人为核心，长期致力于现代建筑与可持续人居环境设计，地域性建筑与聚落空间研究，老年人居住空间及行为环境研究，文旅创新及休闲度假设计等，营造“为道设计”的独立品牌。“为道”旨在构建一种生活方式，让人们充分体验生活在其中的自在。

INTERNATIONAL STUDENT BUILDING OF UNIVERSITY OF INTERNATIONAL BUSINESS AND ECONOMICS

对外经济贸易大学留学生综合楼

项目业主：对外经济贸易大学　　建设地点：北京
建筑功能：酒店、会议、国学中心、留学生公寓
用地面积：14 419平方米　　建筑面积：49 979平方米
设计时间：2011年　　项目状态：建成
主创设计：李宏伟、赵温华
设计团队：林路、陶轶男、李宏伟、赵温华、张熙、郭雪妍

对外经济贸易大学留学生综合楼是其建校60周年的重要项目之一，位于校园西北角，惠新东街与文学馆路交会处。基地周边现有建筑多样，综合影响因素较多，实际上是一个校园更新的项目，因此如何处理建筑与周围的关系变得尤为重要。

设计师以一种城市介入的方式来思考建筑与场地、建筑与城市的关系。着眼点在于营造建筑的场所氛围，同时要解决酒店、留学生公寓、国学中心等功能的布局及流线等问题。西北角局部后退，形成酒店的前广场及主入口，一个大的空间同时可以成为城市街角的活动舞台，赢得更多的关注。强烈的悬浮球体创建了一个强大的视觉联系，明确了建筑入口，并与对外经贸“环球经济”对话。酒店首层围绕中心四季厅展开，使裙房中各功能区有效地组织起来，室内充满阳光的共享空间令人愉悦。

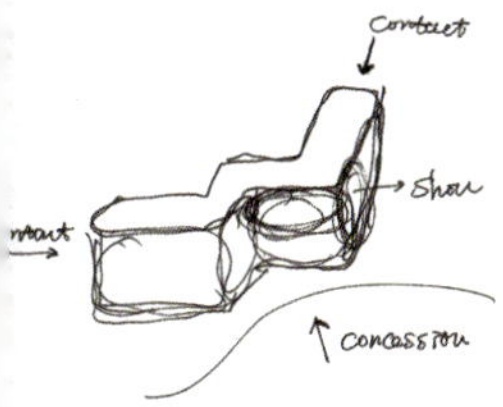

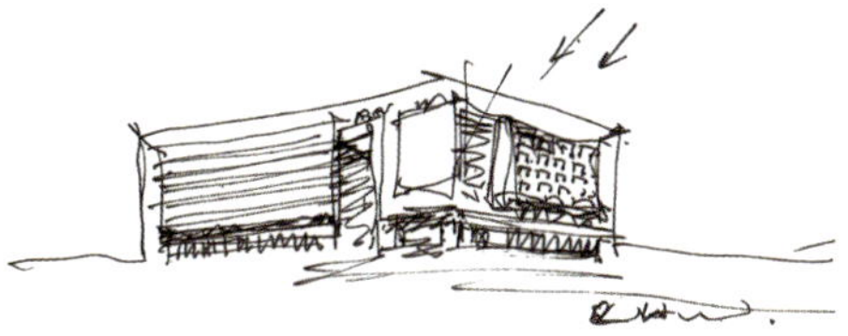

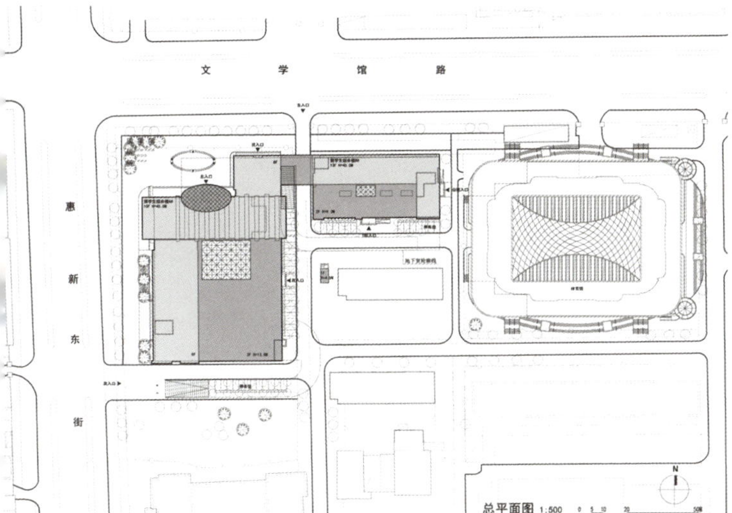

总平面图 1:500

BINHE ELDERLY REHABILITATION CENTER IN SHE COUNTY, HEBEI

河北涉县滨河老年颐养康复中心

项目业主：河北润亲源养老产业发展有限公司
建设地点：河北 涉县
建筑功能：养老建筑
用地面积：186 080平方米
建筑面积：200 870平方米
设计时间：2016年
项目状态：在建
主创设计：李宏伟
设计单位：为道建筑事务所
合作设计：邯郸建筑设计有限责任公司

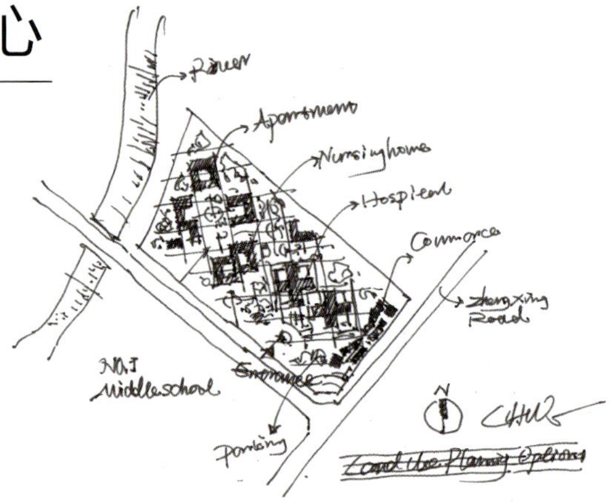

涉县滨河老年颐养康复中心是基于构建“新型的可持续照料的医养融合模式（CCDC）”的健康社区，包括康复医院、养护院、护理院、老年社区、配套商业等。与大家熟知的医院形象不同的是，设计师更强调新的康复医院应该是一种开放空间，能与自然对话，并留出大量的绿化景观来营造舒适的室外环境，让更多的人乐在其中。

设计的思考紧紧围绕患者、医生、家属及相关工作人员的真实感受出发，设计师提出了一系列开放式框架概念，目的是打造一个明亮开放式的医疗社区，让阳光和微风穿过整个建筑。设计概念的核心是“城市客厅”，它不仅加强了建筑与城市的联系，同时形成中心辐射的网络化交通体系，实现基地内部的交通疏导和分流；各个功能体块围绕共享中庭进行布置，功能体块之间具有灵活性和可变性，以此来应对未来的发展变化。建立多样化绿色公共空间，如街角城市广场、康复花园、庭院绿化、垂直绿化、屋顶绿化等，旨在营造一个开放、创新、绿色、智慧、可持续发展的医疗健康社区。

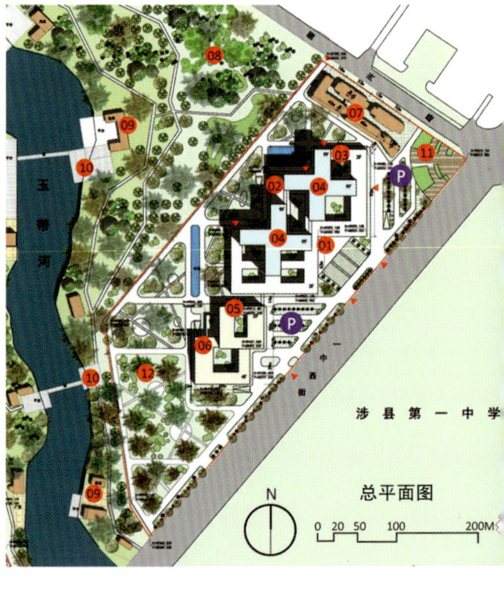

功能分区

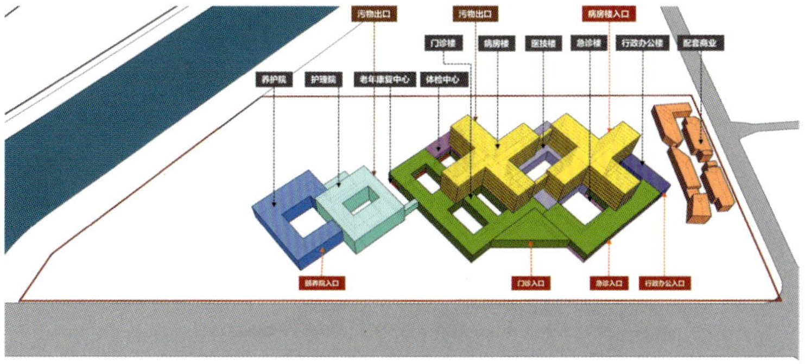

应对策略

能源利用和环境保护(EA)

✓优化系统能效

✓自然通风采光

✓清洁能源

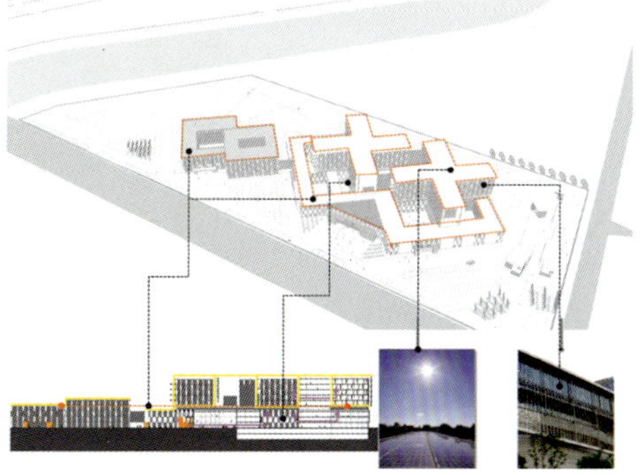

退台处理增加有效屋顶绿化景观，同时利于阳光进入

连贯的中庭增加自然采光，同时利用热拔效应增强自然通风

利用光伏发电技术优势打造清洁能源

自动遮阳系统减少空调和照明负担

SHIJIAZHUANG YUXIANG INDUSTRIAL PARK

石家庄裕翔产业园

项目业主：中电河北房地产开发有限公司
建设地点：河北 石家庄
建筑功能：办公、企业独栋、商业、住宅、学校建筑
用地面积：364 038平方米
建筑面积：843 050平方米
设计时间：2017年
项目状态：方案
主创设计：李宏伟
设计单位：为道建筑事务所
合作设计：清华大学建筑设计研究院有限公司

裕翔产业园位于河北省石家庄市南二环，总建筑面积近85万平方米。以开放、活力、共享、生态的空间环境引导科技创新，激发全新的商业模式，创造健康的工作环境，打造世界领先的智慧产业园。

规划的思考从京津冀协同发展、中电产业新城的角度出发，设计师提出“融合”的整体空间规划理念。

1. 空间融合：规划强调空间的紧密融合，通过对几个地块空间结构的梳理，形成“一环四心”融合发展的结构。在“中央生态绿环”中构建空间生态系统、社会生态系统和商业生态系统，创造园区的活力与社交的场所。

2. 产业融合：创造智慧绿色的产业集群，以智慧科技产业为中枢，以互联信息为纽带，打造四个大健康产业园区环绕的空间布局，并规划四个创新中心，从而完善产业园区的生产服务功能，实现上下游产业链的融合。

3. 环境融合：营造师法自然的绿色园区，规划多条生态廊道，以多样的景观空间强化园区的环境特质，创造先环境后园区的环境模式。

4. 人才融合：塑造宜居宜业的乐活家园，不同空间组合连接人群、企业的想法，营造多元的社会环境。

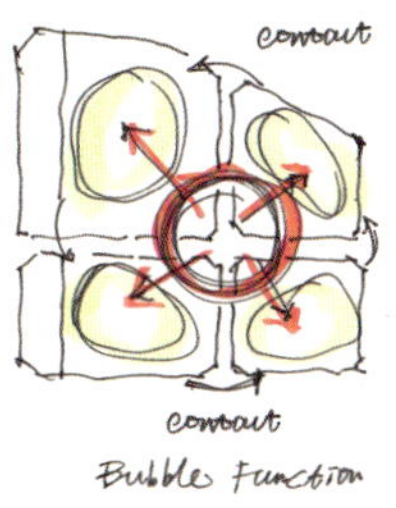
contact
contact
Bubble Function
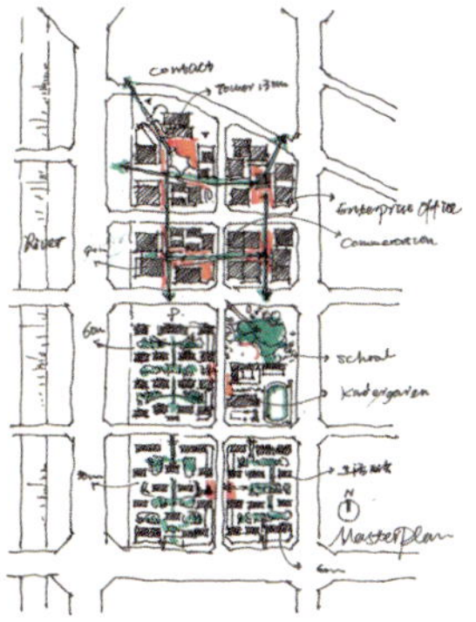

TSINGHUA UNIVERSITY SHIMEN VILLA

清华大学石门山庄

项目业主：北京蓝盛投资管理有限公司
建设地点：北京
建筑功能：酒店、酒吧、会议中心、文创基地
用地面积：364 038平方米
建筑面积：843 050平方米
设计时间：2014年
项目状态：方案
主创设计：李宏伟
设计团队：为道建筑事务所

石门山庄坐落于具有“塞外明珠”美称的北京延庆县八达岭镇水关长城脚下，海拔820米，四周山峦叠嶂，植被繁茂。山庄内三山三亭，地势开阔、空气清新，远离PM2.5侵扰，是难得的纯天然休闲氧吧。

设计原样保留了石门酒吧，新的建筑设计师赋予其当代的特性，将三组白色院子散落于山谷中，并与老建筑对话，是对现代生活方式与传统空间序列的统一。设计师希望山庄的访客获得充裕的机会，可以与基地的特性及其相关的历史连接，三组不同主题的院落空间为访客提供休闲和沉思的场所。

过去美好的记忆是构成人们现在生活的重要的一个因素，山中度周末只是向人们揭示一些我们丢失的东西，从而使我们的生活更加平衡。因此，房子应该给使用者提供周围环境中积极的一面，如山的全貌、长城景观、碧空万里、星辰满天及优质空气等等。但同时，也必须能让使用者远离那些不能接受的自然因素，设计师在坡地和庭院中创造了室内和室外空间之间的完美和谐。

GUIYANG CHINA RAILWAY INTERNATIONAL ECO-CITY SUN VALLEY

贵阳中铁国际生态城太阳谷

项目业主：中铁贵州旅游文化发展有限公司
建设地点：贵州 贵阳
建筑功能：养老建筑
用地面积：1 066 666平方米
建筑面积：1 068 000平方米
设计时间：2015年
主创设计：李宏伟、唐吉强
设计团队：朱文俊、温向军、李宏伟、唐吉强、杨雪、任胜飞

太阳谷位于中铁国际旅游度假区的核心位置，依托贵州的喀斯特地形和贵阳独特的森林气候、青山秀水。项目规划是由住房和城乡建设部推动打造的健康养生养老设施建设国家标准示范项目。

规划在于如何定义老年生活空间与山地环境的微妙立场，以及巧妙解决建筑与环境的依存关系。设计师提出了“俯仰天地，归于本源”的设计理念，即重塑、回归和尊重区域文化。重建宜人尺度空间与环境，重建区域建筑与空间文化，与此同时，为了整体打造健康生活环境，设计从空间结构、人与自然的角度出发，将建筑和景观融合在一起，达到一种“浸润式”的养生度假体验。

太阳谷规划是集康养住宅、养老公寓、康复医院、老年护理院、老年安养中心、健康服务中心、养生度假酒店、禅修院、赛事级体育公园于一体的康养综合体。运营设置“2+3”康养服务体系，以专业化养老服务和国际化医疗服务，打造健康人生和活力养老的一生之城，塑造贵阳养生养老宜居之地。

YANGQUAN PENSION COMMUNITY FOR THE PUBLIC INTEREST

阳泉市养老公益苑

项目业主：阳泉市郊区民政局
建筑功能：养老建筑
建筑面积：46 500平方米
项目状态：筹建
设计团队：为道建筑事务所
建设地点：山西 阳泉
用地面积：45 775平方米
设计时间：2015年
主创设计：李宏伟

为道建筑事务所的“组院”设计方案来源于“晋商大院”，将纵向的进院与横向的跨院错叠，或围合，或打开，大大小小的院落组成新的建筑体量，这“组院”植根于所在的山地。

养老公益苑可提供自理、介助、介护一体化的居住设施和服务，使老人在健康状况良好和自理能力变化时持续获得与身体状况相对应的照料服务。设计包括活跃区、养护区、护理区、失智区、临终关怀区五大板块，并设置营养中心、文娱中心、医疗中心、日间照料中心、康复花园等，形成持续照料的养老服务体系。

阳泉养老公益苑试图从城市关系中寻找建筑与场地深层次的关系，从生活方式和建筑功能的演进中寻求空间的组织与建构逻辑的进化，从文化记忆中寻觅故事的线索，继而对传统的“院”加以演绎和呈现，以期在日渐疏离的城市要素关系中建立新的活力，在空间和形态的建构中寻求传统院落文化的重生和进化。“组院”不仅满足老人多样的生活需求，同时也是养老机构高效运营的一种空间组织方式。

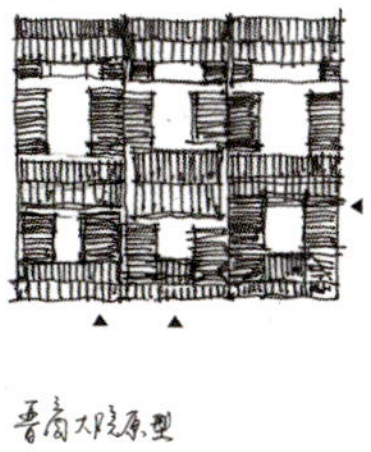

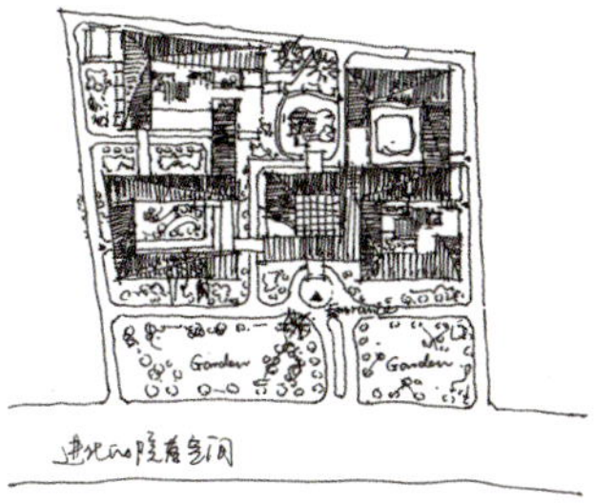

李红建

职务：河南大建建筑设计有限公司董事长、首席总建筑师

职称：教授级高级工程师
国家一级注册建筑师

教育背景

哈尔滨建筑工程学院建筑学学士
清华大学建筑学院学习
哈尔滨工业大学建筑学硕士

工作经历

河南省建筑设计研究院副总建筑师、创作室主任
中国中建设计集团总建筑师
河南大建建筑设计有限公司

刘海明

职务：河南大建建筑设计有限公司总经理、总建筑师

职称：工程师

教育背景

天津大学建筑学学士学位

工作经历

郑州市建筑设计院
天津市天友建筑设计公司河南分公司总经理
河南大建建筑设计有限公司

董奇昱

职务：河南大建建筑设计有限公司副总经理、总建筑师

职称：高级工程师
国家一级注册建筑师

教育背景

郑州大学建筑学学士
同济大学建筑学硕士

工作经历

机械工业第六设计研究院
河南大建建筑设计有限公司

杨济华

职务：河南大建建筑设计有限公司副总建筑师、原创中心主任、主创设计师

教育背景

台湾勤益大学建筑学学士
北京大学景观设计学硕士

工作经历

台湾六国景观工场
中国中建设计集团
河南大建建筑设计有限公司

张 亢

职务：河南大建建筑设计有限公司副总经理、副总建筑师、主创建筑师

教育背景

哈尔滨建筑工程学院建筑学学士

工作经历

河南省建筑设计研究院
珠海艺臻河南分公司总经理
林产工业规划院河南分院院长
河南大建建筑设计有限公司

悦利攀

职务：河南大建建筑设计有限公司原创中心副主任、主创建筑师

教育背景

河南大学建筑学学士

工作经历

深圳市建筑设计研究总院孟建民建筑研究所
中国中建设计集团有限公司
河南大建建筑设计有限公司

河南大建建筑设计有限公司成立于2009年，位于郑州市郑东新区，主要从事建筑工程一体化设计顾问服务，具有建筑工程甲级资质、人防乙级资质、城乡规划编制丙级资质，公司现有技术人员230人。公司前身为有30多年历史有着丰富的设计服务经验和优良传统的设计公司，重组的新公司拥有专业经验丰富的各专业国家一级注册师和技术骨干，引入了国内一批优秀骨干和新生代精英，为公司补充了稳定的优势技术力量并带来活跃的创新思维。

公司在工程设计实践中追求理性与个性化的设计观念、科学的设计方法和务实的设计态度；坚持设计创新，长期致力于建筑原创，并通过各种形式推动本土建筑原创的发展。多年来，作为快速成长的服务型设计顾问公司，完成了众多行政企事业单位和著名地产企业开发的办公、商业、教育、居住等类型的建筑规划与设计，曾参与郑州龙子湖创意园孵化器、国家专利审查协作中心、国家技术转移郑州中心等三大国家级创新中心的创作设计。近年来，公司在推动策划咨询、生态旅游规划、建筑+景观+室内设计一体化、绿色建筑方面卓有成效，通过出色的原创设计和服务为中部城市群建设做出了积极贡献。

大建筑 ARCHITECTURE

河南大建建筑设计有限公司

大建原创中心
李红建工作室

地址：郑州市郑东新区聚源路宏图街聚源国际
电话：0371-60857762
电子邮箱：djjzsj2010@126.com

ZHENG DONG NEW DISTRICT ADMINISTRATIVE SERVICE CENTER

郑东新区行政服务中心

项目业主：郑州东龙建设投资公司
建设地点：河南 郑州
建筑功能：办公建筑
用地面积：4 666平方米
建筑面积：4 000平方米
设计时间：2015年
项目状态：建成
设计单位：河南大建建筑设计有限公司
设计团队：李红建、李秋海、悦利攀、白一贺、何清杰、马艳娜、鲍彦昌、刘玉柱、李伟涛、王云霞
获奖情况：2016年河南省优秀勘察设计行业创新奖一等奖

设计目标为低能耗，可循环使用。建筑结构形式为单元式铆式可拆卸钢框架结构体系，屋顶折屋面采用檩条暗藏型双层压型钢板复合保温屋面，办事大厅大空间采用了导光管采光系统，利用透射和折射的原理高效采集太阳光、自然光，并将其导入系统内部。

ZHENGZHOU HUMAN RESOURCES MARKET

郑州人力资源市场

项目业主：郑州市职业介绍中心　建设地点：河南 郑州
建筑功能：商业、办公建筑　用地面积：10 000平方米
建筑面积：27 058平方米　设计时间：2010年
项目状态：建成
设计单位：中国中建设计集团有限公司
设计团队：李红建、梅坤、李秋海、韩忠民、严寒、曹晶华
获奖情况：河南省优秀勘察设计二等奖

设计创造基地环境与城市环境的共融，充分利用现有场地，在保证基地内交通顺畅的前提下，扩大绿地以提升整个基地的环境质量。建筑通过简洁的体量与体块的交错展示了建筑的美感，突出和展现建筑的文化内蕴，同时也表现一种空间上的交流和共享。

招聘服务大厅侧面挑出的两层空间，通过内凹的玻璃体块与主楼南侧挑出的空间形成良好的呼应。建筑形体的收放赋予建筑以张力，以“大窗口”的建筑体型折射出人力资源市场各部门与外来办事人员、应聘人员的对话和交流，也表达了人力资源部门服务的热情、创新以及为待就业者服务的人文关怀。设计满足合理的功能需要，混合现代建筑的流行元素，使建筑内部空间与外部自然空间形成一种微妙的关系，相互渗透交融，浑然一体。

CHANGGE NATIONAL METEOROLOGICAL OBSERVATORY

长葛国家气象观测站

项目业主：长葛市气象局

建设地点：河南 长葛

建筑功能：办公建筑

用地面积：20 000平方米

建筑面积：2 615平方米

设计时间：2013年

项目状态：建成

设计单位：河南大建建筑设计有限公司

设计团队：李红建、邵清莉、王春生、严寒、郄晓华、鲍彦昌、贾荣雅

获奖情况：2016年河南省勘察设计行业创新二等奖

项目建筑功能主要为办公、气象科技展览、气象预警发布、雷电防护监测等。建筑采用河南登封“古观星台”意象，通过对称的格局，简洁明快的体块交接组合，营造出大方、沉稳的建筑体型与体量，以建筑语言传承和表达“天文气象”建筑的庄重、典雅的建筑性格。

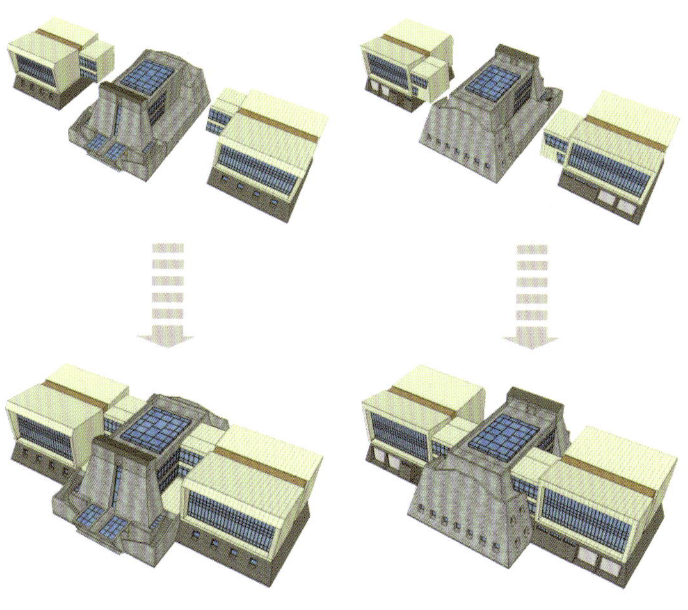

AGRICULTURAL EAST ROAD CONVENIENT SERVICE CENTER

农业东路便民服务中心

项目业主：郑新建设投资有限公司
建设地点：河南 郑州
建筑功能：商业、文化建筑
用地面积：10 073平方米
建筑面积：39 310平方米
设计时间：2017年
项目状态：方案
设计单位：河南大建建筑设计有限公司
设计团队：李红建、悦利攀、邵清莉、吴转明、张永辉
获奖情况：2017年第四届河南省土木建筑科学技术奖建筑方案一等奖

项目地上主要功能包含商业建筑和便民服务中心。其中，便民服务中心包括便民服务大厅、卫生服务中心、托老所、文化活动中心、综合健身馆及菜市场。

采用3M(MIX&MIN&MAX)共融的组合模式——将商业、文化活动、医疗养老、行政事业多功能融入园区，通过功能空间组合的复合性（MIX），最大化提升（MAX）各功能使用便捷性；通过多层次空间质量的营造提升，交流距离最小化（MIN），活动丰富最大化（MAX）。

设计提出“城市阶梯”的概念，不同形式的功能阶梯让整个综合体从东侧热闹的商业氛围与西侧安静的便民服务之间，建立了良好的过渡和衔接。从而使20米高度的建筑，构建了“立体漫步体系”，成为该区域的城市活力空间。

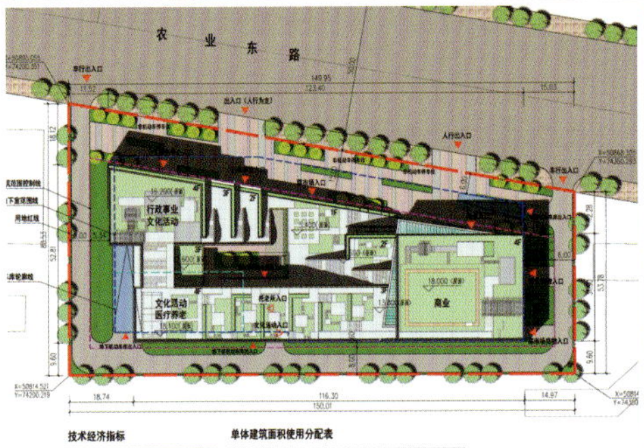

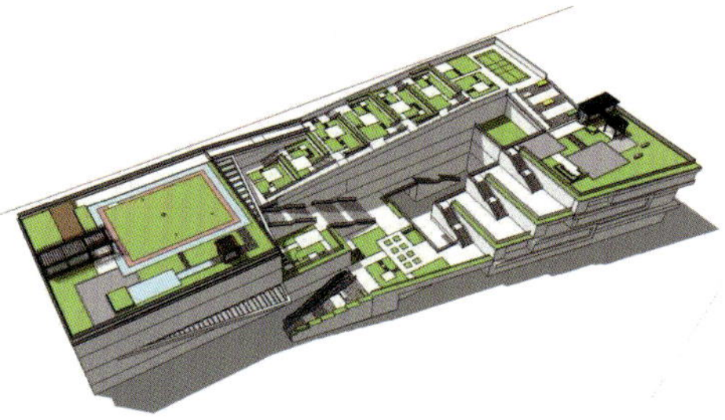

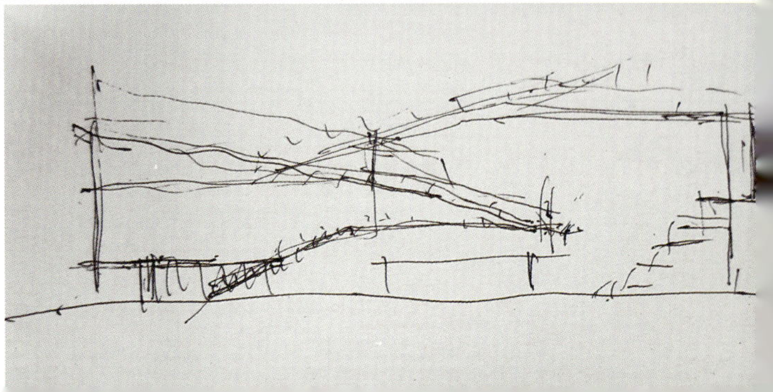

YUXI EAST ROAD CONVENIENT SERVICE CENTER

玉溪东路便民服务中心

项目业主：郑新建设投资有限公司

建筑功能：商业、文化建筑

建筑面积：33 694平方米

项目状态：方案

设计团队：李红建、悦利攀、张永辉、邵清莉、郑丹卡

建设地点：河南 郑州

用地面积：10 122平方米

设计时间：2016年

设计单位：河南大建建筑设计有限公司

项目地下两层，主要功能为车库、设备用房、人防；地上一层功能为行政事业办公、商业及菜市场。北侧主体建筑二、三层为LOFT，四、五层为平层公寓；南侧主体建筑二至五层为部分生活性商业、医疗养老、文化活动。

建筑造型设计主要体现开放、亲民的公共文化建筑特色，建筑外观以完整的几何形体相互咬合，虚实的对比体现便民服务中心的简洁高效。

南北体块之间通过一层的屋顶平台形成有机整体，此屋顶平台作为综合活动场地，通过东侧及南侧的公共大台阶，使建筑呈现面向城市的开放。建筑内部通过多个错落的平台形成各功能的休憩场所，融合屋顶绿化创造出社区居民宽松亲切的生活环境。

LONGXIANG SEVENTH STREET CONVENIENT SERVICE CENTER

龙翔七街便民服务中心

项目业主：郑新建设投资有限公司
建设地点：河南 郑州
建筑功能：商业建筑
用地面积：34 195平方米
建筑面积：178 072平方米
设计时间：2017年
项目状态：在建
设计单位：河南大建建筑设计有限公司
设计团队：李红建、杨济华、悦利攀、吴转明、白一贺、张永辉、邵清莉、郑丹卡、王东东
获奖情况：2016年河南省勘察设计行业创新二等奖

项目位于郑东新区龙湖中环南路交叉口南侧，轻轨2号线、龙湖中环南路、新学路等多条城市道路在此相交。建筑形态如何呼应城市空间，体现区域特征，是设计的基本着眼点。

立面以不同的模数划分，上下错动突出幕墙表面，形成立面的基本元素，使得建筑挺拔有力，细部精美，丰富了城市视觉层次。商业实体部分提取“瓦楞”元素，采用装饰混凝土轻型墙板，以半圆弧状的白色竖向纹理为主，丰富建筑细部，使建筑肌理有触感，并富有文化气息。

WUYUN MOUNTAIN LUKA TOWN

五云山卢卡小镇

项目业主：河南光辉伟业房地产开发有限公司
建设地点：河南 荥阳
建筑功能：旅游建筑
用地面积：114 000平方米
建筑面积：21 773平方米
设计时间：2010年
项目状态：建成
设计单位：河南大建建筑设计有限公司
主创设计：刘海明、白瑞耿、姬俊杰

五云山卢卡小镇距离郑州市区约25公里。五云山属于嵩山的余脉，地势南高北低，最高海拔588米，是世界上公认的理想人居高度。整个项目开发为9 个小镇，区内山脉连绵起伏，植被覆盖率高达95%以上，有珍稀植物300余种，原生树木近1 000万株，稀有鸟类20余种，负氧离子常年保持在每立方厘米5 000个左右。规划打造集养生养老、旅游观光、休闲度假为一体的异国风情生态宜居康养特色小镇。项目坐山拥林，地势景观得天独厚，于浅山坡地的起伏中，藏天纳地，拥抱自然。设计以回归五云山本真生活为主线，令建筑散落于山体林水之间，呈现托斯卡纳风格。

SHIGUANG TOWN,LIANGSHUIQUAN VILLAGE, ANCIENT LINGSHAN SCENIC AREA

古灵山凉水泉石光小镇

项目业主：河南中旅
建设地点：河南 鹤壁
建筑功能：休闲度假
用地面积：5 230 000平方米
建筑面积：5 000平方米
设计时间：2017年
项目状态：在建
设计单位：河南大建建筑设计有限公司
设计团队：杨济华、苏瑞泉、黄彦文、黄居宗、李红建、王文正、王宝珍、赵连赢、张建涛、李占强、王清亮、牛建奎、丁成、白一贺

设计从整合的角度梳理了文化、自然、建筑之间的关系，保留了要素间的差异性。设计以增加院落的的方式整合了建筑间的孤立状态，增加了外部空间的层次，为空间的公共与私密提供了过渡。石砌建造语言重塑了北方当地传统民居建筑状态，使其具有与当地传统建筑相似的形式或符号，项目召集村里的老工匠、老石匠，投入到家乡的改造活动中，通过低成本、高效益的景观修复实现设计建造过程。

ZHENGZHOU AIRPORT DAMA RESETTLEMENT AREA

郑州航空港大马安置区

项目业主：郑州航程置业有限公司
建设地点：河南 郑州
建筑功能：居住、商业、教育建筑及配套公建
用地面积：55 839平方米
建筑面积：182 115平方米
设计时间：2012年
项目状态：建成
设计单位：河南大建建筑设计有限公司
设计团队：李红建、李秋海、王东东、曹晶华、严寒、申丹微、鲍彦昌、许应菊、郄晓华、贾荣雅、刘玉柱
获奖情况：2018年郑州市安置房优秀设计方案一等奖

建筑布局以小区中部绿地和配套公建为中心，各住宅单元围合共享中心景观的“聚——合”整体框架。最大限度的利用周边景观及通风采光等自然资源，充分发挥基地的商业价值。立面造型，采取简洁的高层住宅立面与传统中原民居地域特色相结合的策略，颇具地域特色的建筑观感，丰富了城市的天际线，建筑形象的永恒美感诉说着一方水土的过去、现在和将来。

靠近设计

Approach Design

ARHITECTURE

Approach Design

靠近设计是基于浙江大学城乡规划设计研究院建筑二院的一支有思考、有理想、有担当的设计团队。团队积极投身于建筑设计、城市设计、景观设计、室内设计、产品设计等领域，秉持以严谨的态度、专业的手法与充满想象力的方式提供设计解决方案。

电话/传真：138 5718 1125　官方网址：www.approach-design.com.cn
官方邮箱：studio@approach-design.com.cn　媒体邮箱：press@approach-design.com.cn

马迪

职务：浙江大学城乡规划设计研究院
总院副总建筑师、二院院长
职称：高级工程师
国家一级注册建筑师

教育背景
2000年—2005年　西北工业大学建筑学学士
2005年—2008年　湖南大学建筑学硕士

工作经历
2008年—2017年　浙江大学建筑设计研究院
2017年至今　浙江大学城乡规划设计研究院

个人荣誉
2018年美国建筑奖The Architecture MasterPrize™ (AMP)Mixed Use Architecture奖
2018年WA中国建筑奖（城市贡献奖）
2014年中国建筑学会建筑创作奖银奖
2017年全国优秀工程勘察设计行业奖建筑工程设计二等奖
2017年全国优秀工程勘察设计行业奖建筑工程设计三等奖
2013年教育部优秀建筑工程设计一等奖
2015年教育部优秀住宅与住宅小区设计二等奖
2017年教育部优秀建筑工程设计二等奖
2015年浙江省建设工程钱江杯奖优秀勘察设计综合工程一等奖
2011年度湖南省优秀工程设计一等奖
2017年浙江省建设工程钱江杯奖优秀勘察设计综合工程一等奖
第五届中国威海国际建筑设计大奖赛
2017年杭州市建设工程西湖杯优秀勘察设计一等奖
入选杭州市“131”中青年人才培养计划
入选“优秀 80年代生中国建筑师”

主要设计作品
杭州云栖小镇会展中心一期
杭州云栖小镇会展中心二期
杭州云栖科技博悟馆
金华新能源汽车产业园展示中心
山东呼叫中心（潍坊）基地
中国书院博物馆
杭州之江发展大厦
宿州文化中心
宁波国际职业技术学院
金华新能源汽车小镇活力中心
浙江广厦学院文体中心
舟山铂尔曼酒店
温州机场综合办公楼
杭州信维科技园区
远洋公馆
通州区市民中心
湖南大学软件学院大楼
通州区育才中学
北京钛媒体总部办公楼
杭州萧山空港之眼
无锡雪浪小镇未来中心
杭州瓜沥七彩小镇二期
宁波广播电视大学终身教育大楼

金鑫

职务：浙江大学城乡规划设计研究院
二院副院长、城市设计研究室主任
职称：国家一级注册建筑师

教育背景
2002年—2007年　浙江大学建筑学学士

工作经历
2007年—2008年　香港华艺设计顾问（深圳）有限公司
2008年—2012年　浙江大学建筑设计研究院
2013年至今　浙江大学城乡规划设计研究院

主要设计作品
杭州云栖小镇国际会展中心二期
新昌技师学院
浙江富阳农村合作银行大楼
江西井冈山干部学院二期
江西浙大网新科技园
厦门观音山国际商务运营中心
浦江县体育活动中心
杭州黄龙体育中心室内训练馆
杭州国恒・西溪公馆
千岛湖集美・比华利度假中心
泰州美好上郡
泰州美好易居城
杭州上塘河水上运动小镇
天台县人才中心人才公寓
杭州市余杭第二高级中学改扩建工程
杭州余杭经济技术开发区中心区城市设计
杭州大运河商务区长乐区块城市设计
智慧网谷小镇城市设计
天台县和合小镇城市设计
余姚市姚北新城核心区城市综合体设计

毛联平

职务：浙江大学城乡规划设计研究院副总建筑师
浙江大学区域与城市规划系特聘教师
职称：高级工程师
国家一级注册建筑师

教育背景
2002年—2007年　浙江大学建筑学学士

工作经历
2007年—2013年　浙江大学建筑设计研究院
2013年至今　浙江大学城乡规划设计研究院

主要设计作品
杭州云栖小镇国际会展中心二期
新昌技师学院
浙江教育学院小和山校区
绍兴世茂迪荡新城A1地块
宁波江东区公检法业务用房
宁波世茂世界湾花园酒店及办公楼
世茂集团泰州酒店
芜湖市铁山宾馆改扩建工程
芜湖市三山中学
安徽中加学校
江西进贤中山华府
湖州诸墓漾小学
杭州余杭区双陈小学
杭州余杭区双陈幼儿园
柬埔寨华鸿产业基地
天台县人才中心人才公寓
杭州市余杭第二高级中学改扩建工程
杭州余杭经济技术开发区中心区城市设计
智慧网谷小镇城市设计

浙江大学城乡规划设计研究院有限公司成立于1994年，作为国内知名高校——浙江大学的全资国有企业，以百年浙大为依托，秉承“求是、创新、协同、务实”的理念，充分发挥高校在科技、人才、信息、文化等方面的优势资源，现已成长为集科研创新与规划实践于一体的国内领先规划设计研究机构。

设计院现有职工300余人，其中具有高、中级职称的技术人员占人员总数二分之一以上，各类注册师50余人，形成了一支专业齐全、实力雄厚的人才队伍。设计院按照三甲资质分为三大业务板块，规划板块设7个规划设计所、5个规划设计工作室和1个研究中心，建筑板块设有3个建筑分院、2个建筑设计所，景观板块设有1个景观分院、2个景观设计所；还设有交通市政规划分院、农业与生态规划分院、旅游规划分院、江西分院和西部所等几个特色板块。同时，与浙大城乡规划学科共同设立城乡规划研创中心，加强产学研结合发展；与美国规划协会（APA）对接设立国际合作中心，以此开拓设计院在城市规划与土地利用规划研究领域的国际合作；与杭州市政府研究室共同设立“城乡建设发展研究基地”，充分发挥设计院的政府智库作用。

设计院拥有城乡规划编制甲级、建筑工程设计甲级、风景园林工程设计甲级，以及旅游规划设计乙级、文物保护规划工程设计乙级等相关设计资质，提供规划、设计、科研、国际交流、教育培训等综合性服务，能综合地就客户需求，提供从研究到规划，从城乡空间到建筑、景观，从设计到实施的整体性解决方案。业务专长涵盖区域发展、总体规划、控制性详细规划、城市设计、交通与市政基础设施、旅游、区域建设用海规划、建筑设计、风景园林等方面，在规划编制、项目咨询、建筑与园林工程设计等方面都有较强的竞争实力，同时在区域规划、小城镇和乡村规划、科技产业园区、文化创意园区、养生养老地产、农业与生态规划等特色领域颇有建树。

地址：浙江省杭州市西湖区双龙街199号金色西溪商务中心3号楼1301室
电话：0571-87042723　**传真**：0571-88273029　**网址**：www.approach-design.com.cn　**电子邮箱**：press@approach-design.com.cn

HANGZHOU YUNQI TOWN CONVENTION AND EXHIBITION CENTER PHASE II

杭州云栖小镇会展中心二期

HANGZHOU YUNQI TOWN CONVENTION AND EXHIBITION CENTER PHASE II

杭州云栖小镇会展中心二期

建设地点：浙江 杭州
用地面积：19 419平方米
建成时间：2017年
建筑功能：行政办公、展览、商业建筑
建筑面积：66 680平方米
设计单位：浙江大学城乡规划设计研究院靠近设计
联合设计单位：浙江省建筑设计研究院
总承包单位：浙江省一建建设集团有限公司
设计团队：马迪、金鑫、毛联平、姜盛、章家梁、沈卫芬、汪旸、毛猛君
获奖情况：2018年WA中国建筑奖城市贡献奖

设计把以往隆重的会展中心设计成一座低矮开放的“立体公园”，把被建筑占据的场地全部还给了市民，并鼓励人们在此相遇并发生各种有趣的活动。室内展厅在不开会的时候可转换成种类丰富的运动馆，变成小镇的“运动仓库”。该设计消除了会展中心庞大、隆重且封闭的形象，以极大的开放性、复合性与亲民性设计，为城市注入了新的活力，并使建筑背后的巨大城市资源得以发挥最大的公共价值。此设计是设计师对于新时代要求下城市公共建筑设计范式的一次积极的尝试。

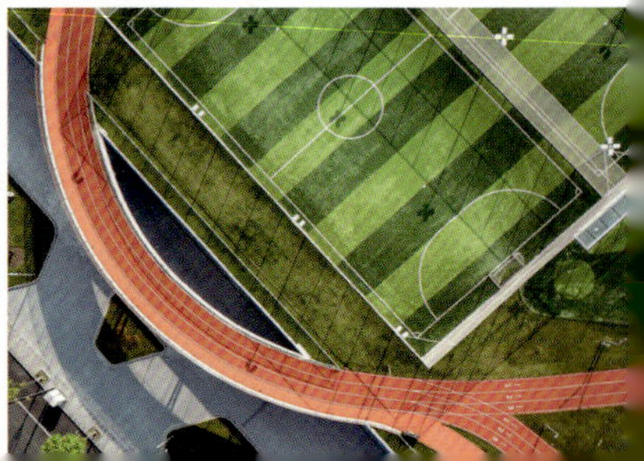

HANGZHOU YUNQI TOWN CONVENTION AND EXHIBITION CENTER PHASE I

杭州云栖小镇会展中心一期

建设地点：浙江 杭州
建筑功能：会展建筑
用地面积：28 439平方米
建筑面积：20 150平方米
建成时间：2015年
设计单位：浙江大学建筑设计研究院
总承包单位：浙江东南网架股份有限公司
设计团队：马迪、劳燕青、孙啸宇
获奖情况：2017年全国优秀工程勘察设计行业奖建筑工程设计二等奖
2017年浙江省建筑工程钱江杯优秀勘察设计综合工程一等奖
2017年杭州市建设工程西湖杯优秀勘察设计一等奖

项目为杭州G20峰会项目，也是目前全球规模最大的科技盛会——“云栖大会”的永久会址和央视G20宣传片的取景地。

设计改变了传统会展中心所带给人们的隆重封闭的固有印象，通过模糊的边界与开放的空间，把自然与自由一并带入建筑内部，并通过底层架空把大部分场地都归还给市民，创造了一座自由、平等、开放、包容的具有互联网时代精神的“非典型”会展中心。

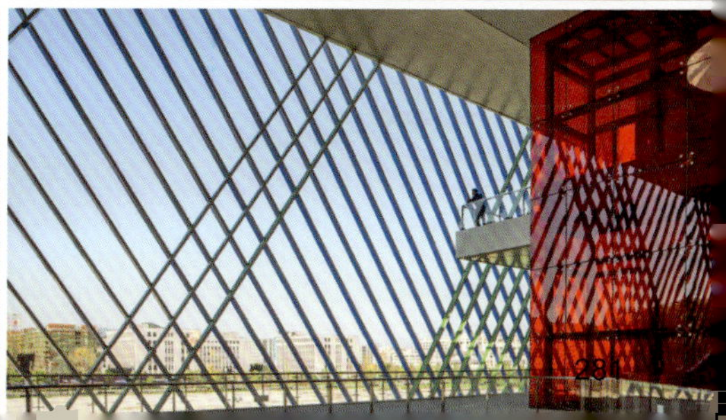

YUNQI TECHNOLOGY BOWU MUSEUM

云栖科技博悟馆

建设地点：浙江 杭州
建筑功能：文化建筑
建筑面积：1 266平方米
建成时间：2017年
设计单位：浙江大学城乡规划设计研究院靠近设计
主创设计：马迪

项目为阿里巴巴技术委员会主席王坚博士发起的国内首个关于互联网发展历史与思考的博物馆。设计采用谨慎克制的态度与简洁纯粹的手法，以避免过度设计带来的浮夸，同时有意采用阳光板、废弃石块、松木、钢管、纱网等廉价材料与回收材料，意在营造一个安静、自然的观展空间，引导人们从纷繁复杂的现实世界中抽离出来，静下心来思考互联网起源，探究互联网如何影响人类文明进程，感悟整个人类从离线世界“进化”到在线世界，就像火把黑暗变成光明。

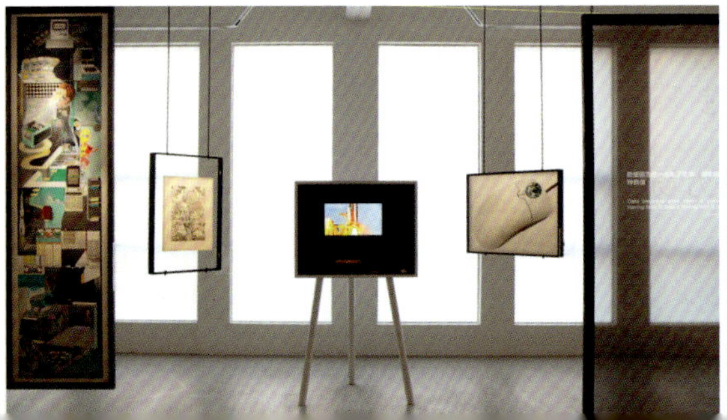

JINHUA NEW ENERGY AUTOMOBILE INDUSTRIAL PARK EXHIBITION CENTER

金华新能源汽车产业园展示中心

建设地点：浙江 金华
建筑功能：会展建筑
用地面积：11 356平方米
建筑面积：20 408平方米
建成时间：2017年8月
设计单位：浙江大学建筑设计研究院
设计团队：马迪、张永青、钱乃琦

项目已被定义为金华新能源汽车产业园的地标建筑。考虑到有限造价与极短工期对本项目的制约，设计选择以一个简洁纯粹的长方体作为建筑原型。通过将两部室内阶梯所对应的顶部与底部的“多余空间”进行下压与切割，使这两部阶梯的“轮廓”映射于建筑立面之上，并在长方体中部形成不同朝向的对称切角。设计希望通过这样一个简单易行的手法，使人们对最为熟悉的理性方盒子在视觉上呈现出充满张力的循环往复的动势，与新能源汽车所倡导的“可循环利用”和“可再生能源”的概念形成契合。

JINHUA NEW ENERGY AUTOMOBILE TOWN VITALITY CENTER

金华新能源汽车小镇活力中心

建设地点：浙江 金华
建筑功能：商业、酒店建筑
用地面积：19 419平方米
建筑面积：41 100平方米
设计时间：2017年—2018年
项目状态：在建
设计单位：浙江大学城乡规划设计研究院靠近设计
设计团队：马迪、崔赫、汪旸、姜盛、金鑫、毛联平

项目为整个园区的生活配套服务中心，意在为小镇居民提供一个年轻态的文娱商业场所，促进交流，丰富生活。方案以“聚落”作为设计出发点，用统一模型的“盒子”作为基本组织单元，通过“盒子”之间的穿插、摆放、错落、扭转等手法，自然形成变化丰富的街巷通道、下沉庭院、屋顶花园等趣味空间，为各种休闲、娱乐、健身、餐饮、酒店等功能提供极具空间趣味与吸引力的活力场所。

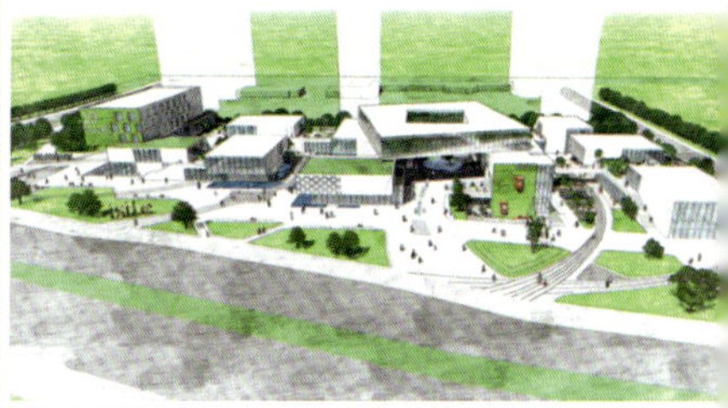

HUZHOU ZHUMUYANG PRIMARY SCHOOL

湖州诸墓漾小学

建设地点：浙江 湖州
建筑功能：教育建筑
用地面积：50 000平方米
建筑面积：34 373平方米
设计时间：2018年
项目状态：设计中
设计单位：浙江大学城乡规划设计研究院
设计团队：毛联平、金鑫、王骏戈、姜盛、岑文

项目位于湖州市吴兴区。设计师尝试构思一个新的学校体系，以适应异型的基地与多种行为模式，通过植入与广场相联系的草坡、与运动场相衔接的看台等，以轻介入的方式回应场地。创造多种不同性质、不同开放程度、不限定具体功能的空间场所，使校园适应新教学改革背景下的空间需求，在人与自然之间建立和谐、愉快且高效的“非正式教学”环境。这种建筑的环境友好性、场所多样性，能够潜移默化地对学生进行课堂之外的文化思想与价值观教育。

通过架空连廊、屋顶花园、下沉广场、草坡、弧形看台等形式组合，将室外空间延伸至不受气候影响的室内外过渡空间，建筑与环境充分融合在一起，使课外活动场所延伸到了室内，也使室内课堂空间延伸到了室外。不限定地点、形式的教学让探索的可能性被无限放大。因此，这座校园不只是日常教学、办公的空间，更成为进行丰富多彩的课外交流以及开展研究性、开放性学习生活的场所，通过建筑空间促进学生全面而有个性的发展。

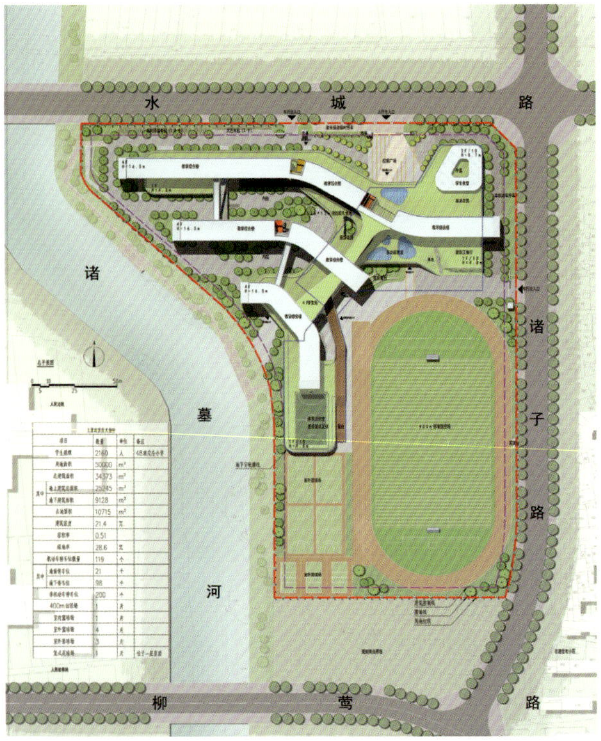

URBAN DESIGN OF WISDOM-NET VALLEY TOWN

智慧网谷小镇城市设计

建设地点：浙江 杭州
建筑功能：城市设计
用地面积：1 820 000平方米
建筑面积：66 680平方米
设计时间：2016年
项目状态：在建
设计单位：浙江大学城乡规划设计研究院
主创设计：金鑫、毛联平、姜盛、毛猛君
获奖情况：2017年浙江省优秀城乡规划设计奖

此次城市设计按照“人本思维引领、相关规划协调、专题研究支撑”的原则组织进行。通过一流的市场策划、城市规划、建筑设计、景观设计紧密配合，在传统城市设计方案编制的基础上，充分调研产业市场，着重功能定位，分析未来产业引入后的人口结构和细分需求，打造相适应的城市环境和建筑空间，最大程度地保证设计思路与政府规划、商业市场、产业发展、市民需求相契合。在导则编制中，着重近期发展落地性，同时兼顾远期发展的灵活性，为智慧网谷小镇发展提供清晰的蓝图。

项目主要技术思路：以“现代产业之城、开放众创之谷”为规划愿景，以现代电商产业、信息软件产业为产业支撑，制定国家级创新示范基地、城市转型发展示范区、产城融合城市新中心的发展定位，进行产业规划等5项专题研究，交通系统等9个专项规划，编制单元类型等29项导则，并在强制性和引导性两个层面制定图则，为小镇开发建设提供依据。

青坤设计

孟骐

职务：浙江青坤东方建筑设计有限公司合伙人、总建筑师
职称：高级工程师
国家一级注册建筑师

教育背景
2001年—2006年　浙江大学建筑学学士

工作经历
2008年—2017年　浙江绿城建筑设计有限公司
2017年至今　浙江青坤东方建筑设计有限公司

主要设计作品
绿城元福里
绿城乌镇雅园
绿城青坤中心
中交绿城高福小镇中心
融创西安揽月府
浙报舟山传媒交流中心
舟山定海区城北幼儿园
昆明滇池半岛
苏州太湖ALILA酒店
福建漳浦Pullman酒店

王卓佳

职务：浙江青坤东方建筑设计有限公司建筑二部负责人、设计总监
职称：工程师

教育背景
2003年—2008年　浙江大学建筑学学士
2008年—2011年　浙江大学建筑学硕士

工作经历
2011年—2014年　浙江绿城建筑设计有限公司
2014年至今　浙江青坤东方建筑设计有限公司

主要设计作品
绿城剡江越园
绿城春风里
绿城锦玉园

章慕悫

职务：浙江青坤东方建筑设计有限公司设计总监
职称：工程师

教育背景
2002年—2007年　东南大学建筑学学士

工作经历
2007年—2012年　浙江大学建筑设计研究院
2012年—2016年　浙江绿城东方建筑设计有限公司
2016年—2017年　浙江省建工集团设计中心
2017年至今　浙江青坤东方建筑设计有限公司

主要设计作品
华领国际办公楼　荣获2014年杭州市建设工程西湖杯奖一等奖
芜湖中加国际学校
芜湖市九年一贯制学校
兰州国际商贸中心建筑规划设计
浙江外国语学校学生活动中心
宁波市廉政教育基地
上海漕宝路高层住宅
融创滨江壹号院高层住宅
上虞中加国际学校
舟山国际育华学校
阜阳明月双清住宅
安吉柳岸晓风住宅
温州翠湖里高层住宅

地址：浙江省杭州市文一西路588号西溪首座B2-807
邮编：310012
电话：0571-81103512
传真：0571-81103512
网址：www.qingkundesign.com
电子邮箱：huqin@chinagreentown.com

浙江青坤东方建筑设计有限公司（QOA）创建于2013年，发展至今已拥有各类专业设计人员80余人，是集建筑工程设计、工程技术咨询及服务为一体的专业型设计机构。项目涵盖住宅、写字楼、酒店、科研、商业、城市综合体等，QOA致力于追求将客户的商业价值和设计师的建筑理想完美结合，以真诚、善意、精致、完美的设计风格和充满人文关怀的设计思想，成为国内建筑设计的品牌设计企业。

QOA以开放的态度对待建筑创作，推崇以集体参与的模式，为设计师提供极具成长的发展平台。

QOA以妥帖的设计手法控制建筑设计，努力为建筑设计领域引入更高的职业标准，用国际化的形式和材料语言传递现代生活对雅致与格调的追求。

QOA以虔诚的姿态跟踪建筑营造，使设计作品体现更精致、成熟和多样化的特质。

GREEN CITY QINGKUN CENTER

绿城青坤中心

项目业主：杭州望云房地产开发有限公司
建设地点：浙江 杭州
建筑功能：办公建筑
用地面积：21 122平方米
建筑面积：95 800平方米
设计时间：2017年12月—2018年8月
项目状态：在建

项目定位为“活力发生器”。基地原周边以城市公租房组团为主，缺少完整的高品质的商业互动空间，缺少能承载互联网时代创业要求的办公集聚空间，缺少大众人群社区活动的完整空间，项目设计的初衷就是弥补城市规划中缺失的这三点。主楼单元化可变创业空间结合楼层屋顶及内部互动空间的设置，满足了初创者互联网时代多变的“活力”需求。裙房连接主题商业的设置极大地满足周边地块人群低消费高品质的物质需求。

开放式园区以及城市街角花园的设置希望所有人都参与其中，充分解决内外人群聚合活动的空间需求。就像香港当年的九龙城，复合、多元才是城市“活力”的发源地，才是整个城市真正的希望。该设计就是要做这样一个空间容器，容纳大家的充满“活力”的梦想。

ZHEJIANG DAILY ZHOUSHAN INTERNATIONAL MEDIA CULTURAL EXCHANGE CENTER

浙报舟山国际传媒文化交流中心

项目业主：舟山文创置业有限公司
建筑功能：办公建筑
建筑面积：95 800平方米
项目状态：建成

建设地点：浙江 舟山
用地面积：21 122平方米
设计时间：2013年10—2017年3月

“坐而观海”是该项目的主旨。项目坐落于海边，拥有全视角的海景资源，因此看与被看成为计母题。同时，项目地块本身接近于锐角三角形的局促现状也给设计造成了一定的约束。设计中把筑整个规划条件下的平面和空间，利用桁架结构使建筑整体更完整、更有张力。在多个层面设置功露台，中庭及主交通景观视线通透化处理，也使建筑的公共空间有了观海的可能性。

设计中从始至终严格遵循“核”“瓤”“壳”三种建筑语汇，把横向玻璃幕墙、单元式格栅叶以及全隐玻璃幕有秩序地结合在一起。同时，强调由内而外所有材质分割线条的严谨对缝关系使得项目在大框架下呈现一种精致的秩序感。

HUALING INTERNATIONAL OFFICE BUILDING

华领国际办公楼

项目业主：浙江大华房地产开发有限公司
建设地点：浙江 杭州
建筑功能：办公建筑
用地面积：6 813平方米
建筑面积：30 669平方米
设计时间：2007年—2012年
项目状态：建成
获奖情况：2014年杭州市建设工程西湖杯奖一等奖

项目主要由主楼与裙房两部分组成，设计顺应地块三角形的形状，合理布局，精心设计，注重土地利用率以及分区合理性。其中，考虑到办公空间的使用性质，主楼沿古荡河湾采取梯形体型布置，使其在采光、通风、朝向、景观及建筑形象等方面均得到理想的解决。裙房则以折线形式面对古荡河湾，促成建筑与城市景观的良好互动。

建筑造型采用新古典形式，西侧和北侧的主入口设计受到篆刻中“阴文”“阳文”的启发，两个入口既互相独立，又有着形式上的关联。

DOVER GREENTOWN CUIHULI

多弗绿城翠湖里

项目业主：多弗绿城房地产开发有限公司
建设地点：浙江 温州
建筑功能：居住建筑
用地面积：48 686平方米
建筑面积：179 800平方米
设计时间：2018年
项目状态：在建

方案的中高层住宅位于用地的四周，中心为该小区特有的大型集中式景观庭院。结合用地周边的蒲州河道以及沿河绿地，为打造本小区独一无二的居住品质，设计师将中式建筑以及景观元素作为本次设计的出发点，地面的风雨连廊和景观按照中式古典园林的手法布置。从西侧入口横跨河道的桥开始，第一进院落正对入口处的配套用房，规整大气；第二进院落采用中国古典的“一池三山”的造景手法，创造出一个原汁原味的中心古典园林；第三进院落为婚庆草坪结合景观泳池。在此三进院落之外，有6个小型的院子分布在主轴线四周，分别针对老人、小孩等不同人群的使用特点而设置，从而营造出层层递进，丰富而有特点的园林化景观。

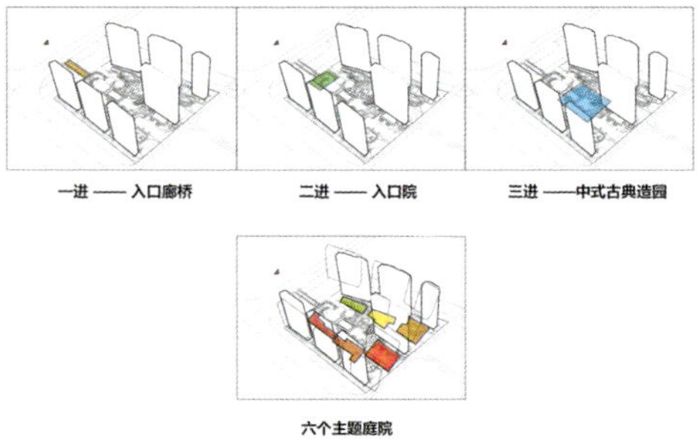

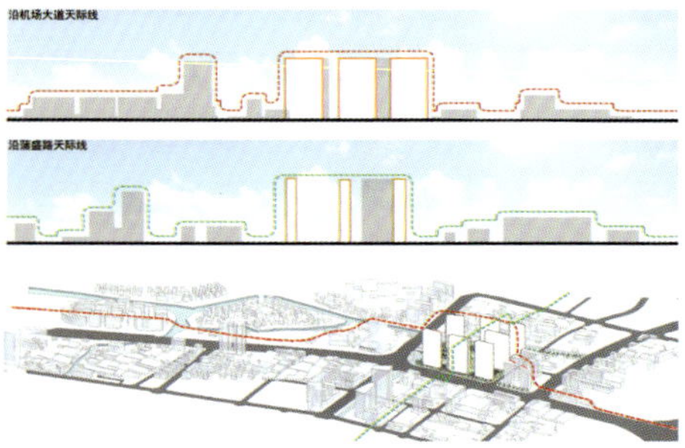

ZHOUSHAN GREENTOWN YUHUA SCHOOL

舟山绿城育华学校

项目业主：舟山绿城房地产开发有限公司
建筑功能：教育建筑
建筑面积：82 530平方米
项目状态：建成
建设地点：浙江 舟山
用地面积：120 365平方米
设计时间：2013年—2018年

中式建筑群落、书院式结构

项目背山面海，考虑到建筑面海的视角，轴线基本与基地东面道路平行，从东南向学校主入口进入之后，通过中轴线上的几进院落组织学校教学区功能。在轴线末端为学校景观核心——中式园林，学校艺术馆、科技馆及食堂等功能围绕园林有机布置，成为园林景观的一部分。

小学功能群落位于轴线东侧，教学楼、宿舍、食堂、体育运动场地紧密结合在一起，使得整个小学部能够自成一体，便于师生日常教学活动。

中学功能群落位于轴线西侧，紧贴400米运动场地，综合楼位于其北侧，便于中学生日常使用。中学学生宿舍和教师公寓则布置在基地北侧，小学宿舍和中学宿舍之间用小庭院连接，力图使校内每个空间都能够被积极使用，将校园中式景观体验最大化。

GREEN TOWN CHUNFENGLI

绿城春风里

项目业主：绿城房地产开发有限公司
建设地点：浙江 嘉兴
建筑功能：住宅、商业建筑
用地面积：35 307平方米
建筑面积：97 290平方米
设计时间：2015年—2016年
项目状态：建成

嘉兴绿城春风里项目是对二代高层中国化的一次尝试。整体规划上依然延续了传统的中轴对称布局、中心大庭院和底层架空设置，园区交通采用人车分流，保证了较高的居住品质。景观设计在西式园林布局的基础上增加了中式元素，如现代中式的亭与廊。建筑设计上，以民国风演绎二代高层的比例与韵律，充满古典气息的同时也不失现代建筑的工整大气。建筑细部采用了大量中式元素，如云纹、回纹等。材料方面，黑色瓦屋顶凸显了建筑的中式特征，灰白色石材的运用让建筑更有民国时期的厚重感。园区的民国风格建筑与附近梅花洲景区的古典中式建筑遥相呼应，既在文化源流上保持了统一，又显现出时代的变迁。

CHUNFENG SHILI

春风十里

项目业主：嘉兴市嘉南置业有限公司
建设地点：浙江 嘉兴
建筑功能：住宅、商业建筑
用地面积：100 142平方米
建筑面积：258 616平方米
设计时间：2017年
项目状态：在建

GREENTOWN SHANJIANG YUE GARDEN

绿城剡江越园

项目业主：绿城集团
建筑功能：居住建筑
建筑面积：390 120平方米
项目状态：建成
建设地点：浙江 嵊州
用地面积：115 811平方米
设计时间：2015年—2016年

项目高层建筑单体采用现代设计风格，整体形象上兼具细腻的古典主义神韵和现代建筑的简洁和通透。顶部通过视觉上的薄板处理体现建筑的轻盈灵动。底部采用加强的线条处理手法，中段采用节制而生动的局部横向线条，强化立面节奏和韵律，形成古典主义建筑经典的三段式与现代建筑简洁大方相融合的做法，突出高层建筑的比例之美。

项目低层住宅采用经典的中式建筑风格，整体结合园林式低层建筑需求，青瓦白墙，亭台楼阁，在屋檐、举折、仿木门窗系统等细节的精心营造中，体现明清大户豪宅的雍贵典雅，为嵊州老城南留下永恒的记忆和经典的传承。

新疆建筑设计研究院
XINJIANG ARCHITECTURAL DESIGN INSTITUTE

新疆建筑设计研究院方案创作室成立于2006年，目标是适应设计市场的变化，坚持原创理念，发挥个体创作与团队协作，提高设计院建筑方案创作水平与市场竞争力。作为新疆建筑设计研究院中的核心设计团队，肩负着自身发展和提升新疆院品牌水准的双重目标，以探索新的生产经营管理方式和业务增长点作为发展目标，并吸纳青年建筑师参与，为创作交流和设计实践提供平台，成为设计院青年建筑师的培训基地和创作根源。

方案创作室自成立伊始，作了明确的定位，将作为院青年建筑师培训基地，采取人员相对固定，部分轮换的制度。12年来，在方案室工作过的建筑师总计超过30名，其中部分人员离开方案室后成为其他设计部门的技术负责人和设计骨干力量。

方案创作室近年来承担了许多极具挑战性的设计项目，完成了一批高质量的设计作品，设计项目涉及城市设计、建筑设计，校园规划，旧城改造等各个领域。基于长期的设计实践积累和研究感悟，方案创作室对城市、对建筑、对文化、对人的需求有了更专业的理解，力图克服在传统体制下形成的设计观，尝试建立起一套符合建筑发展规律的设计方法。随着设计实践的积累，在城市与场所、技术与创新、文化传承与建筑当代性及可持续发展策略方面形成了团队鲜明的设计态度。

在努力完成设计任务之外，方案创作室也在积极探索新的设计方法、设计手段在实际工作中的运用，同时通过总结过往工程实践的经验，提高团队的理论实践水平，并在各类学术刊物上发表论文。

在过去的12年里，方案创作室始终秉承开放的专业心态和国际化的视野，努力摒弃落后过时的设计观念，探索当代设计潮流的发展趋势，用现代设计方法和执着的专业热情，成就了一批对城市和环境有积极影响的建筑作品，同时也形成了团队的风格与个性。倡导从场所环境和人的需求中汲取灵感，运用整体设计思想和现代建构方法，让技术营造出建筑的精神价值，从而为业主提供符合当代审美标准的高品质的建筑文化产品。

地址：新疆维吾尔自治区乌鲁木齐天山区光明路125　电话：0991-8869192　网址：www.xadi.com.cn　电子邮箱：xadi-vip@163.com

CHINA MOBILE COMMUNICATIONS GROUP XINJIANG CO., LTD. HONGGUANGSHAN PRODUCTION BASE

中国移动通信集团新疆有限公司红光山生产基地

项目业主：中国移动新疆有限公司
建设地点：乌鲁木齐
建筑功能：综合体建筑
用地面积：60 179平方米
建筑面积：82 864平方米
设计时间：2011年5月
项目状态：建成
设计单位：新疆建筑设计研究院
主创设计：方案创作室
获奖情况：2017年全国优秀工程勘察设计行业奖

该项目在设计中，重点考虑了5个问题：①建筑群体如何与对面的新疆国际会展中心协调；②设计风格应当符合中国移动公司的特征；③如何有效地处理基地地形高差较大的问题，使高差成为环境设计的特色；④正南北向的建筑与基地北侧弧形的河南东路的矛盾；⑤设计绿色生活方式和绿色办公模式，塑造一个荟萃绿色科技的可持续发展的生态办公组群。项目用地规划结构综合考虑以上问题及其内在联系与需求，构建一个完善的、相对独立的有机整体。

总平面图 1:500

KORLA EXHIBITION CENTER AND CITIZEN SERVICE CENTER

库尔勒展示中心与市民服务中心

建设地点：新疆 库尔勒
建筑功能：办公建筑
用地面积：43 394平方米
建筑面积：38 970平方米
设计时间：2013年—2015年
项目状态：建成
设计单位：新疆建筑设计研究院
主创设计：方案创作室

项目周围景观优美，设计中结合库尔勒周边著名景点胡杨林中的形态，采用“树根”“化石”作为设计理念的外在表象，用胡杨的精神特点来反映库尔勒的风貌和城市历史，形成了最终的方案。

项目的主要技术难点在于复杂曲面幕墙的工程设计，复杂造型建筑的设计结果决定了其设计方法是由体形控制内部其他部分形态及做法。因此，对于幕墙板的四角定位技术，设计师利用了RHINO软件，模拟了所有板材的位置、大小、形状，对建筑的造型进行了优化。

在建筑施工的过程中，参数化的设计方法也帮助各施工单位更详细地理解建筑中以传统方式无法表达的部分，确保了建筑最终以较好的方式完成。

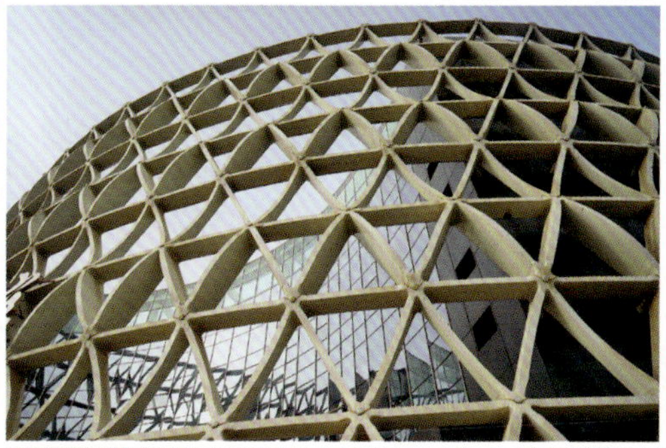

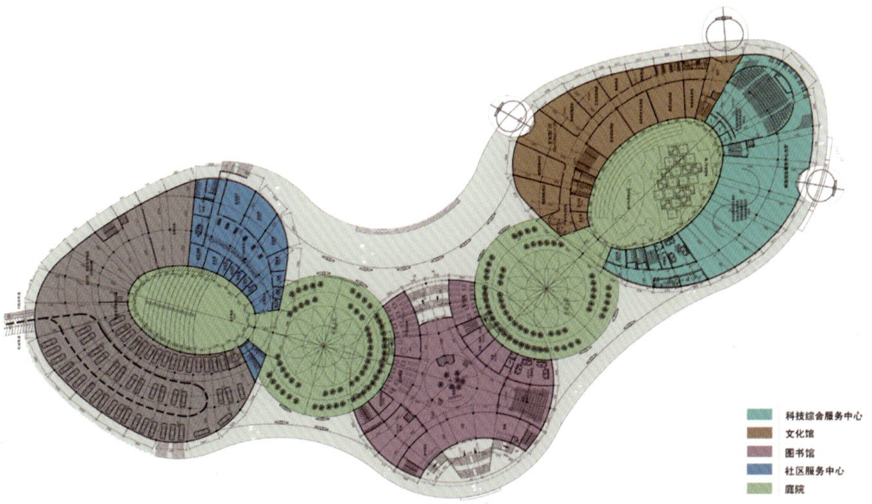

一层平面图

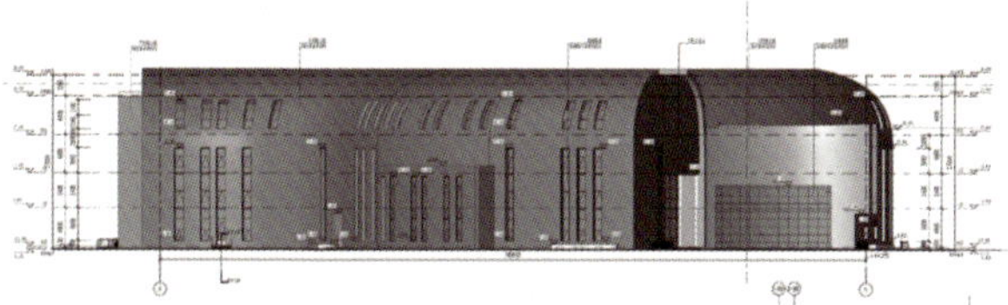

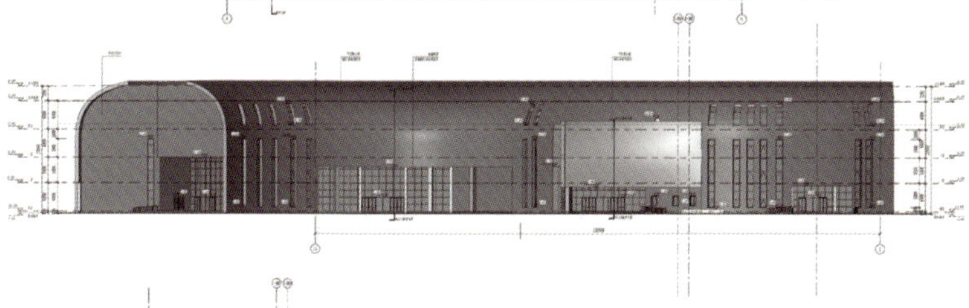

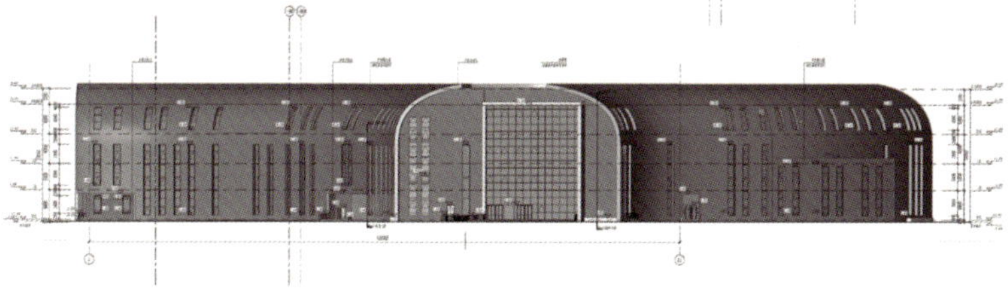

XINJIANG MUKAMU ART TROUPE COMPLEX

新疆木卡姆艺术团综合楼

项目业主：新疆维吾尔自治区文化厅
建设地点：新疆 乌鲁木齐
建筑功能：文化建筑
用地面积：33 300 平方米
建筑面积：16 962平方米
设计时间：2009年
项目状态：建成
设计单位：新疆建筑设计研究院
主创设计：方案创作室

木卡姆艺术集传统音乐、演奏音乐、文学艺术、戏剧、舞蹈于一体，具有抒情性和叙事性相结合的特点，这种音乐形式在世界各民族艺术史上堪称一绝，是联合国教科文组织批准的“人类口头和非物质文化遗产代表作”。其表演艺术形式和传承方式极具原生意境，与维吾尔族人的生活方式密切相关，具有特定的场所演绎特色。

通过建筑与柱廊的围合创造出独具特色的室外演艺广场，是对维吾尔族建筑“阿以旺”空间形态的体现，为木卡姆艺术提供传承、交流与互动的理想空间，再现木卡姆艺术的原生意境。

广场背景的弧形墙面，通过墙体与玻璃相间的编织造型，犹如天使般美丽的艾德莱丝绸源远流长，与高塔和尖拱廊共同搭建了一个维吾尔族艺术的展示舞台。

BEIXIN BUILDING

北新大厦

项目业主：新疆北新蕴丰房地产开发有限公司
建设地点：新疆 乌鲁木齐
建筑功能：文化建筑
用地面积：16 407平方米
建筑面积：96 319平方米
设计时间：2013年
项目状态：建成
设计单位：新疆建筑设计研究院
主创设计：方案创作室

平“鼎”四海，安“鼎”四方。

路和桥是北新路桥公司的精髓所在，设计中以此作为重点进行了深化设计，在建筑的主立面及功能空间设计中加入了桥的元素，在丰富了建筑空间立面效果的同时也体现了路桥公司的特点。

钻石代表着坚固永恒，钻石的品质与北新路桥的精神相同，所以窗户及天窗部分采用了钻石分解的元素，达到晶莹剔透的建筑效果，同时也与北新的精神达到高度吻合。

主楼采用“V”形布局，形成围合的建筑空间，最大限度利用项目周边景观。这样的布局不仅满足使用的景观要求，而且提升塔楼的品质。商铺布置成沿街的围合空间，提升商铺档次。建筑群围合中心广场的布局形式，打造丰富的内部广场景观。

XINJIANG XINHUA BOOKSTORE BOOK-CITY COMPLEX

新疆新华书店书城综合楼

项目业主：新疆维吾尔自治区新华书店
建设地点：新疆 乌鲁木齐
建筑功能：商业、文化建筑
用地面积：13 690 平方米
建筑面积：62 080 平方米
设计时间：2015年
项目状态：在建
设计单位：新疆建筑设计研究院
主创设计：方案创作室

"书山有路勤为径"。

设计源于一叠随意摆放的书，从形象上给人以深刻的印象。主楼像一本本书的随意叠落，却又可以摆出最优美、最舒适的姿态，横向线条上下相连，提升建筑的整体性，犹如曲径通幽的盘山小路，寓意"若想成功到达高耸入云的知识山峰，勤奋就是那登顶的唯一途径"。裙房通过出挑、退台形成错落有致的形体，立面横向线条取自"纸"，希望通过这些元素的运用来提升建筑的整体性、文化感，同时丰富了城市空间层次与序列，加强了与城市环境的互动与融合。设计师以不拘一格的设计手法，创造出富有时代气息和文化品味的特色建筑。

URUMQI NEW ERA SQUARE

乌鲁木齐新纪元广场

项目业主：乌鲁木齐房地产开发（集团）有限公司
建设地点：新疆 乌鲁木齐
建筑功能：商业建筑
用地面积：25 020平方米
建筑面积：175 851平方米
设计时间：2013年
项目状态：建成
设计单位：新疆建筑设计研究院
主创设计：方案创作室

项目的设计灵感来源于汉字的“山”字，以表现建设方对未来稳步发展的追求。经过多种方案比较，最终确定三栋塔楼呈“山”字形布置，西侧一栋，南北两侧各一栋，呈对称布置，最大限度地减少了高层建筑塔楼之间的视线干扰，并各自具有良好的日照和通透的视线。

建筑主体面向会展大道，正对城市主干道及绿化带，使其成为造型美观、独特的区域性地标建筑。

结合业主提供的建筑功能要求及用地的特殊属性等因素，设计从使用者的需求出发，合理组织功能区域及流线，使商业、办公等各功能区域既相对独立又有机联系，并且在人流组织上减少交叉干扰，通过平面及垂直交通体系能够快捷安全地到达目的地。

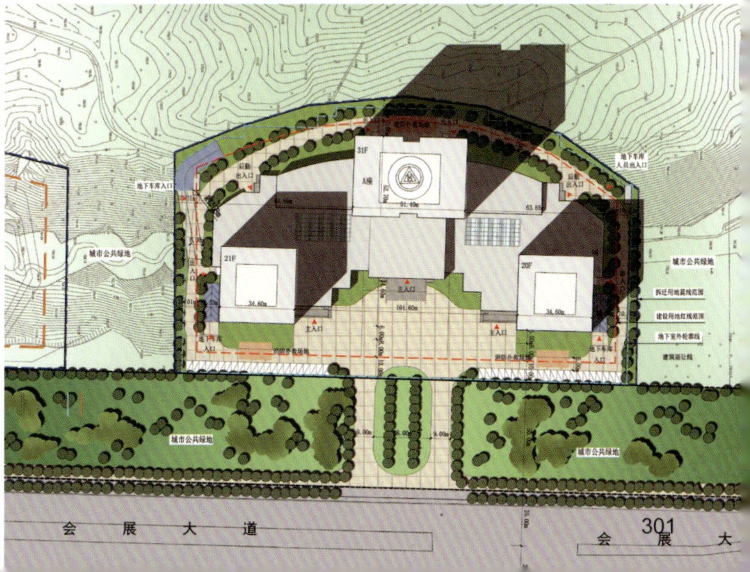

伊犁会展中心

云洋福利院

二道桥老城改造

伊犁大学图书馆

八路军纪念馆

可克达拉儿童福利院

图木舒克老少活动中心

铁门关市体育公园

库尔勒体育中心

米东文体公园

ARCHITECTS

宓宁

职务：北京市建筑设计研究院有限公司城市际线工作室主任
职称：高级工程师
国家一级注册建筑师

教育背景
1989年—1994年 哈尔滨建筑大学建筑学学士
1996年—1999年 清华大学建筑学硕士

工作经历
1994年—1996年 哈尔滨建筑大学建筑设计研究院
1999年—2001年 北京市建筑设计研究院
2001年—2005年 北京凯迪克建筑设计有限公司
2005年今 北京市建筑设计研究院有限公司

个人荣誉
2003年中国青年建筑师奖设计竞赛佳作奖
银泰秀 荣获2011年国家住房和城乡建设部优秀设计二等奖
北京市优秀工程勘察设计二等奖
中国建筑学会建筑创作佳作奖

主要设计作品
银泰秀
老唐山风情小镇
阳坡元村度假客栈集群
北京怀柔转年村村改项目
廊坊悦椿酒店
峨眉武术文化小镇
北京怀柔牛角湖精品客栈
北京房山翻泉沟首旅寒舍精品酒店
北京京报西山首旅逸居酒店
吉林悦榕庄酒店
北京密云新王庄村村改项目
贵州天河潭悦苑酒店

BIAD

地址：北京市西城区骡马市大街8号，
泰和国际大厦7层
电话：010-88045576
传真：010-88045517
网址：www.biad.com.cn
电子邮箱：mining@biad.com.cn

北京市建筑设计研究院有限公司，即原北京市建筑设计研究院（简称BIAD），成立于1949年，是与中华人民共和国同龄的大型国有建筑设计咨询机构，是北京市人民政府出资并按照《中华人民共和国公司法》设立的国有独资公司，北京市人民政府国有资产监督管理委员会监督管理的一级企业。

BIAD的业务范围包括：城市规划、投资策划、大型公共建筑设计、民用建筑设计、室内装饰设计、园林景观设计、建筑智能化系统工程设计、工程概预算编制、弱电工程、装饰工程、工程总承包等领域。目前，公司具备了以下资质：工程设计行业甲级、城乡规划设计甲级、工程咨询甲级、工程造价咨询甲级、旅游规划设计甲级、风景园林工程设计甲级、环境工程（物理污染防治工程）甲级。

BIAD自成立以来，始终专注于建筑设计主业，并和许多国家的著名设计公司保持着良好的合作关系，致力于向社会提供高品质的设计服务，并逐渐形成了“建筑服务社会，设计创造价值”的企业核心理念，在行业中享有极高声誉，铸就了BIAD的设计品牌。

BIAD服务的客户广阔，包含国家和地方各级党政机关和事业单位，国家和地方国有企业、民营企业、外资和合资企业等，设计的价值体现于客户项目的成功，设计作品遍及全国和世界各地，许多成为国家和所在城市的标志性建筑。

EMEI WUSHU CULTURE TOWN

峨眉武术文化小镇

项目业主：四川德胜集团文化旅游投资发展有限公司
建筑功能：文旅建筑
建筑面积：75 545平方米
项目状态：建成
设计单位：北京市建筑设计研究院有限公司
设计团队：BIAD城市际线工作室+BIAD成都分公司
主创设计：宓宁
参与设计：李唯、王浩、杨波、赵新宇、曹桂新、崔雁滨、未旭曦、余麟、冯小鸥、乔晓雪、张超
建筑摄影：杨超英

建设地点：四川 峨眉山
用地面积：58 647平方米
设计时间：2014年—2015年

项目是峨眉山东麓旅游线开发的山门启动区。基地东、西双向被农民回迁区的多层住宅围绕，南临杨凌路，北侧是峨眉河。南高北低，高差9米。项目需要解决两个设计目标：尊重景区，改善山门区域现状建筑群体量过高、临道路退线较少等不合理空间问题；打造项目自身的商业标志个性，并与村落的民俗接待形成旅游产品业态定位的差异化。

设计用“大地景观”的“覆土屋面”设计手法，一并实现了这两个设计目标：利用现状高差，提出“浅丘”的设计概念，屋面以几何形状的规则折转，做起伏的绿植屋面，屋面之下是颇为现代的立体商业街。人造大地景观视觉效果震撼，屋面上浅绿色的修剪型灌木使得屋面这个第五立面在景区浓绿色的自然山林中达到了既含蓄融入又个性凸显的效果。

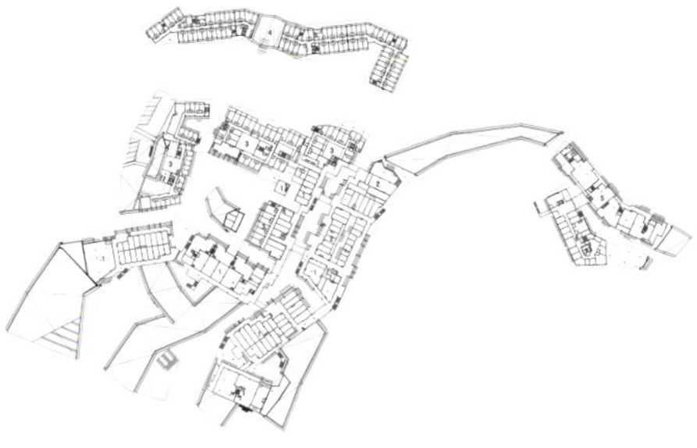

二层平面图

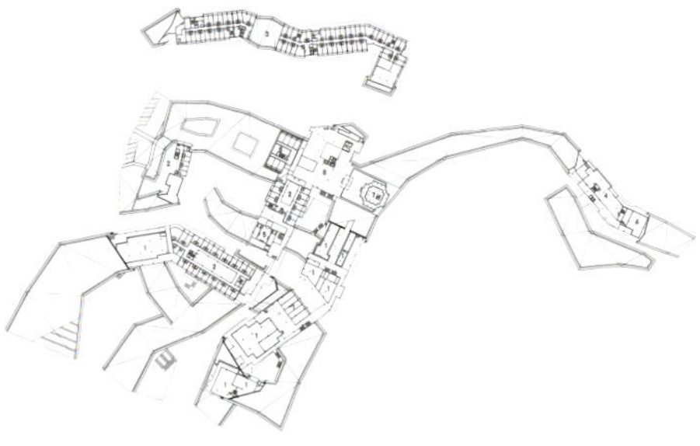

三层平面图

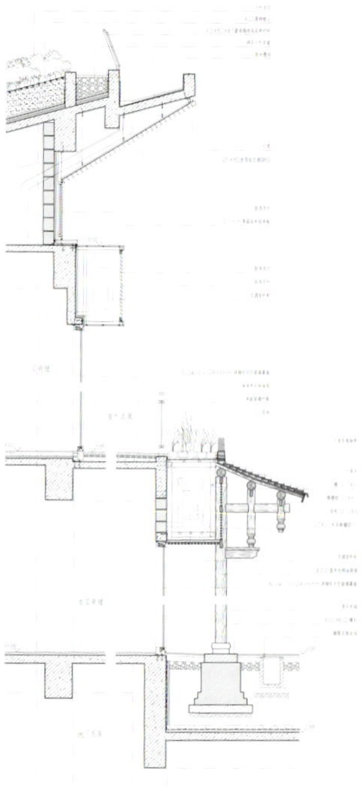

外墙详图

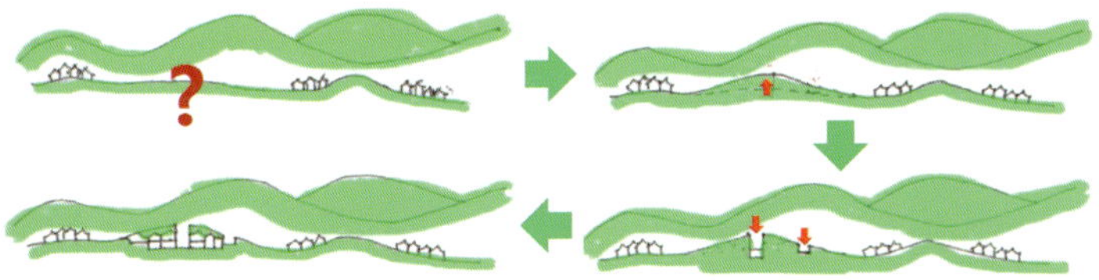

方案概念

立剖面图

单元模块轴测图

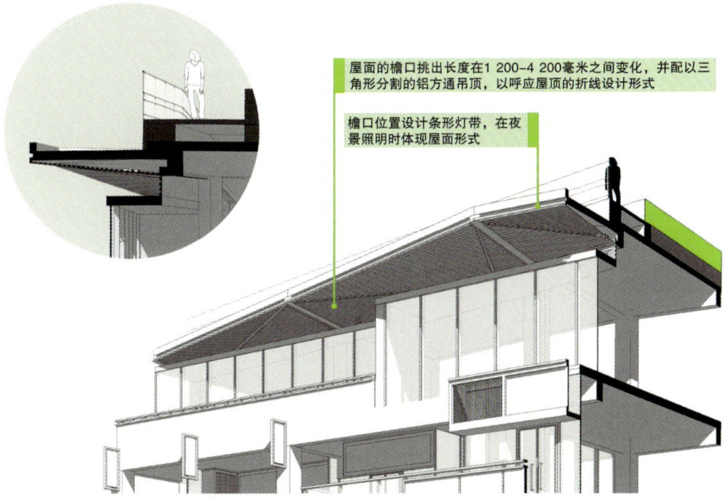

檐口吊顶分析图

YANGPOYUAN HOLIDAY VILLAGE CLUSTER

阳坡元村度假客栈集群

项目业主：北京潭柘阳坡园旅游开发有限公司
建设地点：北京
建筑功能：旅游建筑
用地面积：106 000平方米
建筑面积：41 680平方米
设计时间：2013年—2016年
项目状态：建成
设计单位：北京市建筑设计研究院有限公司
设计团队：BIAD城市际线工作室
主创设计：宓宁
参与设计：白骏、钟菲、李永祺、杨一菲、崔雁滨、田静雯、张劭峰、华蓉、陈珑、汪静
获奖情况：2014年BIAD优秀方案设计二等奖
建筑摄影：邓志高、杨超英

阳坡元村距离潭柘寺5分钟车程，是一个移民后的山地空心村，周围群山环抱，南北地势高差70米，典型京西民居的老屋因多年无人居住而破败。其中，天仙宫、地主院（东西两跨四合院，形制完整）、大队部、古券门、挂牌古树等少量建筑、院落极具符号意义。

项目的定位是京西民居院落格局的旅游客栈集群，除客房院落外，辅以养生餐厅、茶室、健身房、会议中心、影音室等公共配套功能。

村内有一条南北向的冲沟，沟东侧是地势平缓的老村，沟西则地貌陡峭。在沟东，设计以“保护”为主要思路，原址原建，呈现京西山村聚落有机生长的肌理美，保护老街、老墙、老石阶和老树，建筑风貌也较为传统。在沟西，设计以“突破”为主要思路，利用地貌做局部二层的“新”院子。

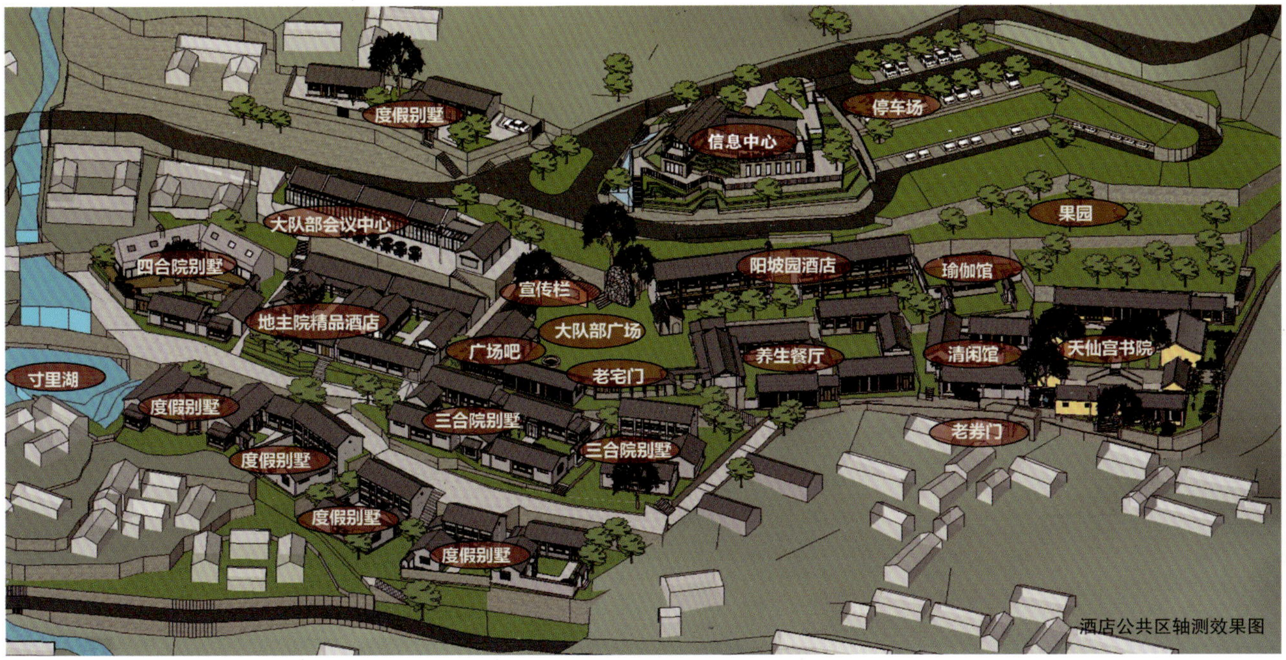

酒店公共区轴测效果图

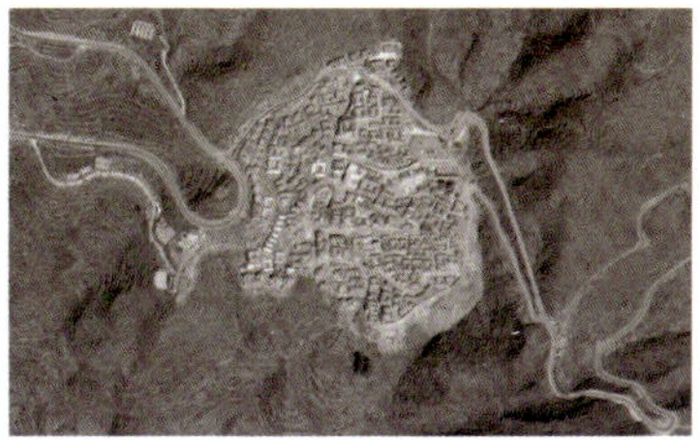

总平面图

NIUJIAO LAKE HUMBLE HOUSES IN HUAIROU, COLD HOME, BEIJING

北京怀柔牛角湖寒舍民宿项目

项目业主：北京业之峰诺创建筑装饰工程有限公司
建设地点：北京
建筑功能：民宿客栈
用地面积：34 550平方米
建筑面积：6 160平方米
设计时间：2015年—2016年
项目状态：方案
设计单位：北京市建筑设计研究院有限公司
设计团队：BIAD城市际线建筑工作室
主创设计：宓宁
参与设计：李永祺、杨一菲、王浩、崔雁滨、王妍硕、张旻娟
获奖情况：2016年BIAD优秀方案设计 一等奖

牛角湖寒舍民宿项目设计探索的是旅游产品中对自然景观资源价值的最大化发掘和提升。从业态策划开始，打造牛角湖的“全水景”主题：利用临湖的线性水岸提供全湖景客房，利用基地相对宽的位置打造“内街”，提供空间层次感与动线中段的栖息点，利用尽端的崖壁打造山顶水疗俱乐部和崖壁禅修，提供动线的拉动力和水主题体验业态的丰富性。

利用湖心岛提供主题餐饮，利用山地提供“牛角瀑”“牛角溪”等节点水景观，从湖光水色向山地水景体验、闻水声响而深化“内容”的层次，提供水面入住（夏季小船+冬季冰爬犁）、湖畔木栈道入住、山脚下内街入住等多种入住形式和动线选择。建筑设计以天然材料为主，质朴的毛石墙、红瓦单坡屋面、清水混凝土挑台、屋面坡向随着岸线的角度自然折转。从湖对岸看过来，酒店与环境完美融合，充分实现了设计意图。

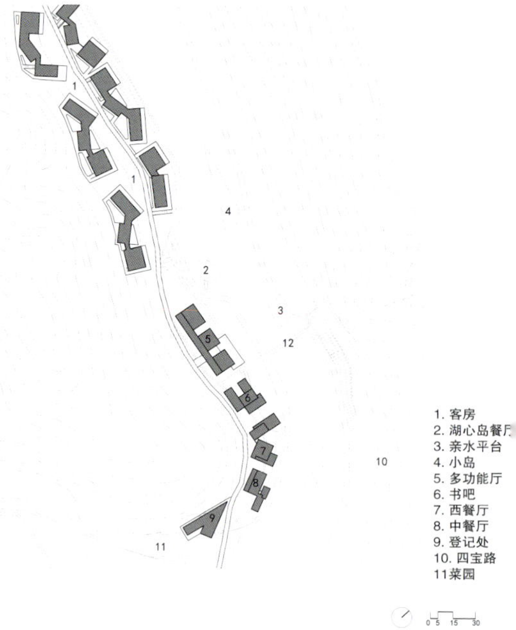

BEIJING HUAIROU TURNING VILLAGE REFORM PROJECT

北京怀柔转年村村改项目

项目业主：北京市怀柔区宝山镇转年村村委会
建设地点：北京
建筑功能：新村住宅及公共配套设施
用地面积：57 857平方米
建筑面积：34 845平方米
设计时间：2013年—2014年
项目状态：建成
设计单位：北京市建筑设计研究院有限公司
设计团队：BIAD城市际线建筑工作室+BIAD元景景观工作室
主创设计：宓宁
参与设计：张劭峰、刘洋、崔雁滨、王浩
建筑摄影：陈溯

转年村村改项目，是一个镇政府融资为主加村民自筹为辅的限价设计项目。老村坐落于白河河畔，现状民居为红砖瓦房，质量老旧，建筑风貌价值不高。设计目标为：提供品质均好、符合乡村生活习惯的新村院落，并为以后经营农家乐民俗接待预留好条件。规划以过境路为界，把村落公共配套功能（村委会、活动中心、医务室等）布置在沿河一侧，既为以后的旅游接待功能做好动静分区，又能在过境路两侧形成村落内街的旅游氛围。

民居设计了3种户型，通过室外平屋面晒台的错落，形成新村聚落整体的丰富性。而公共区则为了提供旅游标识性，利用金属屋面的折转，在沿河形成起伏变化的天际线，给滨河旅游体验提供特点。民居的建筑设计，则以红砖为村落记忆传承要素，利用砖法打造建筑的细节。建筑质朴，符合村庄的生活习惯。

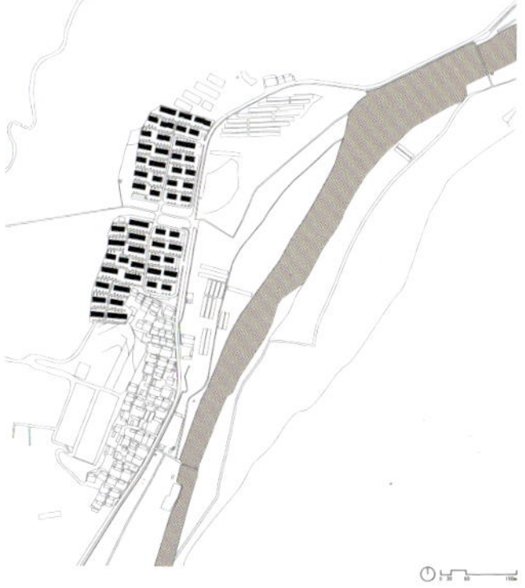

中衡设计
ARTS GROUP

平家华

职务：中衡设计集团股份有限公司设计总监

教育背景
1998年—2003年　苏州科技大学建筑学学士

工作经历
2003年至今　中衡设计集团股份有限公司

个人荣誉
2012年　第三届江南十大新锐创意策划师
2016年　第十一届中国建筑学会青年建筑师奖
2018年　第十二届亚洲建筑国际交流会青年建筑师设计单元优秀科研奖

主要设计作品

四川绵竹博物馆	荣获全国优秀工程勘察设计一等奖
苏州中学新建工程	荣获全国优秀工程勘察设计一等奖
霍尔果斯苏新中心办公综合楼	荣获全国优秀工程勘察设计二等奖
金智科技三期软件生产楼	荣获全国优秀工程勘察设计二等奖
中衡设计集团研发中心大楼	荣获全国优秀工程勘察设计一等奖 2016年中国建筑学会建筑创作奖
苏州工业园区地理信息研发楼	荣获全国优秀工程勘察设计二等奖
霍尔果斯苏新中心商业交易楼	荣获全国优秀工程勘察设计三等奖
宿迁生产力中心	荣获全国优秀工程勘察设计三等奖）
苏州金鸡湖学校	荣获江苏省城乡建设系统优秀勘察设计一等奖
纳米技术大学科技园	荣获江苏省城乡建设系统优秀勘察设计一等奖
南京九间堂（二期）	
京东呼叫中心二期	
宿迁宿城区文体中心	
吴江苏州湾科创园启动区	
苏州工业园区悦澜湾学校	
北邮国昊科技园	
浒墅关经济技术开发区文体中心	

中衡设计集团股份有限公司（原苏州工业园区设计研究院股份有限公司）创立于1995年，是“中国—新加坡苏州工业园区”的首批建设者、全过程亲历者、见证者和实践者。2014年12月31日公司于上交所成功上市，成为国内建筑设计领域第一家IPO上市公司。

公司为国家高新技术企业，也是江苏省发展和改革主管部门认定的省建筑设计领域首家服务业创新示范企业，被评为中国最具品牌价值建筑设计机构，全国勘察设计行业创优型企业，历年荣获江苏省勘察设计质量管理先进单位、诚信单位等多项荣誉。根据江苏省勘察设计协会排名，自2010年以来，中衡设计营业规模在全省建筑设计企业中稳居第一名。

目前公司拥有2 100余名员工，主要提供建筑领域的工程设计、工程总承包、工程监理及管理三大核心服务，范围贯通全产业链，涵盖城市规划、城市设计、建筑设计、景观设计、室内设计、工程监理、工程管理、工程总承包八大领域，到2016年，公司工程设计项目获得国家和部、省级以上优秀设计奖项314项，形成了良好的品牌影响力，其中多个项目荣获“三星级建筑设计标识认证”、美国LEED金级认证。

上市之后，公司以先进的企业管理模式较好地进行了资本运作，持续提升科研投入，最终达成公司的远大愿景：致力于成为建筑设计及工程领域有识之士志同道合的会聚平台，共谋发展、共创未来；致力于成为文化理念体系传承历史与创新变革的交汇点，广集众长、聚变升华。

地址：苏州工业园区八达街111号
电话：0512-62586258
网址：www.artsgroup.cn
电子邮箱：marketing@artsgroup.cn

ARTS GROUP R & D CENTER BUILDING

中衡设计集团研发中心大楼

项目业主：中衡设计集团股份有限公司
建设地点：江苏 苏州
建筑功能：办公建筑
用地面积：14 137平方米
建筑面积：77 008平方米
设计时间：2010年—2012年
项目状态：建成
设计单位：中衡设计集团股份有限公司
主创设计：平家华

项目位于苏州工业园区独墅湖科教创新区，是历史底蕴十足的苏州老城边上一个充满活力的现代化新城。通过整体建筑的园林化，主动在高密度的体量中用低密度的生态处理方法做出弥补，将自然交还给自然本身。

借鉴苏州民居“进”与“落”的空间组合手法，打破了传统矩形体量，将传统园林通过现代的手法融入建筑的室内外空间，使传统园林的理念在建筑经度及纬度上得以进一步延续。

把“快乐办公，健康工作”的企业文化发挥到极致，随时感知“家”的温度。屋顶农场、太极广场、健身中心、休闲会所、咖啡吧台等设施齐备，员工工作之余徜徉其中，尽享人文关怀。 设计秉承“天人合一”的理念，通过对天窗的组织，将自然光线引入建筑中来。天窗的使用也是对江南古典民居中天井的传承与延续。

CONSTRUCTION PROJECT OF EAST TAIHU ECOLOGICAL PARK (MEIZHUANG)

东太湖生态公园建筑工程（梅庄）

项目业主：吴江东太湖综合开发有限公司
建设地点：江苏 苏州
建筑功能：商业建筑
用地面积：15 600平方米
建筑面积：7 299平方米
设计时间：2011年
项目状态：建成
设计单位：中衡设计集团股份有限公司
主创设计：平家华

设计理念：梅庄位于吴江东太湖生态公园，立足于东太湖生态园的生态理念，尊重环境本身，将“江南聚落”的概念融于设计，使整个梅庄如同从太湖中恬然生长出的江南聚落，本真灵秀，通过错落转折的街区空间、欲遮还透的借景处理，将传统聚落丰富多样的空间体系与中国园林的景观精髓精妙地融为一体，达到建筑与环境的和谐统一以及彼此互动。梅庄以顺应环境的谦虚姿态落身，最终以创新现代的形象在生态园中脱颖而出，秉承着和谐环境的初衷，最终也成为了环境本身，积极完成了对环境的塑造，以风雅灵动的风貌成为太湖畔一抹风韵独到的亮色。

技术特色：从整体上把握，运用有机疏散的原理，通过建筑体块之间的穿插与围合，自然形成江南聚落的丰富空间，正确处理建筑与环境的关系，形成浑然一体的和谐村落，精致风雅。商业功能置入其中，彼此渗透，相互带动，与环境浑然一体。从用地的实际现状出发，对周边的环境加以利用，绿水相依，青阶石桥，进一步深化江南风韵，在节约用地的基础上追求整体品质与多样的空间，体现梅庄的特色与创新性，让梅庄以脱俗温婉又不失活泼趣味的姿态在东太湖生态园中独秀一枝。

设计特点：立面简洁干净，利用现代气息的建筑材料表现传统白墙黛瓦的精髓，虚实处理灵活多变。建筑在满足功能的舒适性和使用性的基础上采用玻璃幕墙、石材和金属材料的组合，灵活做出对墙面和屋面的处理，使建筑立面既有传统江南聚落的风韵，又不失现代化的气息。

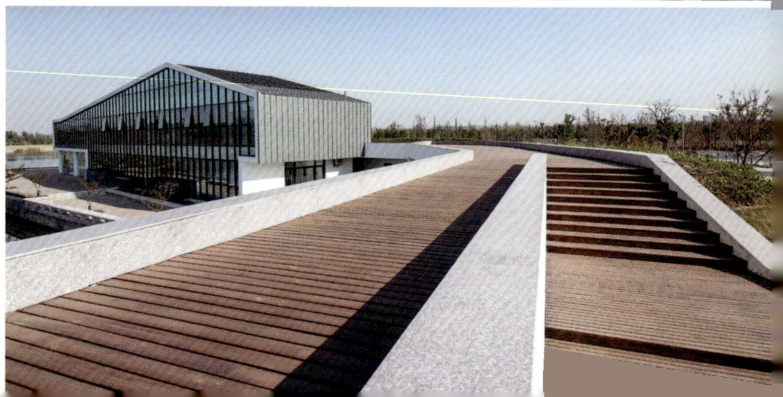

SICHUAN MIANZHU MUSEUM

四川绵竹博物馆

项目业主：绵竹市文化体育广播电影电视局
建设地点：四川 绵竹
建筑功能：文化建筑
用地面积：16 827平方米
建筑面积：3 249平方米
设计时间：2011年
项目状态：建成
设计单位：中衡设计集团股份有限公司
主创设计：平家华

设计理念

2008年5・12汶川大地震之后，当地民众需要的不仅是物质家园的重建，更需要精神家园的复兴。作为人类社会发展与文化价值体现的舞台，博物馆建筑对于受到重大自然灾害创伤的城市与民众具有更深的涵义。

穿越时空的对白

项目用地位于四川省绵竹市西北角，建筑东部紧邻的诸葛双忠祠，始建于乾隆三年（1738年），在5・12大地震中，该古建筑群受损严重，现已全部完成保护性修复。对话场所与环境是本项目的设计切入点，将古建筑作为新建博物馆的展品，充分体现对历史建筑的尊重。新旧建筑统一规划，新建博物馆以4个完整的矩形体量，错落布置，与双忠祠寻求呼应与平衡，新建展馆实体与老建筑群中的庭院“虚”“实”互存。博物馆的建筑体量与双忠祠历史建筑的院落规模相当；竖向高度同样被控制，天际线平缓稳重，主体最高处与双忠祠最高的启圣殿屋脊持平；新旧建筑之间用植物、当地石材铺地形成横向的缓冲空间，刻意营造出一系列相互观赏的切口，令观赏者体验到新旧之间“虚”“实”互动的节奏与趣味。

川西民居讲究天人合一自然观与环境观，建材以木、石灰、青砖、青瓦为主，墙有砖墙、土墙、石块墙、木墙、编夹壁墙等多种方式。博物馆以就地取材的原则设计，经济节约并与环境十分协调，建筑色彩朴素淡雅，力图使建筑表达出质朴凝练的气质。

孝
忠

SUXIN CENTRAL OFFICE COMPLEX, HORGOS

霍尔果斯苏新中心办公综合楼

项目业主：霍尔果斯苏新置业有限公司
建设地点：新疆 伊犁
建筑功能：办公建筑
用地面积：58 398平方米
建筑面积：87 262平方米
设计时间：2013年
项目状态：建成
设计单位：中衡设计集团股份有限公司
主创设计：平家华

总体设计

设计对象是一个开放、透明、极力追求对话的新时代建筑，是一个通过紧密的理性思维来获得具有综合适宜的真实的建筑。

（1）设计结合自然。建筑形体尽量与场地和环境建立联系，体现霍尔果斯口岸开放广博的精神面貌。本案主体建筑形成开放而又内聚的庭院空间，一方面有利于整体自然景色向建筑渗透，另一方面有利于建立与办公及酒店式公寓的密切联系。

（2）交通系统精简完善，结构简明，分级清晰。设置中心出入口，方便管理。地上停车主要集中在北侧，减少对内部自然景观的压力和影响。

平面设计

（1）开敞办公与小型独立办公相结合。南侧主要设置开敞办公，北侧设置小型办公及会议室。主要办公区均可享受良好自然景观资源。

（2）空间划分紧凑高效，结构清晰。将核心区与辅助服务用房设于中心，方便北侧小型办公与南侧开敞办公。将交通辅助用房与会议室、小型办公、半开敞休息空间综合设置，有效服务外围主要办公空间。

（3）创造良好室内微环境。引入绿化和休闲空间，服务办公人员交流休闲的同时，也改善室内微环境。

立面设计

（1）立面强调横向与纵向划分肌理，与建筑的宽体量相适应，以期形成强烈、清晰的整体映象。

（2）立面总体处理采用虚实对比，突出主体的方法。根据平面功能的要求适当分区，设置实墙面、条窗与幕墙面，整合总体立面效果。

（3）用抽象贸易物流的载体——集装箱来处理办公楼立面，突出办公楼的边境贸易载体形象。

SUZHOU MIDDLE SCHOOL CONSTRUCTION PROJECT

苏州中学新建工程

项目业主：江苏省苏州中学
建设地点：江苏 苏州
建筑功能：教育建筑
用地面积：90 548平方米
建筑面积：24 189平方米
设计时间：2012年
项目状态：建成
设计单位：中衡设计集团股份有限公司
主创设计：平家华

项目概况

苏州中学地处苏州市人民路三元坊，校园美丽多姿，众多教学设施掩映在葱茏林木的怀抱中。教学区以道山为中心，分布在碧霞池、春雨池两侧。主要建筑有建于1936年具有古典风格的科学楼，砖瓦结构的东、西红楼，大会堂，图书馆和科技信息楼，以及东、西白楼，5层新大楼，实验楼。生活区有设施完善的学生公寓。西南角的运动区有体育馆和标准化的运动场。

规划理念

尊重历史，挖掘底蕴，合理分区，相对统一，注重功能，讲求美观。

技术特色

教学区的设计特点：

（1）强调非功能性空间的建设，通过非功能性空间将教学区的不同建筑整合到一起。同时为师生留出充足的交流和活动场所。

（2）将景观设计合理地融合到教学区，进行建筑和景观的一体化设计。

交通组织特点：

（1）设置校外机动车位，解决家长接送车流问题。

（2）设置半地下机动车及非机动车停车库，并设计独立的机动车道。

（3）在主入口西侧设置机动车入口，实现合理的人车分流。

环境设计特点：

（1）注重校园的生态环境设计，创造舒适宜人、宁静的校园环境。

（2）尊重苏州地域文化，汲取苏州园林精髓，步行空间如同与园林相连，增进校园情调。

外部空间形态的设计特点：

（1）注重特殊功能的共享空间营造。

（2）注重文化格调的塑造。

（3）建筑群体空间形态：以严谨的轴线对称建筑群形成一种序中有和、和中有序、和序统一的整体书院空间形态。